基于数据的故障分离

张颖伟　著

东北大学出版社

·沈　阳·

图书在版编目（CIP）数据

基于数据的故障分离 / 张颖伟著. — 沈阳：东北大学出版社，2016. 11
ISBN 978-7-5517-1471-6

Ⅰ. ①基… Ⅱ. ①张… Ⅲ. ①故障检测 Ⅳ. ①TB4

中国版本图书馆 CIP 数据核字(2016)第 290815 号

出 版 者：东北大学出版社
地址：沈阳市和平区文化路三号巷 11 号
邮编：110819
电话：024－83683655(总编室)　83687331(营销部)
传真：024－83687332(总编室)　83680180(营销部)
网址：http://www.neupress.com
E-mail: neuph@neupress.com
印 刷 者：沈阳航空发动机研究所印刷厂
发 行 者：东北大学出版社
幅面尺寸：170mm×240mm
印　　张：11.5
字　　数：225 千字
出版时间：2016 年 11 月第 1 版
印刷时间：2016 年 11 月第 1 次印刷
责任编辑：刘乃义　　责任校对：文　浩
封面设计：刘江旸　　责任出版：唐敏志

ISBN 978-7-5517-1471-6　　定　价：68.00 元

前 言

随着人们对工业品产能需求的日益扩大和对产品质量要求的日益提升，现代工业生产及制造过程变得结构越来越复杂、规模越来越庞大，通过信息技术和自动化技术来组织和进行生产活动已成为必然趋势。随着系统复杂性的提高和系统各组成部分耦合程度的加强，该类系统往往存在着许多不安全因素，并且其发生事故的严重性也在加强。对复杂系统的可靠性要求使得过程故障诊断技术成为近年来自动化领域内的研究热点。

随着科学技术水平的不断提高，现代生产设备向着大规模化、集成化、智能化和精密化的方向发展，生产系统对自动化程度的要求也越来越高。计算机技术和自动化技术在工业生产领域的广泛应用，不仅极大地降低了生产成本、减少了能耗，并且大幅提高了产品生产效率，为企业创造了可观的利润的同时也为国家带来了巨大的社会效益。但是，由于其系统结构和生产设备相对复杂，工业过程表现出高度的非线性、大范围的不确定性、易受干扰、强耦合性等特点，这给生产过程的管理和维护带来了极大的困难。如果一处出现的异常没有得到及时的处理，就可能引起连锁反应，将使得整个生产过程中断，给企业带来巨大的经济损失，情况严重的，甚至会造成人员伤亡。尤其是在化工、电力、冶金等具有高复杂性和高危险性的生产领域中，若生产过程中出现的异常未能及时排除，因此而导致的后果将更加严重。1984 年 12 月，美国联合碳化物公司在印度博帕尔市的农药厂发生了毒气泄漏事故，造成 2000 多人死亡，20 余万人中毒，被称为世界工业史上最大的恶性事故；1986 年，苏联切尔诺贝利核电站的核泄漏事故，造成 2000 多人死亡，直接经济损失达 30 亿美元，对自然环境的影响空前巨大，被称为生态灾难，事故带来的严重后果至今还在延续中。2013 年 2 月，贵阳市某化工厂车间发生爆炸事故，造成 5 人受伤。这些事故的发生都造成了一定程度的经济损失和人员伤亡。根据国内外许多资料显示，众多发达国家已经将过程故障诊断技术应用于工业生产中，不仅降低了事故发生率，还取得了可观的经济效益。由此可见，复杂工业生产过程的安全性与可靠性已成为保障经济效益与社会效益的一个关键因素，应该得到高度重视。

几十年的理论研究与实际应用表明，过程故障诊断技术为提高现代生产过程的安全性与可靠性提供了一种新的思路。过程故障诊断技术是一门综合性技术，具有很强的学科交叉性，其在近几十年的发展中取得了许多成果。现代工业生产过程中，设备运行过程的状态检测、系统的故障检测与诊断都可以用故障诊断技术来实现，因此对故障诊断方法的研究，在现代工业生产过程中具有深刻的理论价值。

本书主要介绍基于数据驱动的故障监测和诊断方法，重点是对 PCA、ICA 和 PLS 方法的改进，根据数据的不同特点，将不同的方法有效融合，进而给出有效的故障监测和诊断效果。

第 1 章概述了故障监测与诊断技术，研究了国内外故障监测和诊断技术的发展和相关方法。

第 2 章提出了基于自适应核主元分析的过程监测。在实际的工业过程中，过程常具有时变的特性，由于传统的 KPCA 方法所建立的模型是非时变的、固定的模型，所以时变可能会导致系统误报警。针对这一特点，可以采用自适应核主元分析方法进行过程监测。自适应核主元分析方法可以实时地采集过程数据，实时地更新协方差矩阵和主元，进而更新核主元模型。常用的自适应核主元分析方法有递归核主元分析方法、滑动窗口核主元分析方法和指数加权核主元分析方法。自适应核主元分析算法有效地解决了传统方法不能实现模型实时更新的缺点，可以使过程监测更加有效。本章由张颖伟与张薇合著。

第 3 章提出了基于方向核偏最小二乘的过程监测方法，提出了改进的方向 PLS(DPLS)算法，然后将 DPLS 算法与核方法结合到一起运用到非线性的过程监测中去，由此推导出了核 DPLS 方法(DKPLS)。本章由张颖伟与张玲君合著。

第 4 章针对非线性、非高斯过程故障分离问题进行了研究，提出了在 KICA 方法基础上的基于故障特征方向的故障分离方法。其中介绍了基于独立元分析方法在独立元空间中故障信息丰富的特点、提出的思路和具体实现方法，将此方法应用于电熔镁炉实验数据的研究，并应用传统的贡献图和 KPCA 重构方法作为对比实验。结果显示，新方法在非高斯过程的故障特征方向的提取和基于故障特征方向的故障分离有较好的效果，能准确分离出新的故障数据的故障类型。证明了本章方法的正确性和有效性。

针对具有非线性、非高斯特性的多模式过程监测问题，从监测统计量角度提取公共和特殊信息，提出了一种基于改进的 KICA 的多模式核独立元分析方法(MKICA)并将其用于多模式过程监测。用此方法对田纳西(Tennessee Eastman Process)多模式过程进行了实验研究。此方法建立的公共模型能有效检测各模式下的故障，通用性较好；此方法建立的各模式的特殊模型对各模式下的故障检测的灵敏性和有效性较好。此方法的提出，对非高斯多模式过程的故障检测领域的研究具有一定的创新意义。本章由张颖伟与杨楠合著。

第 5 章介绍了基于数据的过程监测及故障分离方法。提出了一种基于 KPCA 的故障重构方法，解决了非线性过程的故障分离问题。在离线建模阶段，该方法采用 KPCA 方法将故障数据空间分解为主元子空间和残差子空间，利用所得的负载方向对正常数据进行投影。利用 PCA 方法对投影的数据进行分析，通过比较各个方向上故障数据与正常数据的得分提取出引起统计量超限的故障方向，建立了故障重构模型。在线监测过程中，利用各故障重构模型依次对检测到的故障数据进行重构，只有当前故障所对应的故障模型能够正确地去除数据中的故障信息，消除检测统计量超限报警现象，据此可确定故障类别，达到故障分离的目的。通过对电熔镁过程的数据建模以及其故障的检测和分离，验证了本章所提方法的有效性。

另外，本章又提出了一种基于 KLSR 的故障分离方法。该方法避免了对各类故障分别建模的烦琐过程，通过将不同类别的故障样本集投影到相应的回归目标，以实现故障分离。核函数方法的引入有效地解决了多类分类中不同类别的数据线性不可分的问题。此外，考虑到过多的训练样本会导致核矩阵存储空间与计算量的增加，在目标函数结构正则化中引入了 $L_{2,1}$ 范数，求解具有稀疏性的权值矩阵，并以此提取对建模作用较大的训练样本用以描述特征空间中的权值向量。通过应用于 iris 数据集以及电熔镁过程的仿真实验，可以看出所提方法具有良好的分离效果。本章由张颖伟与王正兵合著。

由于作者水平有限，书中难免有不妥之处，恳请各位专家和广大读者批评指正。

著　者

2016 年 5 月

目 录

第 1 章　故障监测与诊断技术概述

1.1　多元统计过程故障监测概述

1.1.1　多元统计过程监测技术概述

过程监测是一门以系统故障检测和诊断技术为基础发展起来的边缘性学科。过程监测方法的提出可以追溯到 1971 年，美国麻省理工学院的 Beard 博士首先提出了用“解析冗余”的概念代替物理冗余的故障检测和故障诊断的思想，开创了过程监测的先河，为过程监测系统理论奠定了基础。过程监测是一门目的明确、针对性强而且应用领域广泛的技术学科，其核心任务是故障检测与诊断(Fault Detection and Diagnosis，FDD)。故障检测是对过程的运行状态进行监视，一旦过程偏离了正常状态，则尽快报告故障的发生。故障诊断是对已知存在故障的过程判定故障的根源，一个有效的监测系统能帮助操作人员在故障发生后及时地采取正确的修复措施以阻止故障的传播和减少更大的损失。一般来说，流程工业的监测过程如图 1.1 所示。

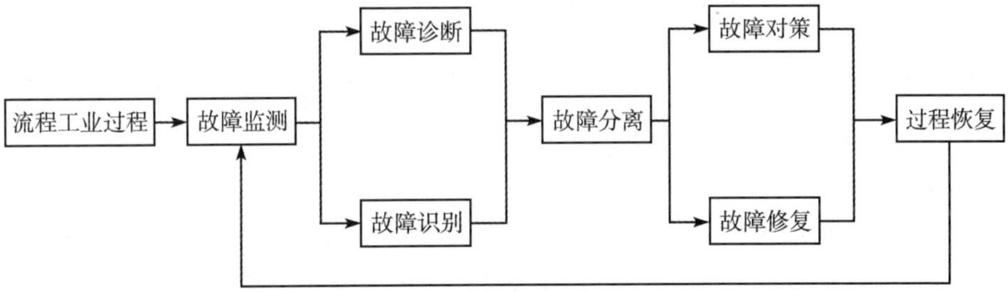

图 1.1　流程工业的监测过程示意图

Fig. 1.1　Diagram of the process industrial monitoring

FDD 的一些基本概念在众多研究中的描述不尽相同，本书综合了统计过程监测方法的一些研究成果，给出过程监测中的一些基本概念及定义。

（1）故障(Fault)

故障是指过程中至少一个特性或变量相对于正常状态的不允许的偏离。可见，故障指的是过程中发生的不正常现象。另外有些研究学者将“故障”定义为产生这种不正常现象的原因。本书中，将导致过程异常事件的潜在原因称作基本事件(Basic Events)或故障源(Root Causes)。在工业生产中，故障可以来自过程中的一些生产设备，也可以来自其上的一些测量和控制装置(传感器和执行器)。就影响程度来说，故障的出现可能会令相应部分的性能降低，也可能令部分功能失灵，甚至可能完全崩溃。根据故障来源的不同，一般来说，故障可以分为以下几类。

① 干扰参数故障：此类故障是由于过程受到的随机扰动引起的，也称为过程干扰故障。相对于过程自身而言，它是一种外在故障，如因随机干扰而使过程进料的浓度偏离正常值或反应器物料流量不稳定、环境温度的极端变化等。

② 过程参数故障：此类故障是由于系统元部件功能失效或系统参数发生变化引起的，如控制器失效、操作阀失灵、催化剂中毒以及热交换器结垢等。

③ 传感器或测量仪表故障：此类故障是因传感器或者测量仪表功能失灵而导致的测量数据发生的偏差超出可接受的范围，它会导致控制系统的性能迅速降低。

④ 执行器故障：此类故障是指控制回路中用于执行控制命令的部件发生类似于恒增益变化的故障而不能正确地执行控制命令，具体表现为执行器的设定值和它的实际输出之间的偏差。

（2）故障检测(Fault Detection)

故障检测是指从过程可测量的信息或不可测变量的估计信息中提取出描述过程的特征信息，以此来确定系统中是否有故障发生。

（3）故障识别(Fault Identification)

故障识别是指故障发生时，识别出与诊断故障最有关联的观测变量或观测变量子集，又称为故障隔离(Fault Isolation)。

（4）故障诊断(Fault Diagnosis)

故障诊断有广义和狭义之分。广义上的故障诊断通常指故障诊断这一领域，包括故障的检测、识别、诊断与恢复；狭义上指在上述步骤后，确定出故障的原因，甚至包括故障的类型、位置、量级和时间。故障诊断本质上是一类模式分类问题。

（5）故障对策(Fault Strategy)

故障对策是指经过程故障的检测、识别与诊断后，根据故障可能对系统带来的不利影响来制订相应的应对策略，以确保过程能恢复至正常的运行状态。

1.1.2 多元统计过程监测方法概述

过程监测方法的核心在于利用过程先验知识对过程的正常操作状态(Normal Operating Conditions，NOC)和各种故障状态分别建立参考模型，作为分析过程状态是否存在故障以及判定故障类别的依据。国际故障诊断权威Frank P. M. 把故障诊断(广义)的方法分为三类：基于数学模型的方法、基于信号处理的方法和基于知识的方法。按这种分类方式，过程监测领域的各类研究方法可以总结为如图1.2所示。

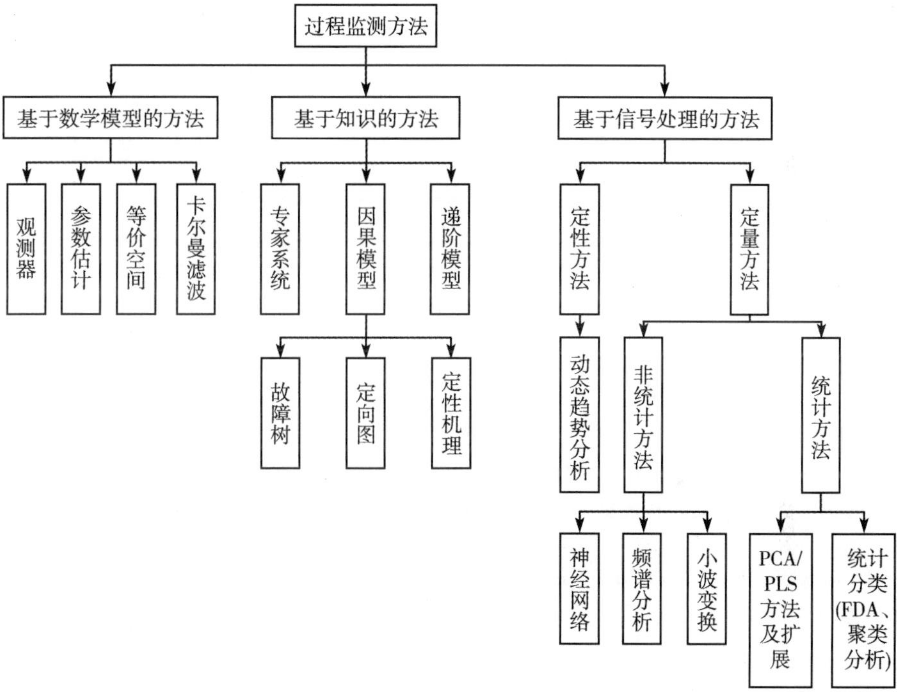

图1.2 传统的过程监测方法的分类

Fig. 1.2 Traditional classification of process monitoring method

但在过程监测十几年的发展过程中，随着近年来统计监测理论与应用的发展，很多方法难以归入上述三种分类，如与统计学有关的方法，归为信号处理的范畴并不适当。另外，解析法、图形法等方法，将其归为基于知识的方法也不准确。由于过程监测方法的核心在于利用过程的先验知识对过程的正常操作状态和各种故障状态分别建立参考模型，作为分析过程状态是否存在故障以及判定故障类别的依据，因此根据所需的先验知识的不同，Venkatasubramanian将过程监测方法分成三类：基于定量机理模型的方法、基于定性模型的方法和基于数据驱动的方法。按这种分类方式，过程监测方法可以总结为如图 1.3 所示。

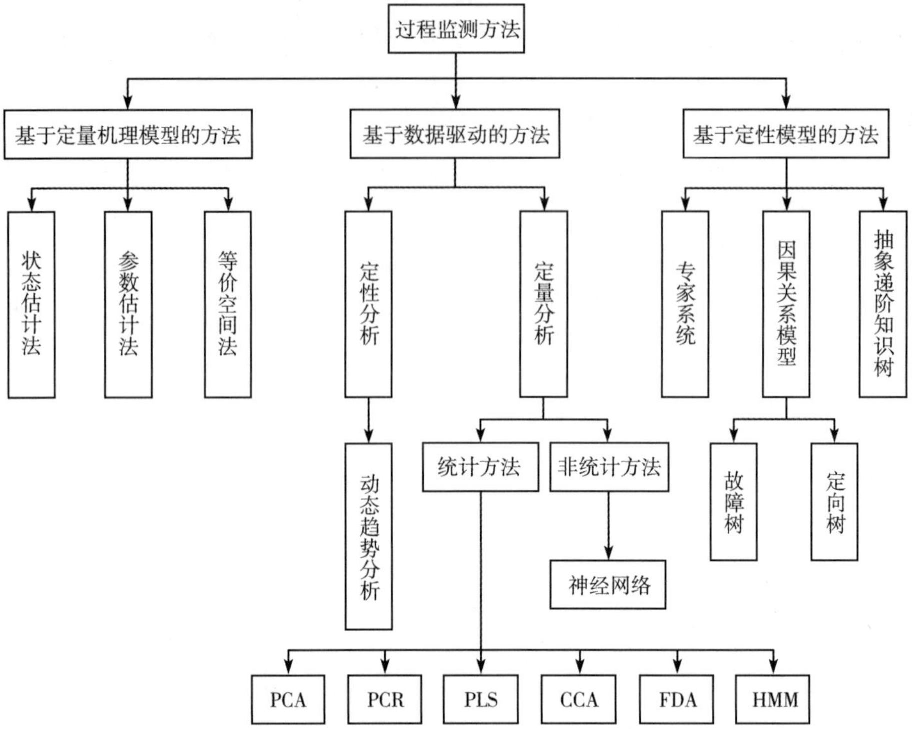

图 1.3　根据先验知识的过程监测分类方法

Fig. 1.3　Classification of process monitoring method based on prior knowledge

(1) 基于定量机理模型的方法

基于定量机理模型的方法又称为解析模型方法，也是最早被研究和应用的方法，此方法要求对被监测对象建立精确的数学模型，它所需要的先验知识是过程的机理模型。美国麻省理工学院的 Beard 于 1971 年提出了使用“解析冗余”代替传统的软件冗余，用于容错控制系统的设计，这为基于解析模型的故障诊断方法奠定了基础。

典型的基于解析模型的过程监测方法需要依据过程机理建立输入-输出之间的数学模型，并且利用观测器或者变量间的解析冗余关系进行残差序列构造，进一步采取措施进行故障信息的增强和非故障信息(如模型的随机干扰等)的抑制，最终分析残差序列以实现故障检测、故障诊断、故障识别及故障分离。基于解析模型的方法中常见的有参数估计方法、基于观测器的状态估计方法以及等价空间(Parity Space)方法等。基于解析模型的过程监测方法示意图如图 1.4 所示。

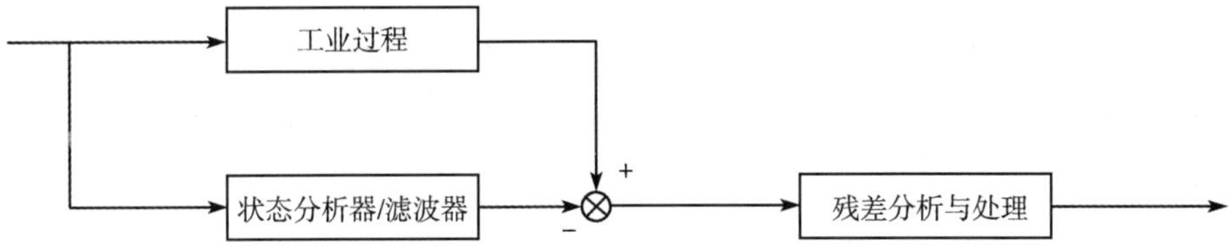

图 1.4 基于解析模型的过程监测方法

Fig. 1.4 Process monitoring method based on analytical model

如果过程故障与模型参数的变化相联系，而且能够得到适当的数学模型，那么参数估计方法就是比较适合的方法。通过标准参数估计可以得到模型参数而不需测量，接着根据基本原理建立模型，该模型能让过程中有物理意义的参数和模型参数直接相关。如果过程故障与传感器、执行器或者不可测的状态变量的变化相关时，那么基于观测器的方法就比较适合，这种方法比较适用于检测和分离加性故障。为了使状态空间方程的状态具有物理意义，就需要得到从基本原理导出的精确的数学模型。不可测状态可以利用伦博格(Luenberger)观测器或者卡尔曼滤波器对可测的输入输出变量进行重构而得出。

（2）基于定性模型的方法

基于定性模型的方法又称为基于知识的方法，基于知识的方法不需要精确的过程数学模型，而是通过抽象递阶知识树(Abstraction Hierarchy of Process Knowledge)、因果关系模型(如故障树和符号定向图)和专家系统等模型，将过程中各单元之间的连接关系、故障传播模式等过程知识定性地描述出来。在系统故障出现后，通过推理、演绎和模式识别完成故障的定位和诊断工作。这些技术都是基于定性模型的，它们可以通过系统的因果模型、专家知识和系统的详细描述或者故障症状举例来获得，比较适合非线性系统和复杂的大型系统。

一般来说，基于知识的方法适合于有大量生产经验和专家知识可利用的场合，其诊断能力较好，但正是由于其对知识的依赖性，导致该类方法的通用性比较差。不过，随着人工智能和知识表示等领域的发展，基于知识的过程监测方法有可能在不久的将来取得较大的进展。

（3）基于数据驱动的方法

基于数据驱动的过程监测方法的研究与应用起始于 20 世纪 90 年代。一方面，集散控制系统(Distributed Control System)、智能化仪表以及现场总线技术的发展带动了其在工业过程中的广泛应用。大量包含过程运行状态信息的过程数据被采集并且存储，但这些数据并没有得到有效的利用，“数据丰富，信息匮乏”成为亟待解决的问题之一。另一方面，随着计算机技术和数据库技术在 20 世纪 90 年代的迅猛发展，可靠的数据存储技术和廉价的计算资源给工业数据分析提供了可能性。数据挖掘相关算法和理论也不断涌现。

工业界逐渐意识到，在当今市场竞争日趋激烈、环境保护要求日益严格的社会背景下，工业生产企业必须降低成本、提高企业竞争力，为此必须从现有的过程数据中提取有用的信息，使之对生产安全与产品质量控制产生指导和预测作用。因此，工业过程性能检测的研究已经成为过程控制领域研究的热点之一。近年来，美国、西欧等发达国家已投入大量的人力和物力，关注该领域的研究进展，期望通过生产数据分析来揭示、反映过程的本质，为提高产品质量提供有用信息，把数据资源的拥有优势转化为生产效益和产品质量优势。

和基于知识的方法相同，基于数据驱动的过程监测方法同样不需要精确的过程数学模型，而是以工业过程中采集的海量数据为基础，通过多种方法将高维数据进行降维处理成为低维数据，从中提取出有用信息，对生产过程产生指导作用。

按数据分析的方法不同，基于数据驱动的方法又可以分为定性和定量两种。定性的基于数据驱动的过程监测方法通常指的是数据的动态趋势分析，是现代时间序列分析方法在过程监测领域的扩展。定量的基于数据驱动的过程监测方法又可以分为非统计方法和统计方法两种：非统计方法包括频谱分析、神经网络方法和小波变换等；统计方法指的是多变量统计过程监控(Multivariate Statistical Process Monitoring，MSPM)，最常用的有主元分析(Principal Component Analysis，PCA)、主元回归(Principal Component Regression，PCR)、偏最小二乘(Partial Least Square，PLS)、正则相关分析(Canonical Correlation Analysis，CCA)以及 Fisher 判别式分析(Fisher Discriminant Analysis，FDA)等。

基于数据驱动的方法只需要利用过程数据，从而得到数据的特征向量，该特征向量保留了原始数据的特征信息，去除了冗余信息，非常适合于工业过程的故障检测与诊断，具有较强的通用性。然而，MacGregor 在其研究中指出了运用该类方法在处理过程数据时应注意以下几个方面。

① 数据维数(Data dimension)。由于分布式控制系统(Distributed Control System，DCS)和计算机技术的普遍应用，大量高维的过程数据被实时采集并存储，但在实际生产过程中，只对少数的几个关键变量进行监控，未被监控的数据中所包含的有用信息则往往被丢弃。

② 数据质量(Data quality)。在实际工业过程中，观测变量通常会受到各类噪声源的影响，还有一些情况，如传感器故障，可能导致数据丢失。噪声源影响和数据丢失对过程数据的影响会导致提取信息的不可靠，并且信息难以解释。

③ 数据共线性(Data collinearity)。工业过程包含了众多的变量，但这并不意味着过程本质上是高维的，与此相反，大多数工业过程的观测变量之间都是广泛地线性相关的，也就是说，这些众多的变量可以由更少维数的数据来描

述。而这使得传统的统计方法难以奏效，因为它们假定变量之间是相互独立的，即用于过程监测时效果不佳。

④ 数据非线性。现今的工业过程往往具有非线性的属性，所以不适宜用线性函数来描述变量之间的关系，以防止破坏监测系统的监测效果，因此，必须考虑过程的非线性特性。

⑤ 数据的时变特性及过程的多工况性。由于设备状况、原料性质、市场需求等情况的不同，工业生产过程通常在多个稳态操作点下运行，而且不同稳态操作点下的生产负荷的差异很大。统计过程监控系统应该具备区分操作模式改变与过程故障的能力。

⑥ 数据的动态特性。大多数工业过程的观测变量之间具有自相关性，而且测量的过程数据又具有时序相关性，也就是说，当前时刻的测量值与先前的测量值不独立。Negiz 等人的研究成果表明，数据的动态特性对统计量的统计特性有很大影响，进而对过程的监测效果产生重大影响。

⑦ 数据的非正态特性。传统的统计过程监测方法中都假设观测变量是相互独立并且满足正态分布的，但在实际工业生产过程中，观测数据的分布情况往往不满足正态分布，因此，采用传统的过程监测方法将会对监测效果产生较大影响，降低系统可靠性。

1.1.3 多元统计过程监测国内外研究现状

一般说来，统计过程监测大致可以分为单变量统计过程监测和多变量统计过程监测。单变量统计过程监测包括 Shewhart 控制图、累积和(Cumulative Sum，CUSUM)图、移动平均(Moving Average，MA)图以及指数加权移动平均(Exponential Weighted Moving Average，EWMA)等。但随着工业过程规模的逐渐扩大及测量技术的发展，单变量过程监测方法越来越显示出其局限性，因此，各类单变量控制图得到了扩展，如多元累积和(Multivariate CUSUM，MCUSUM)图、多元指数加权移动平均(Multivariate EWMA，MEWMA)图等。为了更加有效地监测出过程存在的异常状态，由 Kresta 等、Piovoso 等及 MacGregor 等提出的多变量统计过程监测方法的故障检测和诊断方法得到了迅猛发展。

多元统计过程监测(Multivariate Statistical Process Monitoring，MSPM)又被称为多元统计过程控制(Multivariate Statistical Process Control，MSPC)，其采用多元投影降维的方法处理过程变量的观测数据，实现统计过程监测。其基本思想是将大量测量变量张成的高维空间投影到维数相对较少的模型空间上，这样得到的新的特征变量不仅能够解决变量间相关性严重、原始数据空间维数过大以及众多的未知干扰等问题，并且不损失原测量数据有价值的信息。原测量变量的线性组合被称为主元变量或隐变量(Latent Variable)，主元变量或隐变量张成模型空间，投影算法实现了用较少维数的模型空间来描述整个过程的主要特征的目的。

传统的 MSPM 方法包括基于 PCA 和 PLS 的过程监测方法，利用这些方法进行过程监测时，对过程变量做出如下假设：各个过程变量均服从高斯分布；各变量之间的关系是线性的；过程运行在单一稳定操作模式下，参数不会随着时间变化而改变；数据采样服从独立性条件。目前多变量统计方法已在北美和欧洲的工业生产中得到了广泛应用，与多变量统计监测相关的商业软件业逐渐增多。常见的方法包括主元分析、主元回归、Fisher 判别分析、偏最小二乘、典型相关分析、独立元分析等。其中，最基本的方法就是主元分析方法。

主元分析(PCA)方法是 Pearson 于 1901 年在研究如何对空间中的点进行直线和平面的最佳拟合时最早提出的。有学者认为，在系统响应和方差分析方面，主元分析比系统建模具有更大的价值。随后，Hotelling 对主元分析方法进行了改进，由此产生了目前被人们广泛应用的主元分析方法。

作为一种典型的 MSPM 方法，主元分析方法同样利用投影技术，利用相对少量的独立变量表示大量相关变量的动态信息，从而对原始的高维数据进行降维处理。主元分析方法建立了主元子空间和残差子空间这两个空间的概念，将过程监测数据向量投影到这两个正交的子空间上，并且分别在这两个子空间上建立相应的统计量，利用这些统计量对数据进行假设检验以对过程运行状态进行判断。

在过去的几十年里，众多学者对主元分析方法进行了大量的研究并不断改进算法，目前对主元分析方法的改进已经有了长足的发展，比如非线性主元分析(Nonlinear Principal Component Analysis, NPCA)、多尺度主元分析(Multi-scale Principal Component Analysis, MPCA)、动态主元分析(Dynamic Principal Component Analysis, DPCA)、核主元分析(Kernel Principal Component Analysis, KPCA)以及针对间歇过程的多向主元分析(Multi-way Principal Component Analysis)等。

在这些方法中，KPCA 是解决过程变量的非线性问题的一种非常好的方法。它的基本思想是：首先将低维输入空间中各变量之间的非线性关系通过非线性映射映射到高维特征空间中，然后在高维特征空间中进行线性分析。其中非线性映射的具体形式并不需要求取，只需得到特征空间中的内积即可，而内积可以由一维的非线性函数表示。KPCA 方法本质上是在高维特征空间实现线性 PCA，因此很容易理解和应用于过程监控。一些学者的研究已经显示了 KPCA 方法在故障检测方面的作用。

1.2 多元统计过程故障诊断概述

1.2.1 多元统计过程故障诊断技术概述

所谓故障，是指系统中有一个或多个特性或变量相对于正常状态出现了大范围的偏差。从广义上讲，故障可以理解为使得系统表现出所不期待的特性的任何异常现象。一旦系统出现故障，会降低系统的性能，使其低于正常水平，难以达到系统预期的结果和功能，不能及时排除和解决时，就会导致生产事故的发生。过程异常事件的潜在原因称为故障源。从不同角度看，可以对故障进行多种分类。在工业过程中，按照故障的来源分类，故障可分为如下几类。

① 过程故障：此类故障是由设备中元部件功能失效或者系统参数发生变化引起的，如催化剂中毒以及热交换器结垢引起的热传系数变化、控制器失效等。

② 执行器故障：此类故障是指控制回路中用于执行控制命令的部件发生故障而不能正确执行控制命令，具体表现为执行器的设定值和它的实际输出之间的偏差。

③ 传感器故障：此类故障是因传感器或者测量仪表功能失灵而导致的测量数据发生的偏差超出可接受的范围，它会导致控制系统的性能迅速降低。

④ 干扰故障：或称为过程干扰，此类故障是由于过程受到的随机扰动引起的。由于是施加于过程对象的外在干扰引起的，因此它是一种外在故障，如原料浓度的变化以及环境温度、湿度的变化等。

此外，按照故障的相互关系，可将其分为单故障、多故障、从属故障、独立故障；按照故障的性质，又可分为突发故障和缓变故障。

所谓故障诊断，是指由计算机利用系统解析冗余，完成工况分析，对生产过程是否正常，若存在故障，是由什么原因引起的故障、故障的幅度有多大等问题进行分析和判断，并得出相应结论的过程。故障诊断的过程实际上就是寻找故障原因的过程，包括状态检测、故障原因分析及劣化趋势预测等内容，它为确定故障点以及及早采取维修、防护等补救措施提供了科学的决策依据。

故障诊断技术是一门综合性的技术，具有很强的学科交叉性，其开发涉及多门学科，如数理统计、人工智能、模糊集理论、现代控制理论、信号处理、模式识别等学科理论。故障诊断的主要任务，按初级到高级，主要可分为以下四个方面。

① 故障检测：指从过程可测量的信息或不可测变量的估计信息中提取出描述过程的特征信息，以此来确定系统中是否有故障发生。故障检测可判断系

统是否发生故障以及故障发生的时间。控制系统的故障种类繁多，这使得故障检测系统容易出现误差，同时也给故障检测领域提出了前沿的研究课题：如何提高故障的正确检测率，降低漏报率和误报率。

② 故障分离：根据检测到的故障信息，分离出与故障相关的信息或确定故障的类型，缩小故障诊断的范围。

③ 故障评价：判断和估计故障对系统性能指标或功能的影响，给出故障幅度及故障发生时间等参数。

④ 故障决策：根据检测到的故障信息和故障对系统性能指标的影响，针对当前的工况，采取特定的措施，排除故障。

故障诊断过程示意图如图 1.5 所示。

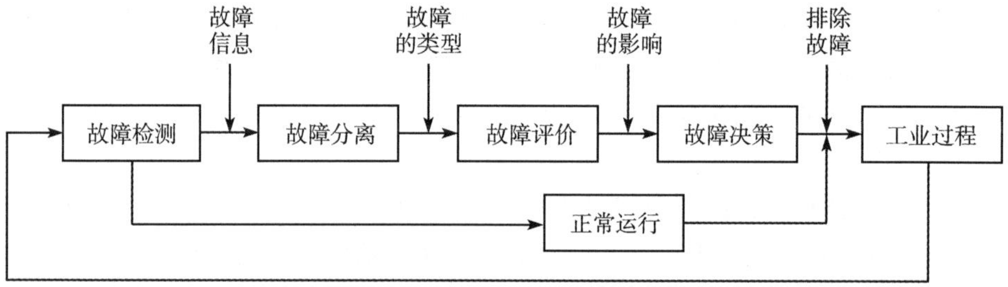

图 1.5 故障诊断过程示意图

Fig. 1.5 Sketch map of fault diagnosis process

1.2.2 多元统计过程故障诊断方法概述

过程故障诊断技术的研究始于 20 世纪 70 年代。1971 年美国麻省理工学院的 Beard 发表的博士论文提出了以解析冗余代替硬件冗余，并通过系统的自组织使系统闭环稳定，通过比较观测器的输出得到系统故障信息的新思想，这标志着这门技术的诞生，从此过程故障诊断技术得到了迅速的发展。

过程故障诊断技术的核心在于利用过程的先验知识对其正常操作状态以及各种故障状态分别建立参考模型，作为判断过程状态是否存在故障以及确定故障类别的依据。总地来说，过程故障诊断是一门针对性强、发展迅速、应用领域广泛的技术性学科，其研究与开发过程中所涉及的方法也跨越多个研究和应用领域。按照国际故障诊断领域权威 P. M. Frank 教授于 1990 年提出的划分方法，可将故障诊断方法分为三类：基于解析模型的方法、基于知识的方法、基于信号处理的方法。然而近年来随着理论研究的深入和相关领域的发展，各种新的诊断方法层出不穷，尤其是在流程工业中出现了很多新的故障诊断方法，如与数理统计相关的方法，包括单变量 Shewhart 控制图，多变量 PCA、PLS、FDA 等方法。因此，上述划分方法对于故障诊断当前的发展已不再适用。

Venkatasubramanian 在前人研究的基础之上，根据所需过程先验知识类型的不同，把故障诊断方法主要分为三类：基于数学模型的方法、基于知识的方法以及基于数据驱动的方法。过程故障诊断方法的分类如图 1.6 所示。

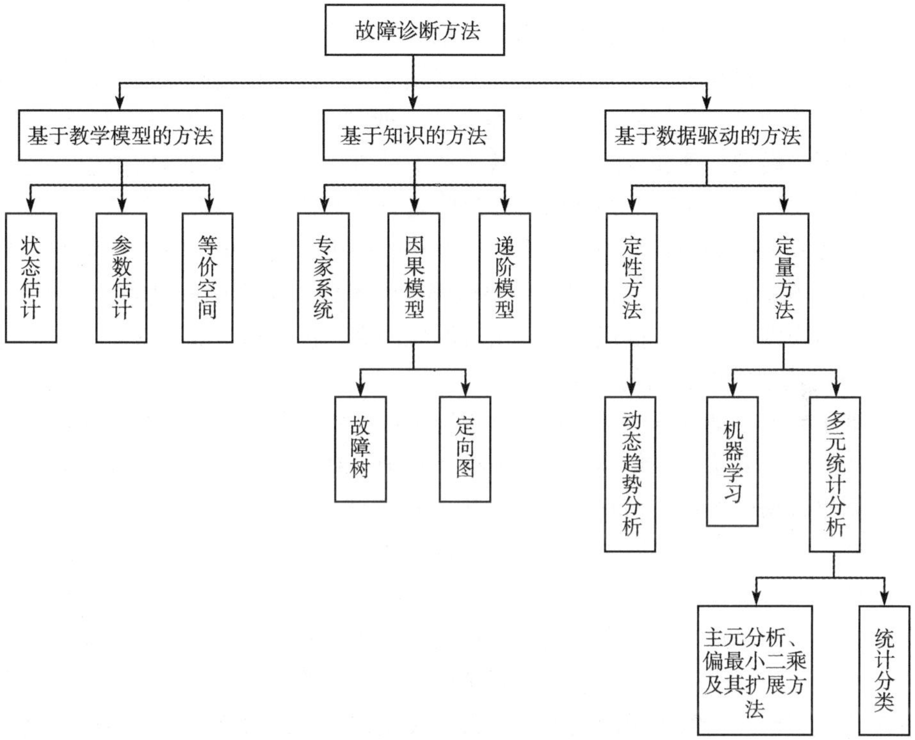

图 1.6 故障诊断方法的分类

Fig. 1.6 Classification of fault diagnosis methods

（1）基于数学模型的方法

基于数学模型的方法又称为解析模型方法，是最早被提出和应用的方法。1971 年美国学者 Beard 博士提出了利用解析冗余代替物理冗余，并将其用于容错控制系统的设计和监控的思想，为该方法的应用奠定了基础。顾名思义，基于数学模型的故障诊断方法需要根据过程机理构造过程的数学模型，通过计算和分析过程实际输出与模型输出的残差序列，实现对过程故障的检测与诊断。在能够对过程进行精确的机理建模的情况下，基于数学模型的方法相比于其他诊断方法具有更强的过程监测与故障诊断能力。比较常见的基于数学模型的方法包括状态估计方法、等价空间方法、参数估计方法等。然而现代工业生产过程中通常包含严重的非线性、参数的不确定性、变量之间的强耦合性等特点，很难得到其完整、精确的机理模型，应用数学模型的诊断方法显得十分困难。

因此，基于数学模型的方法一般应用在输入、输出以及状态变量较少的系统，或者诸如机械、电力、航天等具有确定数学模型的领域。

(2) 基于知识的方法

不同于基于数学模型的方法，基于知识的方法不依赖于精确的数学模型，而是利用领域专家在长期实践中积累起来的经验建立知识库，以此来定性地描述过程中的过程知识，如子系统之间的连接关系、故障传播模式等，进而完成对过程故障的检测与诊断工作。该类方法一般包括人工神经网络、专家系统、模式识别、模糊推理和故障树等。基于知识的方法适用于有大量历史生产经验和专家知识可用的过程，并且对过程故障具有较好的诊断能力。但是，该类方法也存在一定的缺陷：首先，知识的获取比较困难，这是该类方法开发的主要"瓶颈"；其次，该类方法的诊断效果依赖于专家经验的准确程度和丰富程度；最后，当规则较多时，推理过程会出现匹配冲突，使得诊断效率低下。

(3) 基于数据驱动的方法

基于数据驱动的方法是直接从过程历史数据中推导出的一类有效的过程监控方法。该类方法以采集到的过程数据为基础，利用特定的数据处理及分析方法挖掘出数据中的潜在信息，获取过程的运行状态，进而实现对过程的监控。由于现代工业系统大多属于自动化程度较高的复杂系统，难以获得其精确的数学模型和完整的知识描述，而各种智能仪表在现代工业过程中的广泛应用以及计算机技术的迅速发展使得对工业过程数据的实时测量与分析成为可能，基于数据驱动的方法也因此成为故障诊断领域新的研究热点。近年来，美国、西欧等发达国家已经投入大量的人力和物力，关注该领域的研究进展，期待通过对过程数据的分析来揭示、反映过程的本质，为提高产品的质量提供有利的信息，把数据资源的拥有优势化为生产效益和产品质量优势。

按分析方法的不同，基于数据驱动的方法又可以分为定性方法和定量方法。定性方法一般是指对过程数据进行动态趋势分析，其可以看作现代时间序列分析方法在过程监测领域的扩展。定量方法包括非统计类方法和统计类方法。其中，非统计类方法包括各种信号处理方法（小波分析等）、神经网络以及支持向量机等，统计类方法一般是指多元统计过程监测方法。常用的多元统计过程监测方法有主元分析（Principal Component Analysis，PCA）、因子分析（Factor Analysis，FA）、典型相关分析（Canonical Correlation Analysis，CCA）、偏最小二乘（Partial Least Square，PLS）、Fisher 判别式分析（Fisher Discriminant Analysis，FDA）以及独立成分分析（Independent Component Analysis，ICA）等。

以上三类故障诊断算法，每一类方法都有自己的优势，并在实际应用中取得了较好的监测与诊断效果。但是，每一类方法也存在自身的不足，没有一种方法对所有的故障诊断问题都是最优的。因此，在实际的复杂工业运用中，通常把多种诊断方法结合在一起使用，以期达到更好的监测与诊断效果。

1.2.3 多元统计过程故障诊断国内外研究现状

多元统计理论在过程监测中的运用最早可追溯到20世纪20年代。1924年，美国Bell实验室的Shewhart博士运用统计方法提出了用于生产过程监测的单变量Shewhart控制图，其主要思想是对生产过程中的质量变量在稳态时的统计特性进行研究，并确定控制限，利用单变量控制图检测质量变量在生产过程中的统计特性，进而达到对产品质量进行监测的目的。1931年，Shewhart博士出版了*Economic controller quality of manufacture product*一书，详细阐述了统计过程控制理论，标志着工业统计过程控制（Statistical Process Control，SPC）研究的开始。传统的单变量统计过程控制方法由于受到测量技术与计算机技术的限制，只能对生产过程中一些重要的变量进行单独的测量与监测，除了早期的均值$\bar{X}$（Shewhart）统计控制图外，单变量统计过程控制方法还包括累积和控制图（Cumulative Sum，CUSUM）、移动平均控制图（Moving Average，MA）以及指数加权移动平均控制图（Exponential Weighted Moving Average，EWMA）等。

随着测量技术与计算机技术的发展，人们已经有能力对生产过程中越来越多的性能指标进行测量与处理，并且随着过程规模与系统复杂性的增大，传统的单变量统计过程控制技术的局限性也日益明显：复杂工业过程中，需要对多个过程变量或产品质量指标进行监测，而这些变量之间往往存在相互关系，同时用多个单变量控制图对多个变量进行监测将难以正确解释过程的运行状态。

单变量统计过程控制技术只关注单个变量的变化范围，而不能充分考虑复杂系统中普遍存在的变量相关性，导致生产过程中的异常现象不能被及时监测出来，造成漏报或误报现象。随着测量技术、数据库技术以及计算机技术的发展，传统的单变量统计过程控制已不能满足现代工业生产的需要。因此，多变量统计过程控制技术（Multivariate Statistical Process Control，MSPC）应运而生。

本书主要研究多变量统计过程控制方法。与单变量统计过程控制方法不同的是，MSPC方法根据多变量的历史数据，利用各种投影的方法将样本输入空间投影到低维空间中，并且根据数据的统计特性定义检测统计量及其相应的统计量控制限。在实际监测时将新的观测数据也投影到该低维空间中，计算数据的检测统计量，并判断是否有超限现象，进而判断生产过程是否有异常。常用的MSPC方法有PCA和PLS等。但是在利用这些方法进行过程监测时通常需要对过程变量进行如下假设：① 各个过程变量服从多元正态分布；② 各个变量之间的关系是线性的；③ 过程只运行在一种操作模式下，且参数不会随时间的变化而改变，也就是说过程是稳态的；④ 采样服从独立性条件，即当前样本和历史样本不存在时序相关性。显然，MSPC方法中的几个假设条件在实际生产过程中是很难严格满足的，如果对于不满足假设条件的过程仍然使用传统的 MSPC 方法进行监测，就会导致误报、漏报现象的发生。在实际应用中，通常需根据过程特性，对传统的 MSPC 方法进行一定的改进。

MSPC 是当前过程监测的一种基本方法，其主要思想是利用多元统计投影方法，对生产过程中的多个相关变量进行监测、分析，进而提高过程监测性能。相比于 SPC，MSPC 的研究范围扩展到所有的过程变量，并且充分考虑到过程变量之间的相关性，可深入挖掘数据中潜在的有用信息，其多元统计投影方法的运用能够实现数据的降维，降低了数据分析的难度。经过近几十年的发展，包括 PCA、PLS 等过程监测方法在内的 MSPC 方法已日趋成熟，在很多工业过程中尤其是流程工业中展现出其强大的故障检测能力。在故障诊断方面，Malhi 等提出了一种基于 PCA 的特征提取方案来确保从多域特征中选择出最有效的两个特征来进行轴承状态监测的故障分类。Yoon 和 MacGregor 提出了利用 PCA 获取稳态时主成分空间和残差空间中的故障特征方向作为故障模式，通过计算新检测故障数据的特征方向与已知故障特征方向间的夹角，实现故障库中故障的隔离。由此可见，MSPC 在进行故障诊断时，一般需要对故障库中的所有故障进行故障建模。虽然其在故障检测方面能力强，但在故障分离方面存在一定的局限性。因此，基于多元统计分析的故障诊断不仅仅局限于上述经典的统计方法，基于聚类和分类算法的故障分离方法正成为最近几年的研究热点。例如，Russell 等提出了基于 Fisher 判别分析的故障识别方法，该方法可同时分析正常数据和各种故障情况下的数据，与基于 PCA 的判别方法相比更有利于提高故障分类性能。Zhu 等提出了一种基于 FDA-SVDD 的模式分类算法，克服了多变量统计过程控制在故障分离上的缺陷。

MSPC 作为当前被广泛使用的一类过程监测方法，其应用前提之一是假设系统为线性系统，而当前的复杂工业过程中普遍存在非线性特性，利用线性监测方法显然不能满足实践应用的需要。针对过程中的非线性问题，Hastie 等提出了主元曲线和主元曲面的概念，实际上这是一种具有线性 PCA 推广性质的非线性 PCA 方法。Kramer 提出了基于神经网络的非线性 PCA 方法，该方法所使用的模型是一个五层的神经网络模型，当神经网络中隐含层较多时，学习能力下降。Dong 和 McAvoy 提出了以神经网络实现主元曲线的非线性 PCA 方法，提高了主元曲线的计算效率，并应用于非线性过程监测。可见，MSPC 在非线性系统中的应用，往往要借助于神经网络等方法，为了计算主元，通常需要求解非线性优化问题，并且主元的个数也需要在训练神经网络之前确定，这极大地限制了 MSPC 方法的实际应用。为解决上述问题，Scholkopf 等人提出了一种核技巧的非线性 PCA 算法——核主元分析(KPCA)。与 PCA 方法相比，KPCA 方法能够有效提取出数据中的非线性信息，减少了漏报和误报，提高了过程监测的准确性。通过与传统的 MSPC 方法相结合，基于核技术的过程监测与诊断方法诸如 KPLS、KICA、KFDA 等在非线性过程监测中得到了广泛的应用。尽管如此，核函数方法仍然存在很多有待解决和开放性的问题，比如核函数的选择和大样本情况下的计算效率问题等。

本章参考文献

[1] 刘宇航. 基于主成分分析的故障检测方法及其应用研究[D]. 上海:华东理工大学,2012.

[2] 周东华,李钢,李元. 数据驱动的工业过程故障诊断技术:基于主元分析与偏最小二乘的方法[M]. 北京:科学出版社,2011.

[3] 郭辉. 基于 ICA 的工业过程监控研究[D]. 北京:北京化工大学,2006.

[4] 李钢. 工业过程质量相关故障的诊断与预测方法[D]. 北京:清华大学,2010.

[5] NIMMO I. Adequately address abnormal operations[J]. Chemical Engineering Progress,1995,91(9):36-45.

[6] FRANK P M. Fault diagnosis in dynamic systems using analytical and knowledge-based redundancy:a survey and some new results[J]. Automatica,1990,26(3):459-474.

[7] 邵纪东. 非线性过程监测中的数据降维及相关问题研究[D]. 杭州:浙江大学,2010.

[8] VENKATASUBRAMANIAN V,RENGASWAMY R,YIN K,et al. A review of process fault detection and diagnosis: Part Ⅰ: quantitative model-based methods[J]. Computers & Chemical Engineering,2003,27(3):293-311.

[9] VENKATASUBRAMANIAN V,RENGASWAMY R,KAVURI S N. A review of process fault detection and diagnosis: Part Ⅱ: qualitative models and search strategies[J]. Computers & Chemical Engineering,2003,27(3):313-326.

[10] VENKATASUBRAMANIAN V, RENGASWAMY R, KAVURI S N, et al. A review of process fault detection and diagnosis: Part Ⅲ: process history based methods[J]. Computers & Chemical Engineering,2003,27(3):327-346.

[11] GERTLER J J. Survey of model-based failure detection and isolation in complex-plants[J]. IEEE Control Systems Magazine,1998,8(6):3-11.

[12] FRANK P M,DING X. Survey of robust residual generation and evaluation methods in observer-based fault detection systems[J]. Journal of Process Control,1997,7(6):403-424.

[13] PATTON R,CLARK R,FRANK P M. Issues of fault diagnosis for dynamic systems[M]. London:Springer,2000.

[14] TARIFA E E,SCENNA N J. Fault diagnosis,direct graphs,and fuzzy logic [J]. Computers and Chemical Engineering,1997,21(10):649-654.

[15] CHIAN L H,RUSSELL E,BRAATZ R D. Fault Detection and Diagnosis in Industrial Systems[M]. London:Springer,2001.

[16] QIN J S. Statistical process monitoring: basics and beyond[J]. Journal of Chemo-metrics,2003,17(8/9):480-502.

[17] MACGREGOR J F,KOURTI T,NOMIKOS P. Analysis,monitoring and fault diagnosis of industrial process using multivariate statistical projection methods [C]. Proceedings of IFAC.

[18] RAICH A,CINAR A. Process disturbance diagnosis by statistical distance and angle measures[J]. Computers & Chemical Engineering,1997,6(6):661-673.

[19] 王海清,柬执环,王慧. PCA 过程监测方法的故障检测行为分析[J]. 化工学报,2002,53(3):297-301.

[20] WANG X Z,MCGREAVY C. Automatic classification for mining process operational data[J]. Industrial Engineering and Chemical Research,1998,37(10):2215-2222.

[21] 张杰,阳宪惠. 多变量统计过程控制[M]. 北京:化学工业出版社,2000.

[22] MACGREGOR J F,KOURTI T. Statistical process control of multivariate processes[J]. Control Engineering Practice,1995,3(3):403-414.

[23] VIGNEAU E,BERTRAND D,QANNARI E M. Application of latent root regression for calibration in near-infrared spectroscopy: comparison with principal component regression and partial least squares[J]. Chemo-metrics and Intelligent Laboratory Systems,1996,35(2):231-238.

[24] MACGREGOR J F,JAECKLE C,KIPARISSIDES C,et al. Process monitoring and diagnosis by multi-block PLS methods[J]. AIChE Journal,1994,40(5):826-838.

[25] KOMULAINEN T,SOURANDER M,JAMSA-JOUNELA S L. An online application of dynamic PLS to a dearomatization process[J]. Computers & Chemical Engineering,2004,28(12):2611-2619.

[26] RUSSELL E L,CHIANG L H,BRAATZ R D. Fault detection in industrial processes using canonical variate analysis and dynamic principal component analysis[J]. Chemo-metrics and Intelligent Laboratory Systems,2000,51

(1):81-93.

[27] MACGREGOR J F. Using on-line process data to improve quality: challenges for statisticians[J]. International Statistical Review, 1997, 65(3): 309-323.

[28] NEGIZ A, CINAR A. Statistical monitoring of multivariable dynamic processes with state-space models[J]. AIChE Journal, 1997, 43(8): 2002-2020.

[29] WOODALL H W, MONTGOMERY D C. Research issues and ideas in statistical process control[J]. Journal of Quality Technology, 1999, 31(4): 376-386.

[30] MONTGOMERY D C. Opportunities and challenges for industrial statisticians [J]. Journal of Applied Statistics, 2001, 28(3/4): 427-439.

[31] PAGE E S. Control charts for the mean of a normal population[J]. Journal of the royal statistical society, 1954, 16(1): 131-135.

[32] SHIRYAEV A N. Problem of the most rapid detection of a disturbance in a stationary process[J]. Soviet Mathemtics-Doklady, 1961, 2(3): 795-799.

[33] SHIRYAEV A N. On optimum methods in quickset detection problems[J]. Theory of Probability and Its Application, 1963, 8(1): 22-46.

[34] BEARD R V. Failure accommodation in linear systems through self-reorganization[D]. Cambridge: MIT, 1971.

[35] BRITOV G S, MIRONOVSKI L A. Diagnostics of linear systems of automatic regulation[J]. Tekh. Kibernetics, 1972, 1(1): 76-83.

[36] 周东华,叶银忠. 现代故障诊断与容错控制[M]. 北京:清华大学出版社,2000.

[37] 胡峰,孙国基. 过程监控技术及其应用[M]. 北京:国防工业出版社,2001.

[38] 胡邵林,孙国基. 基于系统仿真的故障监测与辨识技术研究[J]. 系统工程理论与实践,2000,20(6):8-14.

[39] PIGNATIELLO J R, RUNGER G C. Comparisons of multivariate CUSUM charts[J]. Journal of Quality and Technology, 1990, 22(3): 173-186.

[40] LOWRY C A, WOODALL W H, CHAMP C W, et al. A multivariate exponentially weighted moving average control chart [J]. Technimetrics, 1992, 34(1): 46-53.

[41] KRESTA J, MACGREGOR J F, MARLIN T E. Multivariable statistical monitoring of process operating performance [J]. Canadian Journal of Chemical Engineering, 1991, 69(1): 35-47.

[42] PIOVOSO M J, KOSANOVICH K A, PEARSON R K. Monitoring process performance in real time[C]. Proceedings of American Control Conference, 1992:2359-2363.

[43] MACGREGOR J F, KOURTI K. Statistical process control of multivariate processes[J]. Control Engineering Practice, 1995(3):403-416.

[44] WEN CHENGLIN, WANG TIANZHEN, HU JING. Relative principal component and relative principal component analysis algorithm[J]. Journal of Electronic(China), 2007, 24(1):18-11.

[45] LIU F, ZHAO Z G. Chemical separation process monitoring based on nonlinear principal component analysis [C]. Lecture Notes in Computer Science, 2004, 3173:798-803.

[46] 赵忠盖,刘飞. 一种基于分级输入训练神经网络的非线性主元分析[J]. 信息与控制,2005,34(6):656-659.

[47] BAKSHI B R. Multi-scale PCA with application to multivariate statistical process monitoring[J]. AIChE, 1998, 44(7):1596-1610.

[48] M MISRA, YUE H H, QIN S J, et al. Multivariate process monitoring and fault diagnosis by multi-scale PCA [J]. Computers and Chemical Engineering, 2002, 26(9):1281-1293.

[49] WEN F. Disturbance detection and isolation by dynamic principal component analysis[J]. Chemo-metrics and Intelligent Laboratory System, 1995, 30(1): 179-196.

第 2 章　基于自适应核主元分析的过程监测

目前，核主元分析方法已经得到了长足的发展并应用于非线性过程监测中，但工业过程常常具有随时间变化的特点，主要体现在：变量均值的变化、变量方差的变化以及变量之间相关结构的变化。在实际的工业过程中，设备老化、过程漂移、传感器测量误差等因素都会引起过程的变化。由于传统的 KPCA 方法建立的过程模型是固定的，采集到的过程数据的统计特性不变，因此不能根据新采集到的过程数据对模型进行实时更新，确保模型的准确性。如果过程中存在噪声或扰动，那么旧数据通常难以有效表征当前系统的特性，采用传统的 KPCA 方法建立的过程模型对时变的过程进行监测很可能会出现误报警的情况。为了解决工业过程中由于时变特性带来的误报警，使模型具有动态特性，自适应的 KPCA 方法被提出。自适应的 KPCA 方法可以根据实际工况中采集的数据实时更新协方差矩阵和主元。KPCA 方法过程监测流程如图 2. 1 所示。

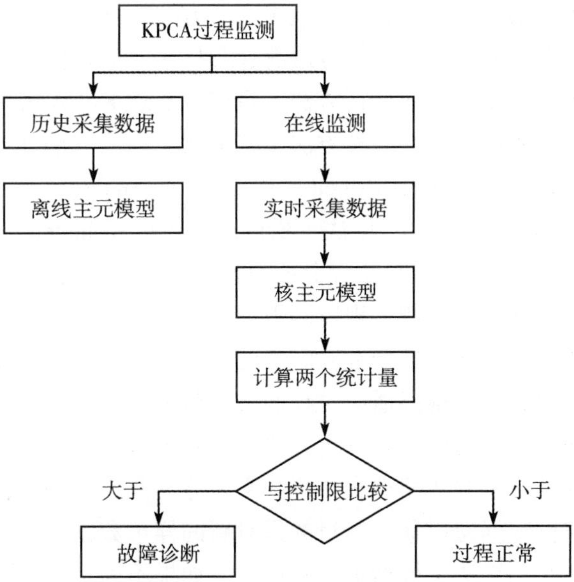

图 2. 1　KPCA 方法过程监测流程

Fig. 2. 1　The flow chart of KPCA process monitoring

通常，基于 KPCA 方法的过程监测步骤如下。

（1）建立过程在正常工作状况下的核主元模型

① 确定被监测的过程变量，采集过程正常运行时被监测过程向量的历史数据；

② 对所采集的样本数据进行预处理，得到标准化后的样本数据集；

③ 对标准化后的样本数据集进行 KPCA 分析；

④ 在过程正常运行的状况下，根据公式计算模型在置信水平为 α 时两个统计量的控制限，建立正常工况下过程的 KPCA 模型。

（2）在线监测与故障诊断

① 实时采集过程变量数据，对数据进行预处理；

② 对预处理后的实时过程变量数据进行 KPCA 分析；

③ 根据公式，计算实时过程变量的 SPE 统计量和 Hotelling's T^2统计量；

④ 将实时过程变量的 SPE 统计量和 Hotelling's T^2统计量与之前求得的统计量的控制限相比较：如果没有超过控制限，则认为过程正常；若出现超限的情况，则需进一步判定过程中的异常状况；

⑤ 若过程中出现故障，则进行故障诊断，确定引起故障的过程变量，过程监测完成。

在实际的工业过程中，过程常具有时变的特性，由于传统的 KPCA 方法所建立的模型是非时变的、固定的模型，所以时变可能会导致系统误报警。针对这一特点，可以采用自适应核主元分析方法进行过程监测。自适应核主元分析方法可以实时地采集过程数据，实时地更新协方差矩阵和主元，进而更新核主元模型。常用的自适应核主元分析方法有递归核主元分析方法、滑动窗口核主元分析方法和指数加权核主元分析方法。目前，实现 KPCA 模型参数对样本数据自适应的方法主要有两种：一种方法是将 KPCA 算法与滑动窗技术相结合的 MKPCA(Moving Window Kernel Principal Component Analysis)方法；另一种方法是指数加权的核主元分析方法(Exponentially Weighted Kernel Principal Component Analysis)。自适应核主元分析算法有效地解决了传统方法不能实现模型实时更新的缺点，可以使过程监测更加有效。

本章针对传统的 KPCA 模型在对时变的工业过程进行过程监测时，由于模型非时变、固定的特性而难以适应过程的实时监测，可能导致系统误报警的问题，提出了一种自适应的核主元分析方法。将基于滑动窗技术的 KPCA 算法与指数加权的核主元分析方法相结合，算法主要分为两个部分。首先，用滑动窗口 KPCA 方法进行数据窗口移动，目的是对新的样本数据进行预判，判断是否满足指数加权 KPCA 算法中模型更新的条件，如果不满足模型更新的条件，则将数据暂存以便进一步判定过程中的异常情况；如果满足模型更新的条件，则将该数据用于模型的更新。其次，用指数加权 KPCA 方法进行模型的更新，借鉴指数加权主元分析的方法对核矩阵进行更新，然后求取主元向量并且更新 Hotelling's T^2和 SPE 统计量相应的控制限，得到更新的 KPCA 模型，实现模型对新样本的自适应。

2.1 自适应核主元分析方法基础理论

2.1.1 基于滑动窗口机制的核主元分析

KPCA 作为一种基于核函数变换的非线性监控方法，已经成功用于过程监测领域。现今工业过程往往具有时变特性，仅仅采用一个固定不变的模型对其进行过程监测可能会产生明显的误报、漏报现象。针对 KPCA 在处理过程的时变特性时存在的不足，专家和学者们相继提出了改进的方法，基于滑动窗口机制的核主元分析方法就是其中的一种。该方法利用滑动窗口机制，通过不断加入实时采集的数据，自动更新过程监测模型，使 KPCA 监控模型能够适应时变系统的正常参数漂移。

基于滑动窗口机制的 KPCA 方法通过不断加入最近采集的正常样本数据，同时，舍弃相应数量的旧的原始建模所采用的正常样本数据，重新形成正常样本集，新样本集的样本个数始终保持不变。利用新的样本集重新建模、确定主元个数、计算统计量及其控制限，并以更新后的 KPCA 模型进行检测。令滑动窗口的长度为 w，移动步长为 h，则滑动窗口为

$$\boldsymbol{X}_{m+h}=[\boldsymbol{x}_{h+1},\ \cdots,\ \boldsymbol{x}_m,\ \cdots,\ \boldsymbol{x}_{m+h}] \tag{2.1}$$

滑动窗口示意图如图 2.2 所示。

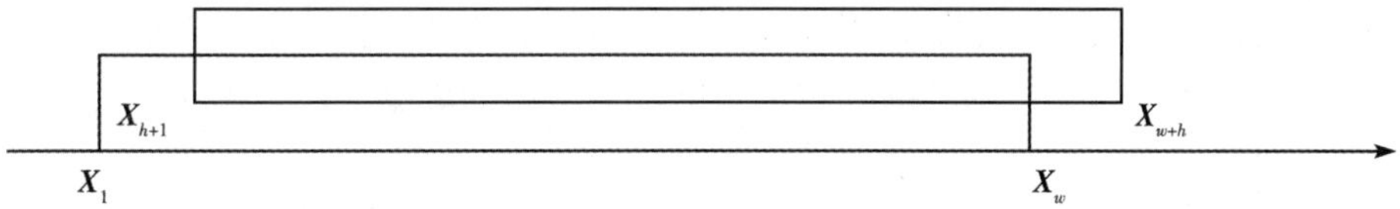

图 2.2 滑动窗口示意图

Fig. 2.2 Illustration of the moving window method

由图 2.2 可以看出，滑动窗口以步长 h 向前推进，在不同的数据窗口分别建立 KPCA 模型，而不是在整个时间跨度内建立单一的 KPCA 模型。

在本节提出的自适应 KPCA 算法中，基于滑动窗口机制的 KPCA 方法的主要功能是预判该样本是否符合 KPCA 模型更新的条件，因此不要求最近采集的样本数据为正常数据。将滑动窗口的长度设为已有 KPCA 模型中含有的样本数

N，移动步长为 1，设 t 时刻有新样本 $\boldsymbol{\Phi}(\boldsymbol{x}_{N+t})^{\mathrm{T}}$ 加入，样本数据集滑动窗口的过程可以表示为

$$\underbrace{\begin{bmatrix}\boldsymbol{\Phi}(\boldsymbol{x}_t)^{\mathrm{T}}\\ \vdots \\ \boldsymbol{\Phi}(\boldsymbol{x}_{N+t-2})^{\mathrm{T}}\\ \boldsymbol{\Phi}(\boldsymbol{x}_{N+t-1})^{\mathrm{T}}\end{bmatrix}}_{\boldsymbol{\Phi}(t-1)} \xrightarrow{\boldsymbol{\Phi}(\boldsymbol{x}_{N+t})^{\mathrm{T}}} \underbrace{\begin{bmatrix}\boldsymbol{\Phi}(\boldsymbol{x}_{t+1})^{\mathrm{T}}\\ \vdots \\ \boldsymbol{\Phi}(\boldsymbol{x}_{N+t-1})^{\mathrm{T}}\\ \boldsymbol{\Phi}(\boldsymbol{x}_{N+t})^{\mathrm{T}}\end{bmatrix}}_{\boldsymbol{\Phi}(t)} \tag{2.2}$$

其中，$\boldsymbol{\Phi}(t-1)$ 为 $t-1$ 时刻形成的样本数据集，$\boldsymbol{\Phi}(\boldsymbol{x}_{N+t})$ 为 t 时刻采集的样本数据在特征空间中的投影，$\boldsymbol{\Phi}(t)$ 为 t 时刻形成的样本数据集。

滑动窗口以步长 1 向前推进，每加入一个新的样本数据窗口向前推进一次，形成新的数据集。用新的样本数据集建立 KPCA 模型并判断新样本是否满足 KPCA 模型更新的条件：如不满足模型更新条件，则将该样本舍弃；如满足模型更新条件，则接受该样本进行 KPCA 模型更新。

在基于滑动窗口机制的 KPCA 算法中，滑动窗口长度及移动步长的选择是非常重要的。滑动窗口长度不能太小，否则不能从统计上组成协方差矩阵，从而大大影响统计量的有效性及监控检测结果的准确性。但窗口长度也不能太大，否则核矩阵的维数将会很大，计算量也随之大大增加。因此，滑动窗口的长度要合理地选择。

基于滑动窗口机制的核主元分析方法仍存在一些待解决的问题，首先是正常样本集均值和方差的自适应更新。由于系统在正常工况下过程参数会随着时间漂移，因此，为了使模型具有更好的实时性和准确性，需要根据实时采集的正常数据对建模样本进行更新。在以往的研究成果中，有的学者在原始样本数据的基础上不断增加采集数据作为样本数据，导致样本数据集规模不断扩大，核矩阵的维数也会不断增加，因此导致计算量不断增加。在基于滑动窗口机制的核主元分析方法中，随着新样本的不断加入，旧的数据不断被淘汰，总样本的个数保持不变。

移动步长的选择也要视研究对象的情况而定。如果系统的参数漂移过快，则相应的移动步长可以取较小值，特殊情况可取步长为 1，即只要采集到一个新的正常数据，就可以对 KPCA 过程监测模型进行更新。这样的更新频率势必会导致计算量增加，不利于过程的在线监控。因此，如果系统变化比较缓慢，则没有必要每次采集到正常数据都进行模型更新，移动步长可以适当取得大一些；如果系统变化比较快速，则为了确保模型的实时性和准确性，移动步长可以取得较小。

2.1.2 指数加权核主元分析方法

1994 年，Wold 首次提出了指数加权主元分析的概念，它使用所有的采样数据来建立过程模型。指数加权主元分析方法的这一特点决定了该方法在工业应用中的局限性。由于工业过程中数据采集频繁(通常每几秒采集一次过程数据)，模型规模不断扩大，相应的校正时间也必然显著增加。与自适应控制和模型预测相结合的指数加权潜隐结构投影递归算法的思想由 Dayal 和 MacGregor 提出。这种算法是每当过程测量得到新向量，模型的方差-协方差矩阵就校正一次，旧的数据被用来指数加权来考虑过程的时变特性。这种方法强调了过程的实时性。方差-协方差矩阵的校正公式如下：

$$(\boldsymbol{X}^{\mathrm{T}}\boldsymbol{X})_t=\lambda_t(\boldsymbol{X}^{\mathrm{T}}\boldsymbol{X})_{t-1}+(\boldsymbol{x}^{\mathrm{T}}\boldsymbol{x})_t \tag{2.3}$$

其中，t 为采样时刻；$\boldsymbol{x}_t$ 为 t 时刻采集到的新样本向量；λ_t 为介于 0~1 之间的加权因子，且 $0<\lambda_t<1$；$(\boldsymbol{X}^{\mathrm{T}}\boldsymbol{X})_{t-1}$ 为在过程中指数加权存储形成的协方差矩阵，$(\boldsymbol{X}^{\mathrm{T}}\boldsymbol{X})_t$ 为校正后形成的过程模型的协方差矩阵。从式(2.3)中可以看出，随着 λ_t 的递减，较多的权位于最近的样本上，极少的权位于旧样本上，因此最近的观测向量是对模型的主要贡献。这种算法在计算方面较为简便，在在线使用方面也更加灵活。

将指数加权的思想引入核主元分析方法中，则可以得到指数加权的核主元分析方法。设初始建模数据集含有 N 个样本数据，采样时刻为 t，采样数据为 $\boldsymbol{x}_{N+t}$，采样数据在特征空间中的映射为 $\boldsymbol{\Phi}(\boldsymbol{x}_{N+t})$，$\boldsymbol{\Phi}(\boldsymbol{x}_{N+t})$ 的核向量 $\boldsymbol{k}_t$ 可用下式求得：

$$\boldsymbol{k}_t=\boldsymbol{\Phi}(\boldsymbol{x}_{N+t})^{\mathrm{T}}\boldsymbol{\Phi}(t-1) \tag{2.4}$$

将 $\boldsymbol{k}_t$ 标准化得到中心化的核向量 $\bar{\boldsymbol{k}}_t$，利用指数加权主元分析方法中协方差矩阵的校正公式可以得到在特征空间中协方差的校正公式，且加权计算出的 t 时刻核矩阵 $\boldsymbol{K}_t$ 的递归算式可表示为如下形式：

$$\boldsymbol{K}_t=\gamma_t\boldsymbol{K}_{t-1}+\bar{\boldsymbol{k}}_t^{\mathrm{T}}\bar{\boldsymbol{k}}_t \tag{2.5}$$

在式(2.5)的基础上再引入 $1-\gamma_t$ 因子，使过程测量中新的在线向量能够更好地与传统的多变量指数加权移动平均(EWMA)控制图保持一致。得到的新的递归算式为

$$\boldsymbol{K}_t=\gamma_t\boldsymbol{K}_{t-1}+(1-\gamma_t)\bar{\boldsymbol{k}}_t^{\mathrm{T}}\bar{\boldsymbol{k}}_t \tag{2.6}$$

其中，$\boldsymbol{K}_{t-1}$ 是 $t-1$ 时刻计算出的核矩阵；γ_t 为加权因子，且 $0<\gamma_t<1$。从式(2.6)中可以看出，随着 γ_t 的递减，较多的权位于最近的观测对象上，当 t 值逐渐增大时，即过程持续运行一定时间后，旧数据对模型的影响将会越来越小，甚至可以忽略不计，新数据始终对模型起主要的贡献，这意味着该方法可以自动减小甚至去除旧数据的影响，而不需要人为地对旧数据进行舍弃。

在指数加权的方法中，一个重要的步骤就是加权因子 γ_t 的确定。由于工业过程往往不以一个恒定的比率变化，因此固定的加权因子在这里并不适用。本节采用 T. R. Fortescue 等提出的基于单位变量加权因子的递归算法，该算法中将变量的指数加权与递归算法相结合，在每个样本点利用 Hotelling's T^2 和 SPE 统计量进行加权计算。加权因子的确定方法如下：

$$\gamma_t = 1 - \frac{(1-T_t^2)SPE_t/N^2}{\sqrt{n_t - 1}} \tag{2.7}$$

其中，n_t 为 t 时刻的渐进记忆长度，$n_0=0$。n_t 可由下式求得：

$$n_t = \gamma_{t-1} n_{t-1} + 1 \tag{2.8}$$

2.2 基于自适应核主元分析的过程监测

基于滑动窗口机制的核主元方法和指数加权的核主元分析方法都有各自的局限性，因此本节结合两种核主元分析方法提出一种自适应核主元分析方法，首先利用基于滑动窗口机制的核主元分析方法对新样本进行预判，如果满足模型更新的条件，则利用指数加权的方法对模型进行更新的动作。因此，自适应的核主元分析方法可以大致分为两个阶段，即离线建模阶段和在线监测阶段。

2.2.1 自适应核主元分析方法的建模过程

设 t 为采样时刻，$t-1$ 时刻样本数据集为 $\boldsymbol{X}_{t-1}=\{\boldsymbol{x}_t, \boldsymbol{x}_{t+1}, \cdots, \boldsymbol{x}_{N+t-1}\} \in \mathbf{R}^N$，样本数据集在特征空间中的映射为 $\boldsymbol{\Phi}(t-1)=\{\boldsymbol{\Phi}(\boldsymbol{x}_t), \boldsymbol{\Phi}(\boldsymbol{x}_{t+1}), \cdots, \boldsymbol{\Phi}(\boldsymbol{x}_{N+t-1})\} \in \mathbf{R}^N$，其均值为 $\boldsymbol{m}_{t-1}$，方差为 $\boldsymbol{s}_{t-1}$：

$$\boldsymbol{m}_{t-1} = \frac{1}{N}\sum_{i=1}^{N+t-1} \boldsymbol{\Phi}(\boldsymbol{x}_i) \tag{2.9}$$

$$\boldsymbol{s}_{t-1,j} = \sqrt{\frac{1}{N-1}(\boldsymbol{\Phi}(\boldsymbol{x}_i)_j - \overline{\boldsymbol{\Phi}}(\boldsymbol{x}_i)_j)^2} \tag{2.10}$$

在 t 时刻过程采集到新样本数据 $\boldsymbol{x}_{N+t}$，$\boldsymbol{x}_{N+t}$ 在特征空间中的映射为 $\boldsymbol{\Phi}(\boldsymbol{x}_{N+t})$，则得到的新样本数据集为

$$\boldsymbol{X}_t = \{\boldsymbol{x}_{t+1}, \boldsymbol{x}_{t+2}, \cdots, \boldsymbol{x}_{N+t}\} \in \mathbf{R}^N \tag{2.11}$$

样本数据在特征空间中的映射为

$$\boldsymbol{\Phi}(t) = \{\boldsymbol{\Phi}(\boldsymbol{x}_{t+1}), \boldsymbol{\Phi}(\boldsymbol{x}_{t+2}), \cdots, \boldsymbol{\Phi}(\boldsymbol{x}_{N+t})\} \in \mathbf{R}^N \tag{2.12}$$

此时其均值为 $\boldsymbol{m}_t$，方差为 $\boldsymbol{s}_t$。

首先用 $t-1$ 时刻样本数据集均值和方差对新样本进行标准化处理：

$$\overline{\boldsymbol{\Phi}}(\boldsymbol{x}_{N+t}) = \boldsymbol{\Phi}(\boldsymbol{x}_{N+t}) - \boldsymbol{m}_{t-1} \tag{2.13}$$

$$\boldsymbol{\Phi}'(\boldsymbol{x}_{N+t})_j=\frac{\overline{\boldsymbol{\Phi}}(\boldsymbol{x}_{N+t})_j-(\boldsymbol{m}_{t-1})_j}{(\boldsymbol{s}_{t-1})_j} \tag{2.14}$$

其中，$j=1$，…，m。

用标准化后的样本 $\boldsymbol{\Phi}'(\boldsymbol{x}_{N+t})$ 计算新样本的核向量 $\boldsymbol{k}_t$：

$$\boldsymbol{k}_t=\boldsymbol{\Phi}'(\boldsymbol{x}_{N+t})^{\mathrm{T}}\boldsymbol{\Phi}'(t-1) \tag{2.15}$$

将新样本数据的核向量 $\boldsymbol{k}_t$ 标准化，得到标准化后的核向量 $\bar{\boldsymbol{k}}_t$：

$$\bar{\boldsymbol{k}}_t=\boldsymbol{k}_t-\mathbf{1}_b\boldsymbol{K}_{t-1}-\boldsymbol{k}_t\mathbf{1}_N+\mathbf{1}_b\boldsymbol{K}_{t-1}\mathbf{1}_N \tag{2.16}$$

其中，$\mathbf{1}_b=\frac{1}{N}[1,\ \cdots,\ 1]^{\mathrm{T}}\in\mathbf{R}^{1\times N}$。将 $\bar{\boldsymbol{k}}_t$ 投影到 $t-1$ 时刻的负载矩阵 $\boldsymbol{P}_{t-1}=[\boldsymbol{p}_1,\ \boldsymbol{p}_2,\ \cdots,\ \boldsymbol{p}_l]\in\mathbf{R}^N$ 上得到新样本的得分 $\boldsymbol{t}_{\mathrm{new}}$，$l$ 为保留的核主元个数。

计算新样本的 Hotelling's T^2 和 SPE 统计量的值，计算方法如下式：

$$\begin{aligned}SPE&=\|\boldsymbol{\Phi}(\boldsymbol{x}_t)-\hat{\boldsymbol{\Phi}}(\boldsymbol{x}_t)\|^2\\&=\boldsymbol{\Phi}(\boldsymbol{x}_t)\boldsymbol{\Phi}(\boldsymbol{x}_t)^{\mathrm{T}}-2\boldsymbol{\Phi}(\boldsymbol{x}_t)\hat{\boldsymbol{\Phi}}(\boldsymbol{x}_t)^{\mathrm{T}}+\hat{\boldsymbol{\Phi}}(\boldsymbol{x}_t)\hat{\boldsymbol{\Phi}}(\boldsymbol{x}_t)^{\mathrm{T}}\\&=k(\boldsymbol{x}_t,\ \boldsymbol{x}_t)-2\bar{\boldsymbol{k}}_t\boldsymbol{T}_{t-1}\boldsymbol{t}_{\mathrm{new}}^{\mathrm{T}}+\boldsymbol{t}_{\mathrm{new}}\boldsymbol{T}_{t-1}^{\mathrm{T}}\boldsymbol{K}_t\boldsymbol{T}_{t-1}\boldsymbol{t}_{\mathrm{new}}^{\mathrm{T}}\end{aligned} \tag{2.17}$$

$$T^2=\boldsymbol{t}_{\mathrm{new}}\boldsymbol{\Delta}^{-1}\boldsymbol{t}_{\mathrm{new}}^{\mathrm{T}} \tag{2.18}$$

$$k(\boldsymbol{x}_t,\ \boldsymbol{x}_t)=1-\frac{2}{N}\sum_{i=1}^{N}\bar{\boldsymbol{k}}_{t,i}+\frac{1}{N}\sum_{i=1}^{N}\sum_{j=1}^{N}\boldsymbol{K}_{ij} \tag{2.19}$$

其中，$\boldsymbol{T}_{t-1}$ 为 $t-1$ 时刻计算出的得分矩阵；$\bar{\boldsymbol{k}}_{t,i}$ 是 $\bar{\boldsymbol{k}}_t$ 的第 i 个元素；$\boldsymbol{\Delta}^{-1}$ 是由主元特征值所组成的对角阵的逆，$\boldsymbol{\Delta}=\mathrm{diag}\{\lambda_1,\ \lambda_2,\ \cdots,\ \lambda_l\}=\frac{1}{N-1}\boldsymbol{T}^{\mathrm{T}}\boldsymbol{T}$。

在利用基于滑动窗口机制的核主元分析方法求得 t 时刻采集的新样本的各项指标后，进一步判断是否进行模型更新。如果满足模型更新的条件，则进行模型更新的动作。KPCA 模型更新过程可以大致归纳为如下的步骤：

① 初始化：将加权因子的初值定义为

$$\gamma_0=1-\frac{1}{N} \tag{2.20}$$

其中，N 为样本数据集所包含的样本数；

② 将 t 时刻采集的新样本数据向量投影到特征空间，得到其在特征空间中的映射 $\boldsymbol{\Phi}(\boldsymbol{x}_{N+t})$，用 $t-1$ 时刻的均值 $\boldsymbol{m}_{t-1}$ 和方差 $\boldsymbol{s}_{t-1}$ 将样本进行标准化处理，得到 $\boldsymbol{\Phi}'(\boldsymbol{x}_{N+t})$，计算新样本的核向量 $\boldsymbol{k}_t$，中心化处理得到 $\bar{\boldsymbol{k}}_t$；

③ 将求得的核向量代入式(2.6)：

$$\boldsymbol{K}_t=\gamma_t\boldsymbol{K}_{t-1}+(1-\gamma_t)\bar{\boldsymbol{k}}_t^{\mathrm{T}}\bar{\boldsymbol{k}}_t$$

进行核矩阵校正，求得校正后的核矩阵 $\boldsymbol{K}_t$；

④ 对校正后的核矩阵 $\boldsymbol{K}_t$ 进行特征值分解，求得 $\boldsymbol{K}_t$ 的特征值和特征向量；

⑤ 根据累计贡献率计算包含在模型中的核主元数目；

⑥ 对 t 时刻计算 SPE 统计量和 Hotelling's T^2 统计量的值，并计算相应的模型控制限。

2.2.2 基于自适应核主元分析的在线过程监测

将自适应核主元分析方法应用在过程监测中，令 $t-1$ 时刻 Hotelling's T^2 和 SPE 统计量的控制限分别为 $T^2_{\lim,t-1}$ 和 $SPE_{\lim,t-1}$，则

$$T^2_{\lim,t-1}=\frac{1_{t-1}(N^2-1_{t-1})}{N(N-1_{t-1})}F_\alpha(1_{t-1},\ N-1) \tag{2.21}$$

$$SPE_{\lim,t-1}=\theta_1\left[\frac{C_\alpha(2\theta_2h_0^2)^{1/2}}{\theta_1}+1+\frac{\theta_2h_0(h_0-1)}{\theta_1^2}\right]^{1/h_0} \tag{2.22}$$

对于 t 时刻采集的新样本数据计算出的统计量，将其分别与相应统计量的 $t-1$ 时刻求出的模型控制限比较，如果未超过控制限，则接受该样本进行模型更新；如果超过控制限，则不进行模型更新，直至采集到下一个未超限样本。

综上所述，将自适应核主元分析方法用于过程监测的步骤可以归纳为以下几点：

① 离线建模：建立初始状态下的 KPCA 模型；

② 在 t 时刻采集到新的样本数据，将新的样本数据映射到特征空间，并用 $t-1$ 时刻样本集的均值和方差对新样本进行标准化得到 $\boldsymbol{\Phi}(\boldsymbol{x}_{N+t})$；

③ 利用式(2.4)计算出新样本的核向量 $\boldsymbol{k}_t$，并将其中心化得到 $\bar{\boldsymbol{k}}_t$；

④ 计算 Hotelling's T^2 和 SPE 统计量，并分别与 $t-1$ 时刻统计量的控制限 $T^2_{\lim,t-1}$ 和 $SPE_{\lim,t-1}$ 相比，看是否超过相应的控制限。如未超限，则接受 $\boldsymbol{\Phi}(\boldsymbol{x}_{N+t})$ 为新样本，转至步骤⑤进行模型更新；如超限，则不进行模型更新，直至采集到下一个未超限样本，如果连续超限样本数达到三个及以上，就认定过程发生了故障；

⑤ 利用式(2.6)对核矩阵进行递归更新得到 $\boldsymbol{K}_t$，其中，加权因子 γ_t 为

$$\gamma_t=1-\frac{(1-T_t^2)SPE_t/N^2}{\sqrt{n_t-1}}$$

⑥ 更新 KPCA 模型，计算特征值和特征向量，并计算此时 T^2 和 SPE 统计量的控制限 $T^2_{\lim,t}$ 和 $SPE_{\lim,t}$，返回步骤②。

2.2.3 仿真研究与结果分析

电熔镁炉是用于生产电熔镁砂的主要设备之一，是一种矿热电弧炉。随着熔炼技术的发展，电熔镁炉已经在镁砂生产行业中得到了广泛应用。电熔镁炉是一种以电弧为热源的熔炼炉，它热量集中，可以很好地熔炼镁砂。电熔镁炉整体设备组成一般包括变压器、电路短网、电极升降装置、电极、炉体等。炉

子边设有控制室，控制电极的升降。炉壳一般为圆形，稍有锥形，为便于熔砣脱壳，在炉壳壁上焊有吊环，炉下设有移动小车，其作用是使熔化完成的熔块移到固定工位，冷却出炉。电熔镁炉的基本工作原理如图 2. 3 所示。

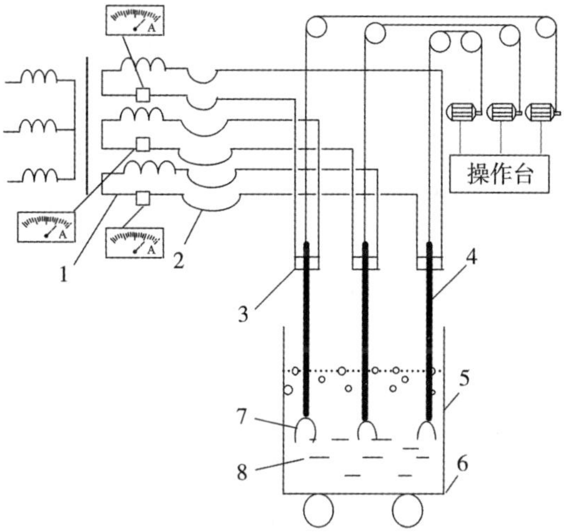

图 2. 3　电熔镁炉设备示意图

Fig. 2. 3　Diagram of electro-fused magnesium furnace

1—变压器；2—短网；3—电极夹器；4—电极；5—炉壳；6—车体；7—电弧；8—炉料

电熔镁炉通过电极引入大电流形成弧光产生高温来完成熔炼过程。目前我国多数电熔镁炉冶炼过程自动化程度还比较低，导致故障频繁和异常情况时有发生，其中由于电极执行器故障等原因导致电极距离电熔镁炉的炉壁过近，使得炉温异常，可能导致电熔镁炉的炉体熔化，从而导致大量的财产损失以及危害人身安全。另外，由于炉体固定、执行器异常等原因导致电极长时间位置不变造成炉温不均，从而使得距离电极附近的温度高，而距离电极远的区域温度低，一旦电极附近区域温度过高，容易造成“烧飞”炉料；而远离电极的区域温度过低会形成死料区，这将严重影响产品产量和质量。这就需要及时地检测过程中的异常和故障，因此，对电熔镁炉工作过程进行过程监测是十分必要和有意义的。

电熔镁的炉熔炼原料主要是菱镁矿石，其原料成分为氧化镁。电熔镁炉的熔炼过程经历了熔融、排析、提纯、结晶等阶段。在电熔镁炉熔炼的过程中，过程数据具有非线性的特点，传统的主元分析方法并不能处理非线性的过程数据。另外，熔炼过程中，炉内温度及其他过程参数不断变化，如果用固定不变的过程监测模型很容易发生误报警的情形，固定不变的过程监测模型并不适用于电熔镁炉的熔炼过程。为了达到良好的过程监测效果，应用本节提出的自适应核主元分析方法对电熔镁炉的熔炼过程进行监测。本节选取较长时间段内电熔镁炉熔炼过程的过程数据，以固定时间间隔选取一定量的样本数据进行建模，并应用本节提出的自适应核主元分析方法对其进行监测分析。

将本节提出的自适应核主元分析过程监测方法应用到电熔镁炉的工作过程，对电熔镁炉关键变量的采样数据用于建模，选取电熔镁炉工作过程中的连续 30000 个数据，并以 30 为间隔，共选取 1000 个数据用作样本数据集。这个包含 1000 个样本的过程数据可以较明显地表现出电熔镁炉在较长时间的运行过程中运行状态的变化。可以看出过程在长时间的运行过程中，参数有较显著的变化。每组数据包含输入电压值、三相电流值、炉温值、电极相对位置等 10 个关键变量。

首先用电熔镁炉工作过程连续采样数据的前 300 个采样建立 KPCA 过程监测模型，接着用提取的 1000 个采样进行动态过程监测。在已建立的 KPCA 过程监测模型的基础上，将所选取的 1000 个样本数据逐个提取当作过程新采集的样本数据，分别利用传统的 KPCA 方法和自适应 KPCA 方法在正常工况下进行过程监测，得到过程监测模型，并计算每个采样点 Hotelling's T^2 统计量和 *SPE* 统计量的值以及相应的控制限。

用正常工况下 1000 个采样数据检验本节提出的自适应 KPCA 过程监测方法，得到了在正常工况下自适应 KPCA 方法的 Hotelling's T^2 和 *SPE* 统计量的过程监控图像。监控图像如图 2.5 和图 2.7 所示。作为对比，在同组数据下应用传统的 KPCA 方法进行过程监测仿真实验研究，得到了在正常工况下传统 KPCA 方法的 Hotelling's T^2 和 *SPE* 统计量的过程监控图像。监控图像如图 2.4 和图 2.6 所示。图 2.4~图 2.7 中，曲线分别表示 Hotelling's T^2 统计量和 *SPE* 统计量的值以及相应的控制限。

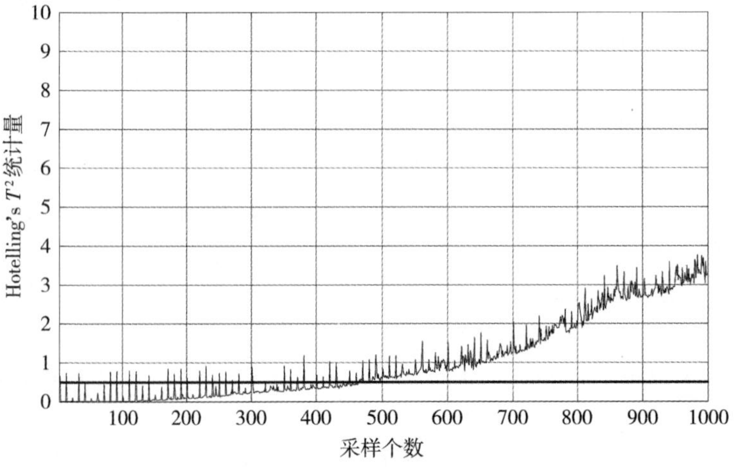

图 2.4 传统 KPCA 方法的 Hotelling's T^2 统计量的监控图像

Fig.2.4 Statistics of Hotelling's T^2 process monitoring using traditional KPCA

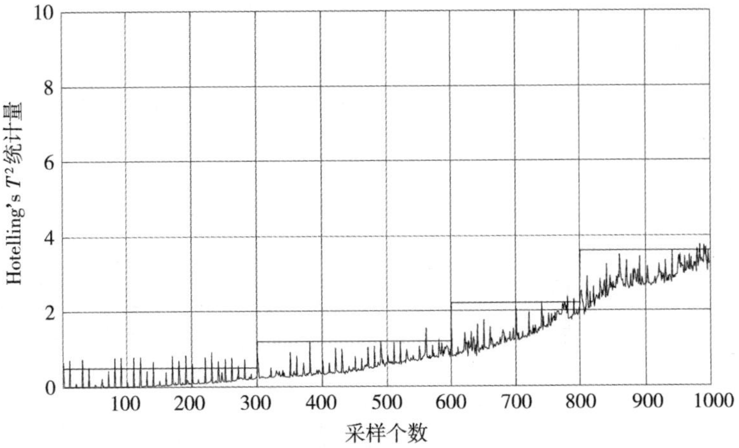

图 2.5 自适应 KPCA 方法的 Hotelling's T^2 统计量的监控图像

Fig. 2.5 Statistics of Hotelling's T^2 process monitoring using adaptive KPCA

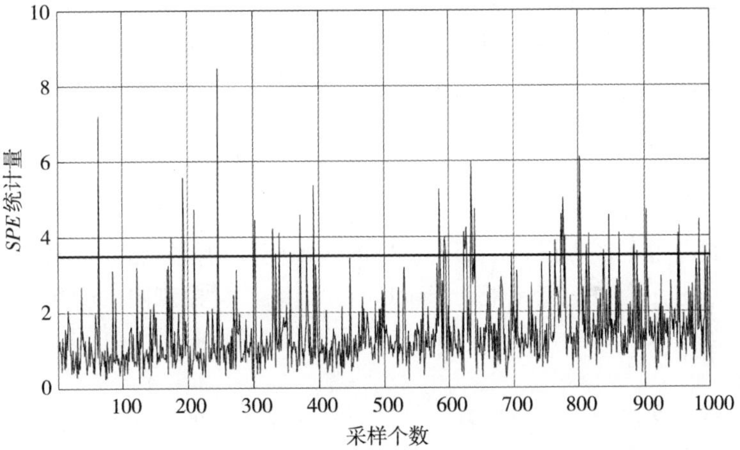

图 2.6 传统 KPCA 方法的 *SPE* 统计量的监控图像

Fig. 2.6 Statistics of *SPE* process monitoring using traditional KPCA

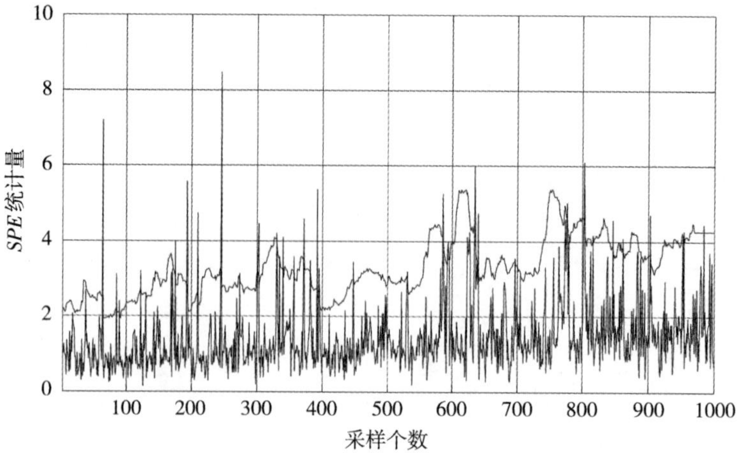

图 2.7 自适应 KPCA 方法的 *SPE* 统计量的监控图像

Fig. 2.7 Statistics of *SPE* process monitoring using adaptive KPCA

由图 2.4 和图 2.6 可以看出，电熔镁炉工作过程的采样数据在较长时间内有明显变化，Hotelling's T^2统计量和 *SPE* 统计量的值随时间的变化有明显的增大。随着时间的变化，过程的设备参数不断变化，产生了参数漂移，原来建立的模型不能正确描述参数变化后的过程。随着采样不断加入，利用原来建立的模型计算的 Hotelling's T^2统计量和 *SPE* 统计量也将不断变化，而其相应的控制限始终不变，导致大约第 450 个正常工况采样点开始出现明显的超限情况，此时过程监测出现了较大误差。而自适应 KPCA 模型的控制限随着采样点的加入不断更新，主元个数的变化带动 Hotelling's T^2统计量控制限的变化，同时 *SPE* 统计量的控制限不断变化，与传统的方法相比，模型具有更好的准确性和更低的误报率。

为了研究在过程中包含故障时自适应 KPCA 方法的过程监控，在正常工况的采样数据中人为地加入故障。在大约第 700 个正常工况的采样数据开始加入故障，此时过程的设备参数变化得更快，过程中不仅存在参数漂移，而且存在故障。在包含故障数据的情况下分别应用自适应 KPCA 方法和传统 KPCA 方法进行过程监测，得到的过程监测图像如图 2.8~图 2.11 所示。其中，图 2.9 和图 2.11 分别为在故障数据下应用自适应 KPCA 方法得到的 Hotelling's T^2统计量的监控图像和 *SPE* 统计量的监控图像，图 2.8 和图 2.10 分别为在故障数据下应用传统方法得到的 Hotelling's T^2统计量的监控图像和 *SPE* 统计量的监控图像。图 2.8~图 2.11 中，曲线分别表示统计量的值和其相应的控制限。

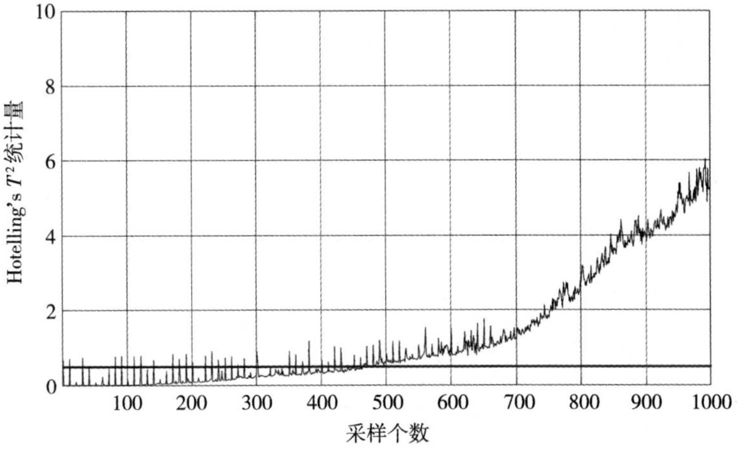

图 2.8 传统 KPCA 方法的 Hotelling's T^2统计量的监控图像

Fi g2.8 Statistics of Hotelling's T^2 process monitoring using traditional KPCA

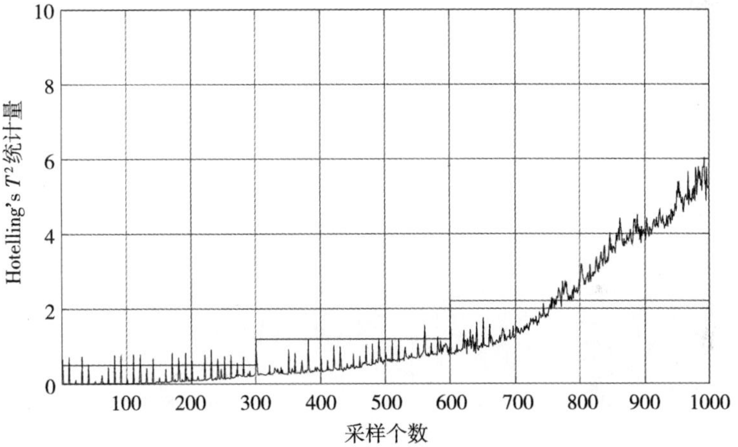

图 2.9 自适应 KPCA 方法的 Hotelling's T^2统计量的监控图像

Fig. 2.9 Statistics of Hotelling's T^2 process monitoring using adaptive KPCA

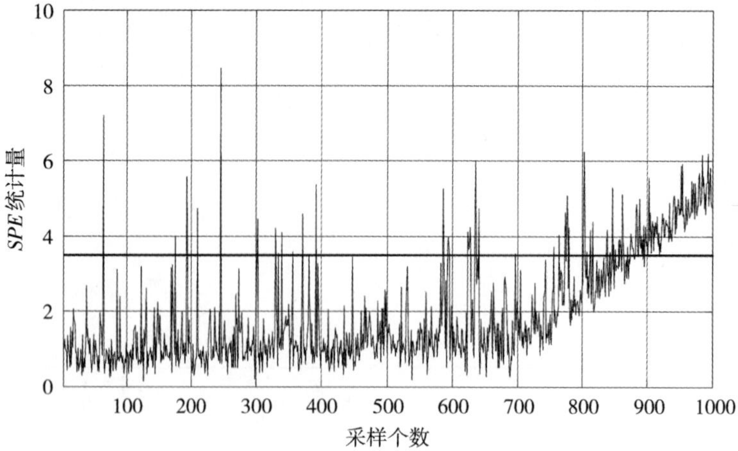

图 2.10　传统 KPCA 方法的 *SPE* 统计量的监控图像

Fig. 2.10　Statistics of *SPE* process monitoring using traditional KPCA

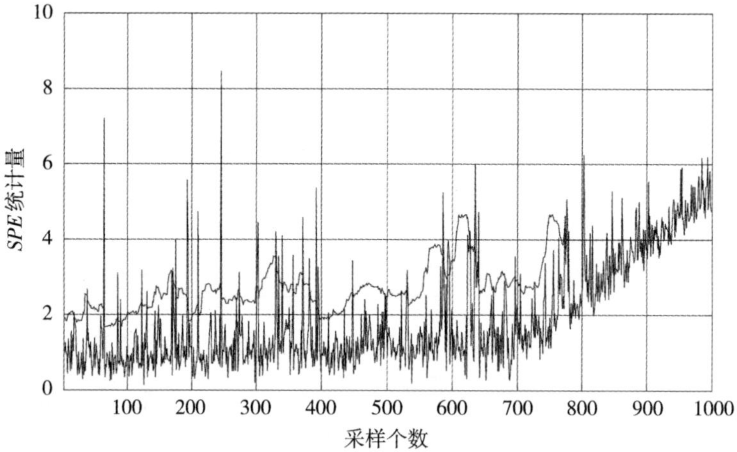

图 2.11　自适应 KPCA 方法的 *SPE* 统计量的监控图像

Fig. 2.11　Statistics of *SPE* process monitoring using adaptive KPCA

由图 2.8~图 2.11 可以看出，加入故障之后的电熔镁炉工作过程采样数据的变化更加快速，Hotelling's T^2统计量和 *SPE* 统计量的值随时间的变化也更加明显地增大。传统方法建立的模型不能正确描述此时的过程，而用自适应 KPCA 方法建立的模型能够较准确地描述此时的过程，较早发现故障的发生。与传统方法相比，自适应 KPCA 方法具有更高的准确性。

在本节提出的自适应 KPCA 方法中，核矩阵的递归更新是算法中非常重要的部分。为了研究本节提出的自适应 KPCA 方法中核矩阵递归更新公式[式(2.6)]中不同加权因子对过程监测的影响，将本节采用的结合 Hotelling's T^2和

SPE 统计量进行加权计算确定出的加权因子与传统方法的固定加权因子的过程监测进行比较。图 2. 12 为采用固定加权因子 $\gamma_t = 0.3$ 得到的 *SPE* 统计量的过程监测图像，图 2. 13 为采用固定加权因子 $\gamma_t = 0.7$ 得到的 *SPE* 统计量的过程监测图像。

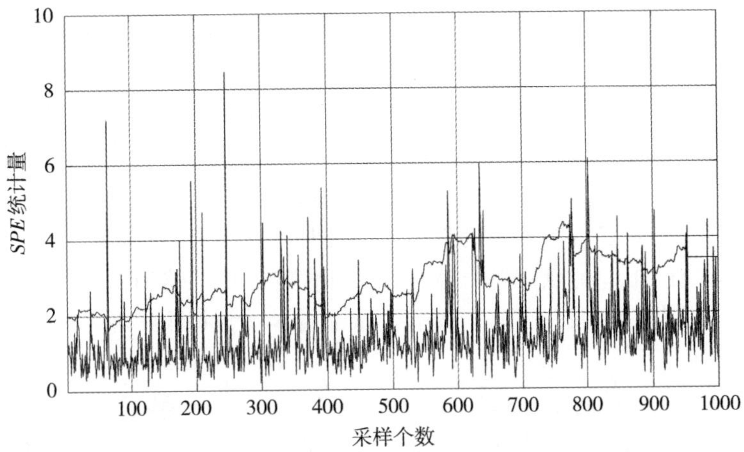

图 2. 12 $\gamma_t = 0.3$ 时自适应 KPCA 方法的 *SPE* 统计量的监控图像

Fig. 2. 12 Statistics of *SPE* process monitoring using adaptive KPCA when $\gamma_t = 0.3$

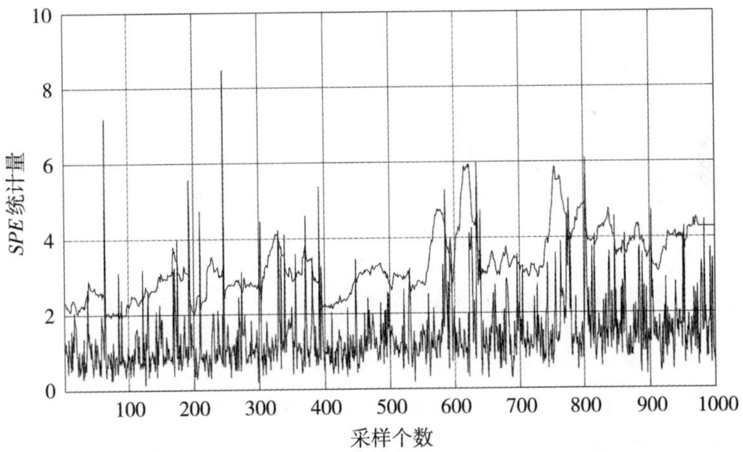

图 2. 13 $\gamma_t = 0.7$ 时自适应 KPCA 方法的 *SPE* 统计量的监控图像

Fig. 2. 13 Statistics of *SPE* process monitoring using adaptive KPCA when $\gamma_t = 0.7$

由图 2. 12 和图 2. 13 可以看出，当采用固定的加权因子进行核矩阵的递归更新时，加权因子的值越小，*SPE* 统计量的控制限的变化越缓慢；相反，加权因子的值越大，*SPE* 统计量的控制限的变化越快速。当加权因子的取值过小时，核矩阵的递归更新过于缓慢，不能正确地描述过程较快速的变化；而当加权因子的取值过大时，又因为核矩阵递归更新过快而导致模型变化过快从而产生误报警的现象。与固定的加权因子相比，基于单位变量的加权因子使模型更新更加灵活，更加适应过程参数的变化。

2.3 基于特征空间损失函数的核主元分析方法

上一节提出的自适应核主元分析算法，实现了对过程的动态监测。但该方法仍存在一些不足，那就是自适应的核主元分析算法对过程中出现的劣点无法进行很好的处理。传统的核主元分析算法中假设样本数据是没有被劣点所污染的。但实际的工业过程所采集的数据中往往是含有劣点的，而且即使将样本点映射到特征空间中，劣点问题依然存在。即使样本中只含有少量的劣点，对模型也会产生很大的影响，因此，本节主要针对样本数据中存在的劣点问题进行研究。

本节提出一种改进的自适应核主元分析方法，为了消除样本数据集中劣点对模型的不良影响，该方法在信号重构误差最小的意义下定义特征空间中的损失函数，利用带有惩罚因子的迭代形式的核主元方法迭代求解核主元模型。在对过程的在线监测过程中，首先用前一时刻的主元向量计算新样本的重构误差，判断其是否是劣点，如果判断其为正常数据，则利用遗忘因子对核矩阵进行更新，进而更新模型的控制限；如果判断其为劣点，则将重构后的样本代替原样本进行模型更新，如果有连续 3 个样本被判断为劣点，则认定过程中发生了故障。

所谓劣点，通常是指其重构误差相对平均值过大的样本，其比例通常很小，但往往对模型计算的结果产生很大的影响。因此在分析了特征空间的重构误差后，本节采用一种基于特征空间中的损失函数的 KPCA 方法。

2.3.1 特征空间中的损失函数

令样本数为 N，对任意样本经过非线性映射得到投影 $\boldsymbol{\Phi}(\boldsymbol{x})$，设 $\boldsymbol{W}$ 为其变换矩阵，满足 $\|\boldsymbol{W}\|=1$，则 $\langle \boldsymbol{W}, \boldsymbol{\Phi}(\boldsymbol{x})\rangle \boldsymbol{W}=\boldsymbol{W}\boldsymbol{W}^{\mathrm{T}}\boldsymbol{\Phi}(\boldsymbol{x})$ 为 $\boldsymbol{\Phi}(\boldsymbol{x})$ 的重建向量，从而在特征空间中 $\boldsymbol{\Phi}(\boldsymbol{x})$ 的重建误差定义为

$$
\begin{aligned}
\|\boldsymbol{e}(\boldsymbol{\Phi}(\boldsymbol{x}_i))\|^2 &= \|\boldsymbol{\Phi}(\boldsymbol{x}_i)-\boldsymbol{W}\boldsymbol{W}^{\mathrm{T}}\boldsymbol{\Phi}(\boldsymbol{x}_i)\|^2 \\
&=\boldsymbol{\Phi}(\boldsymbol{x}_i)\cdot\boldsymbol{\Phi}(\boldsymbol{x}_i)-2\boldsymbol{W}\boldsymbol{W}^{\mathrm{T}}\boldsymbol{\Phi}(\boldsymbol{x}_i)\boldsymbol{\Phi}(\boldsymbol{x}_i)+(\boldsymbol{W}\boldsymbol{W}^{\mathrm{T}})(\boldsymbol{W}\boldsymbol{W}^{\mathrm{T}})\boldsymbol{\Phi}(\boldsymbol{x}_i)\boldsymbol{\Phi}(\boldsymbol{x}_i) \\
&=k(\boldsymbol{x}_i, \boldsymbol{x}_i)-2\boldsymbol{W}\boldsymbol{W}^{\mathrm{T}}k(\boldsymbol{x}_i, \boldsymbol{x}_i)+(\boldsymbol{W}\boldsymbol{W}^{\mathrm{T}})^2k(\boldsymbol{x}_i, \boldsymbol{x}_i)
\end{aligned}
\tag{2.23}
$$

为使重建误差最小，这里定义特征空间上的损失函数为

$$
J_1(\boldsymbol{W})=\sum_{i=1}^{N}\|\boldsymbol{\Phi}(\boldsymbol{x}_i)-\boldsymbol{W}\boldsymbol{W}^{\mathrm{T}}\boldsymbol{\Phi}(\boldsymbol{x}_i)\|^2 \tag{2.24}
$$

2.3.2　基于特征空间损失函数的核主元分析方法

将式(2.24)展开，得到

$$J_1(\boldsymbol{W})=\sum_{i=1}^{N}(\boldsymbol{W}^{\mathrm{T}}\boldsymbol{\Phi}(\boldsymbol{x}_i))^2\|\boldsymbol{W}\|^2-2\sum_{i=1}^{N}(\boldsymbol{W}^{\mathrm{T}}\boldsymbol{\Phi}(\boldsymbol{x}_i))^2+\sum_{i=1}^{N}(\boldsymbol{\Phi}(\boldsymbol{x}_i))^2$$
$$=-\sum_{i=1}^{N}(\boldsymbol{W}^{\mathrm{T}}\boldsymbol{\Phi}(\boldsymbol{x}_i))^2+\sum_{i=1}^{N}\|\boldsymbol{\Phi}(\boldsymbol{x}_i)\|^2 \tag{2.25}$$

其中，$\sum_{i=1}^{N}\|\boldsymbol{\Phi}(\boldsymbol{x}_i)\|^2$ 为常量。因此，使 $J_1(\boldsymbol{W})$ 最小的 $\boldsymbol{W}$ 能使 $\boldsymbol{W}^{\mathrm{T}}\boldsymbol{\Phi}(\boldsymbol{x}_i)$ 最大，即使 $\boldsymbol{W}^{\mathrm{T}}\boldsymbol{\Phi}(\boldsymbol{x}_i)$ 取最大值的变换矩阵 $\boldsymbol{W}$ 能使特征空间上的损失函数 $J_1(\boldsymbol{W})$ 取得最小值，即特征空间上的重建误差最小。这等同于求解下面的优化问题：

$$\left.\begin{array}{l}\max\limits_{\boldsymbol{W},z}\left\{\dfrac{1}{2}\gamma\sum\limits_{i=1}^{N}(z_i)^2-\dfrac{1}{2}\boldsymbol{W}^{\mathrm{T}}\boldsymbol{W}\right\}\\ \text{s. t. } \ z_i=\boldsymbol{W}^{\mathrm{T}}\boldsymbol{\Phi}(\boldsymbol{x}_i)\end{array}\right\} \tag{2.26}$$

由拉格朗日乘子法，可以得到

$$L(\boldsymbol{W},\ \boldsymbol{Z},\ \boldsymbol{\alpha})=\frac{1}{2}\gamma\sum_{i=1}^{N}z_i^2-\frac{1}{2}\boldsymbol{W}^{\mathrm{T}}\boldsymbol{W}-\sum_{i=1}^{N}\alpha_i(z_i-\boldsymbol{W}^{\mathrm{T}}\boldsymbol{\Phi}(\boldsymbol{x}_i)) \tag{2.27}$$

由于

$$\frac{\partial L}{\partial \boldsymbol{W}}=0\Rightarrow \boldsymbol{W}=\sum_{i=1}^{N}\alpha_i\boldsymbol{\Phi}(\boldsymbol{x}_i) \tag{2.28}$$

$$\frac{\partial L}{\partial z_i}=0\Rightarrow \alpha_i=\gamma z_i \tag{2.29}$$

$$\frac{\partial L}{\partial \alpha_i}=0\Rightarrow z_i-\boldsymbol{W}^{\mathrm{T}}\boldsymbol{\Phi}(\boldsymbol{x}_i)=0\quad (i=1,\ 2,\ \cdots,\ N) \tag{2.30}$$

消去 $\boldsymbol{W}$ 和 z，得到

$$\frac{1}{\gamma}\alpha_i-\sum_{i=1}^{N}\alpha_i\boldsymbol{\Phi}(\boldsymbol{x}_i)^{\mathrm{T}}\boldsymbol{\Phi}(\boldsymbol{x}_i)=0\quad (i=1,\ 2,\ \cdots,\ N) \tag{2.31}$$

定义 $\lambda=\dfrac{1}{\gamma}$，有

$$\boldsymbol{K\alpha}=\lambda\boldsymbol{\alpha} \tag{2.32}$$

其中，$\boldsymbol{K}_{ij}=\langle\boldsymbol{\Phi}(\boldsymbol{x}_i),\ \boldsymbol{\Phi}(\boldsymbol{x}_j)\rangle(i,\ j=1,\ 2,\ \cdots,\ N)$。式(2.32)给出的 $\boldsymbol{\alpha}$ 的解就是 $\boldsymbol{K}$ 的特征向量。对 $\boldsymbol{\alpha}$ 满足归一化条件

$$\lambda^k(\boldsymbol{\alpha}^k,\ \boldsymbol{\alpha}^k)=1 \tag{2.33}$$

后，使得 $(\boldsymbol{W}^k,\ \boldsymbol{W}^k)=1$，因为

$$
\begin{aligned}
(\boldsymbol{W}^k,\ \boldsymbol{W}^k) &= \sum_{i,\ j=1}^{N} \alpha_i^k \alpha_j^k (\boldsymbol{\Phi}(\boldsymbol{x}_i),\ \boldsymbol{\Phi}(\boldsymbol{x}_j)) \\
&= \sum_{i,\ j=1}^{N} \alpha_i^k \alpha_j^k \boldsymbol{K}(\boldsymbol{x}_i,\ \boldsymbol{x}_j) = \lambda_k(\boldsymbol{\alpha}^k,\ \boldsymbol{\alpha}^k) = 1
\end{aligned} \tag{2.34}
$$

这样，$\boldsymbol{\Phi}(\boldsymbol{x})$在第 k 个主分量 $\boldsymbol{W}^k$ 上的投影为

$$
\boldsymbol{t}_k = \langle \boldsymbol{W}^k,\ \overline{\boldsymbol{\Phi}}(\boldsymbol{x}) \rangle = \sum_{i=1}^{N} \alpha_i^k \langle \overline{\boldsymbol{\Phi}}(\boldsymbol{x}_i),\ \overline{\boldsymbol{\Phi}}(\boldsymbol{X}) \rangle = \sum_{i=1}^{N} \alpha_i^k \boldsymbol{k}(\boldsymbol{x}_i,\ \boldsymbol{X}) \tag{2.35}
$$

2.4 基于遗忘因子的核主元分析模型更新

在多变量统计过程监测中，当过程的运行状态发生变化时，无论此时系统的变化是缓慢的还是快速且突然的，模型的均值和协方差矩阵都会改变，因此，当系统发生变化时，需要对样本数据集的均值和协方差进行更新。

本节在介绍基于遗忘因子的 KPCA 模型更新之前，先介绍基于遗忘因子的 PCA 模型更新方法，将该方法加以推广就会得到基于遗忘因子的 KPCA 模型更新方法。每当过程采集到新样本，均值和协方差都会改变，其变化程度取决于模型结构的改变程度，即遗忘因子的大小。因此，对于高斯的时变过程，可以用遗忘因子估计 t 时刻的均值和协方差，其公式如下：

$$
\boldsymbol{m}_t = \frac{\sum_{i=1}^{t} \alpha^{t-i} \boldsymbol{x}_i}{\sum_{i=1}^{t} \alpha^{t-i}} = \frac{\boldsymbol{x}_t + \alpha \boldsymbol{x}_{t-1} + \cdots + \alpha^{t-1} \boldsymbol{x}_1}{1 + \alpha + \cdots + \alpha^{t-1}} \tag{2.36}
$$

$$
\boldsymbol{s}_t = \frac{\sum_{i=1}^{t} \beta^{t-1} (\boldsymbol{x}_i - \boldsymbol{m}_i)(\boldsymbol{x}_i - \boldsymbol{m}_i)^{\mathrm{T}}}{\sum_{i=1}^{t} \beta^{t-i}} \tag{2.37}
$$

其中，α，β 为两个遗忘因子，$\boldsymbol{m}_t$ 和 $\boldsymbol{s}_t$ 为 t 时刻的均值向量和协方差矩阵。样本数据集的均值向量和协方差矩阵可以用更加简便的形式表示，即可以表示为 $t-1$ 时刻的均值、协方差矩阵以及 t 时刻采样数据加权的和，即

$$
\boldsymbol{m}_t = \frac{1-\alpha}{1-\alpha^t} \boldsymbol{x}_t + \alpha \frac{1-\alpha^{t-1}}{1-\alpha^t} \boldsymbol{m}_{t-1} \tag{2.38}
$$

$$
\boldsymbol{s}_t = \frac{1-\beta}{1-\beta^t} \bar{\boldsymbol{x}}_t \bar{\boldsymbol{x}}_t^{\mathrm{T}} + \beta \frac{1-\beta^{t-1}}{1-\beta^t} \boldsymbol{s}_{t-1} \tag{2.39}
$$

其中，$\bar{\boldsymbol{x}}_t = \boldsymbol{x}_t - \boldsymbol{m}_t$ 是中心化后的 t 时刻采集的新样本。随着 t 逐渐增大，式(2.38)和式(2.39)可以进一步简化为

$$
\boldsymbol{m}_t = (1-\alpha) \boldsymbol{x}_t + \alpha \boldsymbol{m}_{t-1} \tag{2.40}
$$

$$s_t=(1-\beta)\bar{\boldsymbol{x}}_t\bar{\boldsymbol{x}}_t^{\mathrm{T}}+\boldsymbol{s}_{t-1} \tag{2.41}$$

由式(2.41)可以看出，如果只考虑样本的协方差矩阵，则

$$\boldsymbol{D}_t=(1-\beta)\bar{\boldsymbol{x}}_t\bar{\boldsymbol{x}}_t^{\mathrm{T}}+\beta\boldsymbol{s}_{t-1} \tag{2.42}$$

其中，$\boldsymbol{D}_t$ 为一个对角矩阵，其对角线元素与 $\boldsymbol{s}_t$ 的对角线元素相同。相关系数矩阵也可以依下式进行估计：

$$\boldsymbol{R}_t=\frac{\sum_{i=1}^{t}\beta^{t-i}\boldsymbol{D}_i^{-1/2}\ \bar{\boldsymbol{x}}_t\bar{\boldsymbol{x}}_t^{\mathrm{T}}\boldsymbol{D}_i^{-1/2}}{\sum_{i=1}^{t}\beta^{t-i}} \tag{2.43}$$

随着 t 逐渐增大，式(2.43)可以进一步简化为

$$\boldsymbol{R}_t=(1-\beta)\boldsymbol{D}_t^{-1/2}\ \bar{\boldsymbol{x}}_t\bar{\boldsymbol{x}}_t^{\mathrm{T}}\boldsymbol{D}_t^{-1/2}+\beta\boldsymbol{R}_{t-1} \tag{2.44}$$

如式(2.36)和式(2.37)所示，样本数据集的均值和协方差矩阵的更新需要确定两个加权系数，这两个加权系数被称为遗忘因子。如果这两个遗忘因子都是1，则均值向量和协方差矩阵与用所有的样本数据进行计算得出的均值向量和协方差矩阵的相似程度最高。如果采用小于1的遗忘因子，那么随着过程的运行，加在旧数据上的权重将会越来越小，直至自动被淘汰，而不需人为地对旧数据进行舍弃。这样，旧数据对于过程模型的影响将会逐渐减小，直至消失，保证了模型对时变系统的适用性。遗忘因子的值越接近1，则能够对当前过程模型产生影响的样本数据的数量就越多。

到目前为止，大多数的模型更新方法都采用的是根据经验得到的恒定值的遗忘因子。但是，遗忘因子的最优值取决于过程变化的程度，过程变化程度不同，遗忘因子的最优值也会产生显著的区别。当过程发生快速的变化时，则模型更新的比率应该很大，即少数新数据应对模型产生非常主要的影响。而当过程变化缓慢时，模型更新的比率应该比较小，即有相对多数的样本数据对过程模型产生影响，基本的过程信息将会在较长的一段时间保持其有效性。但在实际的工业过程中，过程变化程度是随着时间不断变化的，那么遗忘因子应根据过程变化的实际情况确定。

为了应对这种过程变化程度不恒定的情况，恒定的遗忘因子将不被采用，而采用根据过程变化程度不同随时调整的遗忘因子。Dayal 和 MacGregor 在他们提出的递归 PLS 算法中采用了 Fortescue 等人提出的方法调整遗忘因子，该方法采用基于以往因子的模型更新方法，这与前一节提出的方法有两点不同：第一，用于更新均值和协方差矩阵的遗忘因子可以取不同的值，给模型带来了一定的灵活性；第二，遗忘因子的值由均值和协方差矩阵的变化直接决定，而不依赖于 Hotelling's T^2 和 SPE 这两个统计量的值。将同样的概念应用到递归主元分析方法中，得到样本数据集均值和协方差更新的计算方法：

$$\alpha_t=\alpha_{\max}-(\alpha_{\max}-\alpha_{\min})[1-\exp\{-k(\|\boldsymbol{\Delta m}_{t-1}\|/\|\boldsymbol{\Delta m}_{\mathrm{nor}}\|)^n\}] \tag{2.45}$$

其中，α_{max}和α_{min}分别是遗忘因子α的最大取值和最小取值，k和n为函数的参数，$\|\boldsymbol{\Delta m}\|$是两个连续均值向量之间差的欧几里得范数，$\|\boldsymbol{\Delta m}_{nor}\|$为根据历史数据得到的$\|\boldsymbol{\Delta m}\|$的平均值。同样的，用于更新协方差矩阵的遗忘因子$\beta$可以依照下式进行计算：

$$\beta_t=\beta_{max}-(\beta_{max}-\beta_{min})[1-\exp\{-k(\|\boldsymbol{\Delta R}_{t-1}\|/\|\boldsymbol{\Delta R}_{nor}\|)^n\}] \tag{2.46}$$

其中，β_{max}和β_{min}分别为遗忘因子β的最大取值和最小取值，$\|\boldsymbol{\Delta R}\|$是连续两个相关系数矩阵之间差的欧几里得范数。可以看出，式(2.45)和式(2.46)中分别有四个参数需要确定：α_{max}(或β_{max})、α_{min}(或β_{min})、k和n。默认值为$\alpha_{max}=0.99$，$\alpha_{min}=0.1$，$k=0.6931$，$n=1$。

将该方法应用到核主元模型更新中，并结合指数加权核主元分析方法，就能得到基于遗忘因子的核主元模型更新方法。设$t-1$时刻标准化的核矩阵为$\boldsymbol{K}_{t-1}$，则根据指数加权的核主元分析方法，t时刻核矩阵的递归更新公式为

$$\boldsymbol{K}_t=\gamma_t\boldsymbol{K}_{t-1}+(1-\gamma_t)\bar{\boldsymbol{k}}_t^{\mathrm{T}}\bar{\boldsymbol{k}}_t \tag{2.47}$$

这里将遗忘因子的概念引入递归加权因子的计算方法中，则加权因子γ_t可以根据下式进行计算：

$$\gamma_t=\gamma_{max}-(\gamma_{max}-\gamma_{min})[1-\exp(-k(\|\boldsymbol{\Delta R}\|))] \tag{2.48}$$

其中，$\gamma_{min}=0.1$，$\gamma_{max}=0.99$，$\|\boldsymbol{\Delta R}\|$为两个连续相关系数矩阵之差的欧几里得范数，$k$控制模型的灵敏度，默认取$k=0.6931$。

2.5 迭代形式的核主元分析算法

基于特征值分解的KPCA算法是一种批量学习方法，在建模以前需要知道所有的样本点，不适用于在线监测或者样本逐渐增大的情况。而且KPCA常基于这样的假设，即样本没有被劣点所污染，但实际的样本中常常含有劣点，经过非线性映射以后劣点问题依然存在，因此这里提出一种最小平方误差意义下的迭代形式的KPCA算法，并在算法的基础上加入惩罚因子，以解决样本中的劣点问题。

2.5.1 迭代形式的核主元分析算法

对于式(2.25)所定义的损失函数，采用随机梯度下降法求解该优化问题：

$$\frac{\mathrm{d}J_1(\boldsymbol{W})}{\mathrm{d}\boldsymbol{W}}=2(\boldsymbol{W}\boldsymbol{W}^{\mathrm{T}}\boldsymbol{K}-\boldsymbol{K})\boldsymbol{W} \tag{2.49}$$

由此得到迭代公式为

$$\boldsymbol{W}_{n+1}=\boldsymbol{W}_n+\mu_n(\boldsymbol{K}-\boldsymbol{W}_n\boldsymbol{W}_n^{\mathrm{T}}\boldsymbol{K})\boldsymbol{W}_n \tag{2.50}$$

其中，μ_n为迭代步长，$0<\mu_n<1$，$\boldsymbol{W}_n$收敛至第一个非线性主分量。

由于非线性主分量之间是相互正交的，因此用施密特正交法求取第 j 个($j=2$，3，…，l)分量 $\boldsymbol{W}^j$，有以下的迭代公式：

$$\boldsymbol{W}_{n+1}^j=\boldsymbol{W}_n^j+\mu_n(\boldsymbol{K}^j-\boldsymbol{W}_n^j\boldsymbol{W}_n^{j\mathrm{T}}\boldsymbol{K}^j)\boldsymbol{W}_n^j \tag{2.51}$$

$$\boldsymbol{K}^j=\boldsymbol{K}-\sum_{i=1}^{j-1}\boldsymbol{W}^i\boldsymbol{W}^{i\mathrm{T}}\boldsymbol{K} \tag{2.52}$$

迭代形式的 KPCA 算法的步骤可以归纳如下：

① 输入样本数据集 $\boldsymbol{X}$、最大迭代次数 $n_{\max}$ 及 ε，令初始的迭代步数 $n=1$，主元个数 $j=1$；

② 求出核矩阵 $\boldsymbol{K}$，其中 $[\boldsymbol{K}]_{ij}=\langle\boldsymbol{\Phi}(\boldsymbol{x}_i),\ \boldsymbol{\Phi}(\boldsymbol{x}_j)\rangle=k(\boldsymbol{x}_i,\ \boldsymbol{x}_j)$，并对 $\boldsymbol{K}$ 进行中心化，令 $\overline{\boldsymbol{K}}=\boldsymbol{K}-\boldsymbol{1}_N\boldsymbol{K}-\boldsymbol{K}\boldsymbol{1}_N+\boldsymbol{1}_N\boldsymbol{K}\boldsymbol{1}_N$，其中，$\boldsymbol{1}_N$ 是系数为$\frac{1}{N}$的 N 阶全 1 矩阵，即 $\boldsymbol{1}_N=\frac{1}{N}\underbrace{\begin{bmatrix}1 & \cdots & 1\\ \vdots & & \vdots\\ 1 & \cdots & 1\end{bmatrix}}_{N}$；

③ 求取第 j 个主分量，若 $j=1$，用式(2.50)求取第一个主分量 $\boldsymbol{W}^1$。若 $j=2$，3，…，l，用式(2.51)和式(2.52)求取剩余的主分量 $\boldsymbol{W}^2$，$\boldsymbol{W}^3$，…，$\boldsymbol{W}^l$；

④ 若 $|\boldsymbol{W}_{n+1}^j-\boldsymbol{W}_n^j|>\varepsilon$，且 $n<n_{\max}$，则令 $n=n+1$，并且返回步骤③。若 $|\boldsymbol{W}_{n+1}^j-\boldsymbol{W}_n^j|\leqslant\varepsilon$，则输出 $\boldsymbol{W}_{n+1}^j$；

⑤ 若 $J_1(\boldsymbol{W})=\sum_{i=1}^{N}\|\boldsymbol{\Phi}(\boldsymbol{x}_i)-\boldsymbol{W}\boldsymbol{W}^{\mathrm{T}}\boldsymbol{\Phi}(\boldsymbol{x}_i)\|^2\geqslant\xi$，令 $j=j+1$，返回步骤③，计算下一个主分量；

⑥ 若 $J_1(\boldsymbol{W})=\sum_{i=1}^{N}\|\boldsymbol{\Phi}(\boldsymbol{x}_i)-\boldsymbol{W}\boldsymbol{W}^{\mathrm{T}}\boldsymbol{\Phi}(\boldsymbol{x}_i)\|^2<\xi$，则终止迭代，输出 $\boldsymbol{W}$。

2.5.2 加入惩罚因子的迭代核主元分析算法

KPCA 算法中，即使样本数据的劣点个数很少，也会对 KPCA 模型产生较大的影响，这是因为在计算主分量的过程中，求出的主分量的方向会偏向劣点以减少总体的平方误差。为了减小劣点对 KPCA 模型的影响，在特征空间的平方误差公式中加入惩罚因子。

在式(2.24)中加入惩罚因子 $\eta(1-C_i)$，得到

$$J_2(\boldsymbol{W})=\sum_{i=1}^{N}(C_i\|\boldsymbol{\Phi}(\boldsymbol{x}_i)-\boldsymbol{W}\boldsymbol{W}^{\mathrm{T}}\boldsymbol{\Phi}(\boldsymbol{x}_i)\|^2+\eta(1-C_i)) \tag{2.53}$$

其中，η 为预定义的阈值，且 $\eta>0$，C_i 满足下式：

$$C_i=\begin{cases}1, & \|\boldsymbol{\Phi}(\boldsymbol{x}_i)-\boldsymbol{W}\boldsymbol{W}^{\mathrm{T}}\boldsymbol{\Phi}(\boldsymbol{x}_i)\|^2\leqslant\eta\\ 0, & \|\boldsymbol{\Phi}(\boldsymbol{x}_i)-\boldsymbol{W}\boldsymbol{W}^{\mathrm{T}}\boldsymbol{\Phi}(\boldsymbol{x}_i)\|^2>\eta\end{cases} \tag{2.54}$$

由式(2.54)可知，加入惩罚因子后，超过预定义阈值 η 的点被视作劣点，劣点的 $J_2(\boldsymbol{W})$ 的值设定为 η 后，对 KPCA 模型的影响减小。注意到此时惩罚因子中的 C_i 是离散的，为了能够用上面提出的迭代形式的 KPCA 求取主元，采用连续型的 Sigmoid 函数逼近离散变量 C_i。

求取式(2.53)定义的误差函数的最小值，由此得到的迭代公式为

$$\boldsymbol{W}_{n+1}=\boldsymbol{W}_n+\mu_n\frac{1}{1+\boldsymbol{e}^{\beta(\|e_n(\boldsymbol{\Phi}(\boldsymbol{x}))\|^2-\eta)}}(\boldsymbol{K}-\boldsymbol{W}\boldsymbol{W}^{\mathrm{T}}\boldsymbol{K})\boldsymbol{W}_n \tag{2.55}$$

其中，$0<\mu_n<1$ 为迭代步长；$\frac{1}{1+\boldsymbol{e}^{\beta(\|e_n(\boldsymbol{\Phi}(\boldsymbol{x}))\|^2-\eta)}}$为连续型的 Sigmoid 型函数，它能根据当前输入值 $\boldsymbol{\Phi}(\boldsymbol{x}_i)$ 调整参数，消除劣点对 KPCA 模型的影响。可知，阈值 η 的值越小，越多的样本点会被当作劣点处理。

由于非线性主分量之间是相互正交的，因此用施密特正交法求取第 j 个($j=2,3,\cdots,l$)分量 $\boldsymbol{W}^j$，有以下的迭代公式：

$$\boldsymbol{W}_{n+1}^j=\boldsymbol{W}_n^j+\mu_n\frac{1}{1+\boldsymbol{e}^{\beta(\|e_n(\boldsymbol{\Phi}(\boldsymbol{x}))\|^2-\eta)}}(\boldsymbol{K}^j-\boldsymbol{W}\boldsymbol{W}^{\mathrm{T}}\boldsymbol{K}^j)\boldsymbol{W}_n^j \tag{2.56}$$

$$\boldsymbol{K}^j=\boldsymbol{K}_0-\sum_{i=1}^{j-1}\boldsymbol{W}^i\boldsymbol{W}^{i\mathrm{T}}\boldsymbol{K}_0 \tag{2.57}$$

加入惩罚因子的迭代形式的 KPCA 算法的步骤如下：

① 输入样本数据集 $\boldsymbol{X}$、最大迭代次数 $n_{\max}$ 及 ε，令初始的迭代步数 $n=1$，主元个数 $j=1$；

② 求出核矩阵 $\boldsymbol{K}$，其中，$[\boldsymbol{K}]_{ij}=\langle\boldsymbol{\Phi}(\boldsymbol{x}_i),\boldsymbol{\Phi}(\boldsymbol{x}_j)\rangle=k(\boldsymbol{x}_i,\boldsymbol{x}_j)$，并对核矩阵 $\boldsymbol{K}$ 进行中心化，令 $\bar{\boldsymbol{K}}=\boldsymbol{K}-\boldsymbol{1}_N\boldsymbol{K}-\boldsymbol{K}\boldsymbol{1}_N+\boldsymbol{1}_N\boldsymbol{K}\boldsymbol{1}_N$，其中，$\boldsymbol{1}_N$ 是系数为$\frac{1}{N}$的 N 阶全1矩阵，即 $\boldsymbol{1}_N=\frac{1}{N}\underbrace{\begin{bmatrix}1&\cdots&1\\ \vdots&&\vdots\\ 1&\cdots&1\end{bmatrix}}_{N}$；

③ 求取第 j 个主分量，若 $j=1$，用式(2.55)求取第一个主分量 $\boldsymbol{W}^1$，从第二次迭代开始，每一次迭代都计算样本重构误差，取比例为 r 的点为劣点，确定阈值 η，计算惩罚因子进行迭代求解，求得第一个主元；

④ 若 $j=2,3,\cdots,l$，用式(2.43)和式(2.44)求取剩余的主分量 W^2，W^3，$\cdots$，W^l，从第二次迭代开始，每一次迭代都计算样本重构误差，取比例为 r 的点为劣点，确定阈值 η，计算惩罚因子进行迭代求解；

⑤ 若 $|\boldsymbol{W}_{n+1}^j-\boldsymbol{W}_n^j|>\varepsilon$，且 $n<n_{\max}$，则令 $n=n+1$，并且返回步骤③。若 $|\boldsymbol{W}_{n+1}^j-\boldsymbol{W}_n^j|\leqslant\varepsilon$，则输出 $\boldsymbol{W}_{n+1}^j$；

⑥ 若 $J_2(\boldsymbol{W})=\sum_{i=1}^{N}(C_i\|\boldsymbol{\Phi}(\boldsymbol{x}_i)-\boldsymbol{W}\boldsymbol{W}^{\mathrm{T}}\boldsymbol{\Phi}(\boldsymbol{x}_i)\|^2+\eta(1-C_i))\geqslant\xi$，令 $j=j+1$，返回步骤③，计算下一个主分量；

⑦ 若 $J_2(\boldsymbol{W})=\sum_{i=1}^{N}(C_i\|\boldsymbol{\Phi}(\boldsymbol{x}_i)-\boldsymbol{W}\boldsymbol{W}^{\mathrm{T}}\boldsymbol{\Phi}(\boldsymbol{x}_i)\|^2+\eta(1-C_i))<\xi$，则终止迭代，输出 $\boldsymbol{W}$。

2.6 基于惩罚因子的自适应核主元分析过程监测

在上一节中，简要地介绍了指数加权的核主元分析方法，在核主元模型的递归更新公式[式(2.5)]中，可以知道核主元模型的核矩阵通过 $\boldsymbol{K}_t=\gamma_t\boldsymbol{K}_{t-1}+\bar{\boldsymbol{k}}_t^{\mathrm{T}}\bar{\boldsymbol{k}}_t$ 进行递归更新，其中的加权因子的确定依赖于 Hotelling's T^2 和 SPE 统计量的值，这给计算带来了一定的难度。因此，本节将提出一种改进的核主元分析方法，改进的核主元分析方法基于特征空间的损失函数，得到在特征空间重建误差最小意义下的核主元分析模型。当有新样本数据加入时，采用加入惩罚因子的迭代核主元分析方法进行主分量的计算，相比于基于特征值分解的批量学习方法，这种方法减少了计算难度，同时解决了样本数据中的劣点问题。

改进的核主元分析方法可以大致分为离线建模阶段和在线监测阶段。

（1）离线建模阶段

① 根据历史数据建立 KPCA 模型，得到初始标准化的核矩阵 $\boldsymbol{K}$；

② 用式(2.55)迭代求取第 $j(j=1)$ 个主元向量，每次迭代之前都求样本的重构误差，设定劣点比例为 r，确定阈值 η，计算惩罚因子；

③ 用式(2.56)和式(2.57)迭代求取第 $j(j=2,3,\cdots,l)$ 个主元向量，每次迭代之前都求样本的重构误差，设定劣点比例为 r，确定阈值 η，计算惩罚因子；

④ 求得 $\boldsymbol{W}$，并计算此时 Hotelling's T^2 和 SPE 统计量及相应的控制限。

（2）在线监测阶段

① $t-1$ 时刻的均值 $\boldsymbol{m}_{t-1}$ 和协方差矩阵 $\boldsymbol{s}_{t-1}$，Hotelling's T^2 和 SPE 统计量的控制限 $T^2_{\lim,t-1}$ 和 $SPE_{\lim,t-1}$；

② t 时刻采集新的样本向量，根据式(2.54)和式(2.55)计算 t 时刻的遗忘因子 α_t 和 β_t，利用遗忘因子 α_t 和 β_t 求取 t 时刻的均值 $\boldsymbol{m}_t$ 和协方差矩阵 $\boldsymbol{s}_t$；

③ 利用 t 时刻采集的样本向量求得新样本的核向量 $\boldsymbol{k}_t$，将其标准化得到 $\bar{\boldsymbol{k}}_t$；

④ 利用式(2.56)对核矩阵进行更新得到 $\boldsymbol{K}_t$，其中的加权因子 γ_t 按式(2.57)的方法进行计算；

⑤ 利用迭代核主元方法更新 KPCA 模型，计算此时 T^2和 SPE 统计量的控制限 $T^2_{\mathrm{lim},t}$和 $SPE_{\mathrm{lim},t}$；

⑥ 采集下一样本数据，返回步骤③。

改进的 KPCA 方法的算法流程见图 2.14。

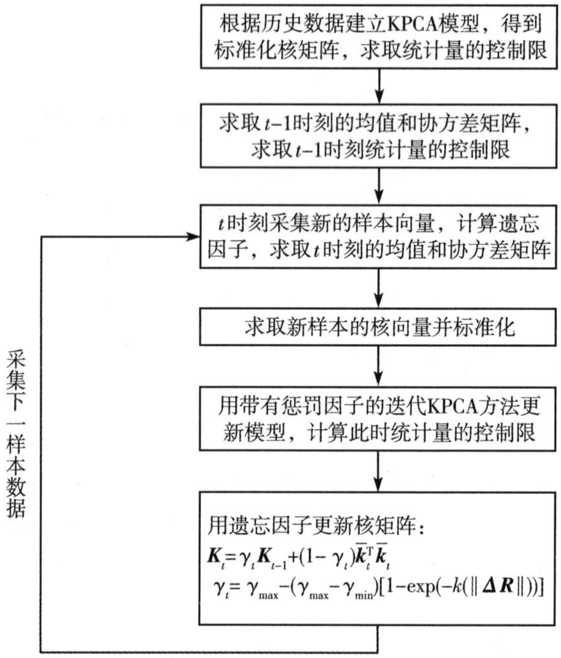

图 2.14 改进的核主元分析方法流程图

Fig. 2.14 Flow chart of advanced kernel principal component analysis method

2.7 仿真研究与结果分析

将本章提出的自适应核主元分析过程监测方法应用到电熔镁炉工作过程，利用改进的 KPCA 方法分别在正常工况和含有故障的工况下进行过程监测，得到了过程监测模型。其中，故障大概从第 700 个采样开始发生，故障是由于电极执行器异常导致电熔镁炉电流大幅下降而出现的炉温异常。

用正常工况下 1000 个采样数据检验本章提出的改进的 KPCA 过程监测方法，得到了在正常工况下改进的 KPCA 方法的 Hotelling's T^2和 SPE 统计量的过程监控图像，以及只迭代求解 KPCA 模型而不进行控制限更新的 Hotelling's T^2和 SPE 统计量的过程监控图像。监控图像如图 2.15~图 2.18 所示。图 2.15 和图 2.17 表示利用含有惩罚因子求解的模型的 Hotelling's T^2和 SPE 统计量及控制限的过程监控图像，图 2. 16 和图 2. 18 表示既用含有惩罚因子求解模型又更新控制限的 Hotelling's T^2和 SPE 统计量的过程监控图像，图中曲线分别代表统计量的值及相应的控制限。

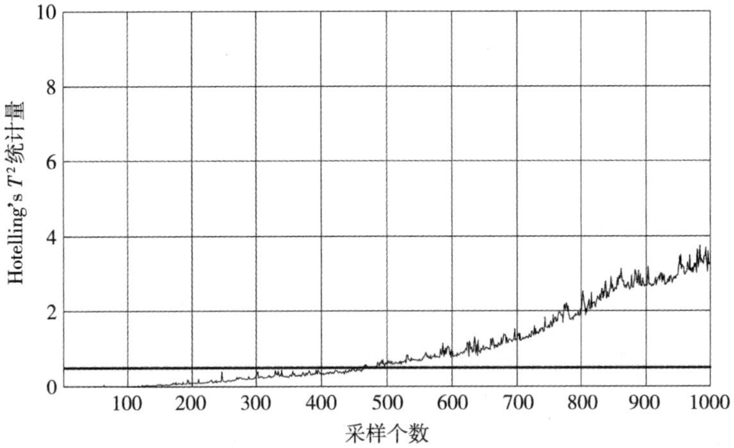

图 2. 15 传统 KPCA 方法的 Hotelling's T^2统计量的监控图像

Fig. 2. 15 Statistics of Hotelling's T^2 process monitoring using traditional KPCA

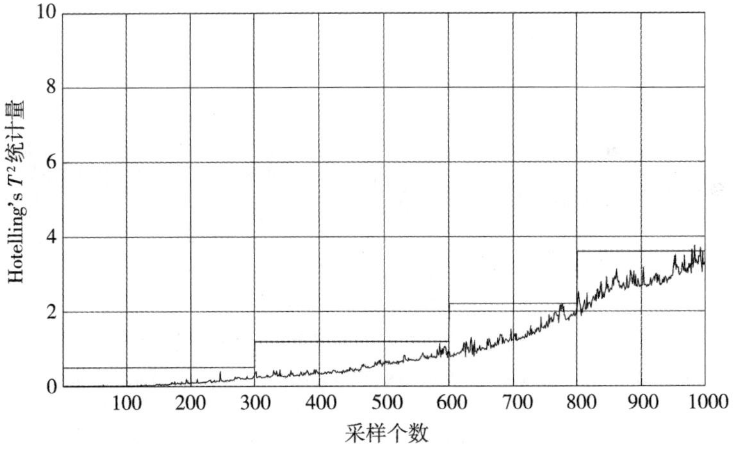

图 2. 16 自适应 KPCA 方法的 Hotelling's T^2统计量的监控图像

Fig. 2. 16 Statistics of Hotelling's T^2 process monitoring using adaptive KPCA

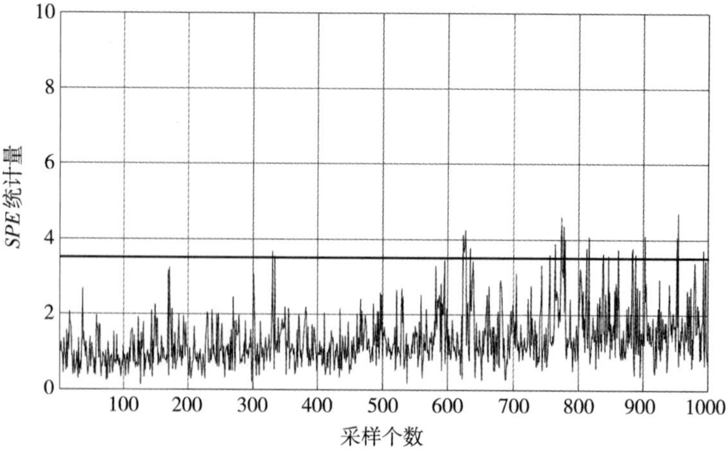

图 2.17 传统 KPCA 方法的 *SPE* 统计量的监控图像

Fig. 2.17 Statistics of *SPE* process monitoring using traditional KPCA

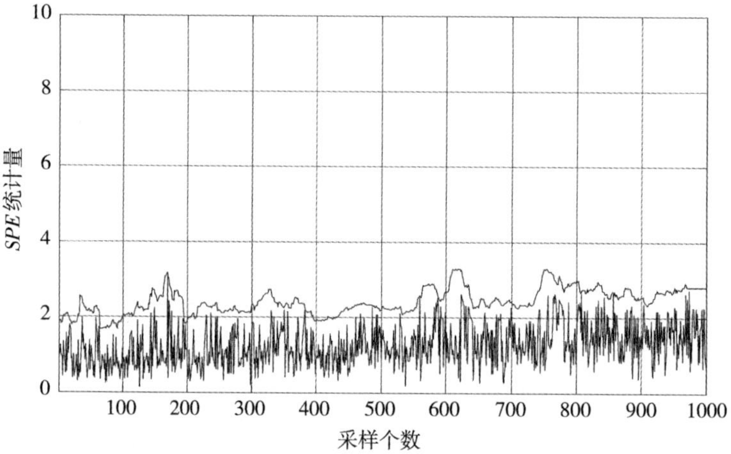

图 2.18 自适应 KPCA 方法的 *SPE* 统计量的监控图像

Fig. 2.18 Statistics of *SPE* process monitoring using adaptive KPCA

由图 2.15~图 2.18 可以看出，Hotelling's T^2统计量和 *SPE* 统计量的变化与传统方法相比明显减小，这是由于在迭代求取主元的过程中，使用惩罚项对偏离较大的采样进行了惩罚，因此，Hotelling's T^2和 *SPE* 统计量的波动减小，说明采样点与主元空间原点的距离减小，原来建立的模型中偏离较大的点对模型的不良影响被减小。但如果只用迭代 KPCA 进行模型求解而不更新控制限，则过程依然可能出现误报警的情况；而如果在用迭代 KPCA 求解模型的同时，更新 Hotelling's T^2和 *SPE* 统计量的控制限，则 Hotelling's T^2统计量和 *SPE* 统计量没有出现明显的超限现象，与传统方法相比具有更好的准确性和更低的误报率，仿真实验验证了该方法对消除劣点影响的可行性。

为了研究在过程中包含故障时自适应 KPCA 方法的过程监控，在正常工况的采样数据中人为地加入故障。在大约第 700 个正常工况的采样数据开始加入故障，此时过程的设备参数的变化更快，过程中不仅存在参数漂移，而且存在故障。在包含故障数据的情况下分别应用自适应 KPCA 方法和传统 KPCA 方法进行过程监测，得到的过程监测图像如图 2.19～图 2.22 所示。其中，图 2.19 和图 2.21 为在故障数据下应用迭代 KPCA 方法得到的 Hotelling's T^2统计量的监控图像和 SPE 统计量的监控图像，图 2.20 和图 2.22 分别为在故障数据下应用改进 KPCA 得到的 Hotelling's T^2统计量的监控图像和 SPE 统计量的监控图像，图中曲线分别表示统计量的值及其相应的控制限。

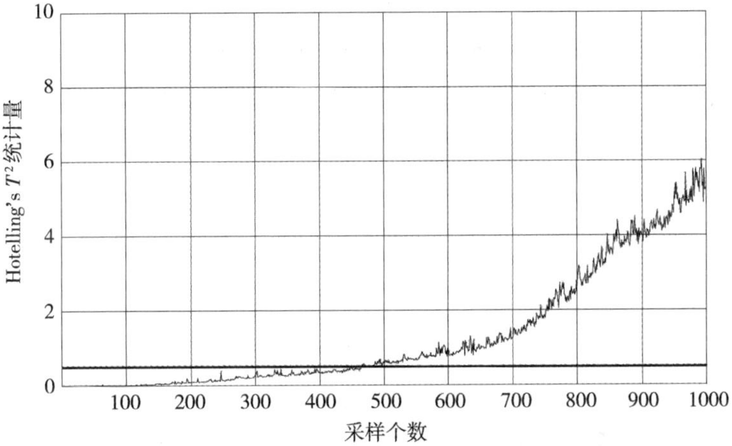

图 2.19 传统 KPCA 方法的 Hotelling's T^2统计量的监控图像

Fig. 2.19 Statistics of Hotelling's T^2 process monitoring using traditional KPCA

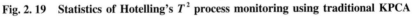

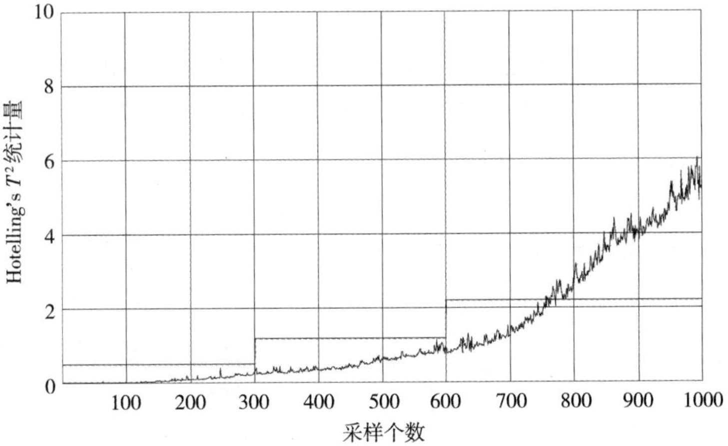

图 2.20 自适应 KPCA 方法的 Hotelling's T^2统计量的监控图像

Fig. 2.20 Statistics of Hotelling's T^2 process monitoring using adaptive KPCA

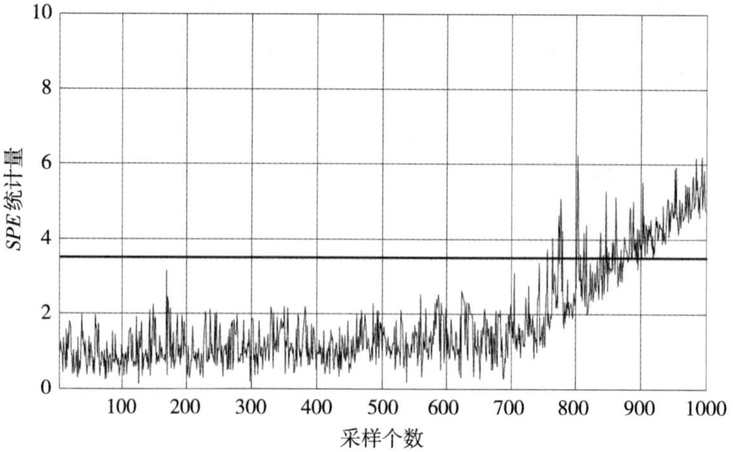

图 2.21 传统 KPCA 方法的 *SPE* 统计量的监控图像

Fig. 2.21 Statistics of *SPE* process monitoring using traditional KPCA

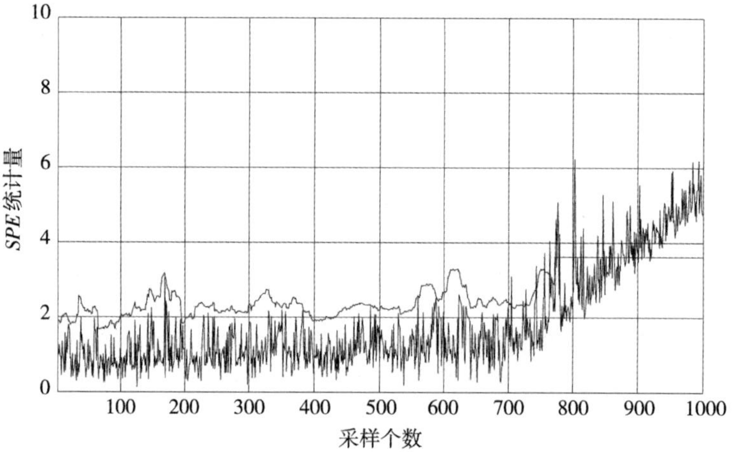

图 2.22 自适应 KPCA 方法的 *SPE* 统计量的监控图像

Fig. 2.22 Statistics of *SPE* process monitoring using adaptive KPCA

由图 2.19 至图 2.22 可以看出，在过程参数漂移的情况下，当过程未发生故障时，改进的 KPCA 方法能够消除劣点模型的影响，更好地描述了变化后的过程；当过程中发生故障时，改进的 KPCA 方法能够较准确而且及时地发现故障。同时在过程未发生故障时，与传统方法相比具有更高的准确性和更低的误报率。

2.8 本章小结

本章首先提出了一种自适应的核主元分析方法，该方法结合了基于滑动窗口机制的核主元分析方法和指数加权的核主元分析方法，即首先利用基于滑动窗口机制的核主元分析方法对新样本进行判断，判断是否超过前一时刻模型统计量的控制限，如果没超过前一时刻的控制限，则利用指数加权的方法进行模型更新。该方法相较于基于滑动窗口机制的核主元分析方法减少了计算难度，即不需要每采集一个新样本都重新全部计算核矩阵，而只需计算新样本的核向量，而且消除了新样本只能是正常样本的要求。并且相较于指数加权的核主元分析方法又加入了预判的功能，使得模型不会盲目进行更新而造成模型不准确。将自适应的核主元分析方法应用到工业生产过程的监测中，可以使建立的模型更好地适应过程的非线性和时变的特性。

然后在电熔镁炉正常工况和包含故障的工况下分别利用自适应核主元分析方法和传统方法进行了仿真研究与结果分析，仿真结果表明，自适应核主元分析方法较传统方法具有更好的准确性和更低的误报率，证明了该方法的可行性。

最后针对样本数据中存在的劣点问题提出了一种改进的核主元分析方法，该方法基于特征空间的损失函数的核主元分析进行 KPCA 建模，并将上一章中提出的加权因子加以更正，把遗忘因子的概念引入核矩阵的递归更新中，用加入惩罚因子的迭代 KPCA 求取过程监测模型，改进的核主元分析方法较之前的自适应核主元分析方法在消除劣点影响方面进行了更进一步的研究。根据新样本相关系数矩阵确定的遗忘因子无须知道 Hotelling's T^2 和 SPE 统计量的值，较之前的基于单位变量的加权因子的计算更加简单；迭代形式的 KPCA 方法与基于特征值分解这种批量处理方法不同，迭代形式的 KPCA 方法更加适合过程的在线监测；加入惩罚因子的迭代 KPCA 方法在消除劣点影响方面有较好的效果。另外，在 MATLAB 环境下进行了仿真实验研究，仿真实验结果验证了该方法的可行性，而且改进的 KPCA 方法在含有劣点的过程监测中具有良好的效果。

本章参考文献

[1] HYVÄRINEN A, OJA E. Independent component analysis: algorithms and applications[J]. Neural Networks, 2000, 13(4/5): 411-430.

[2] ZHAO S J, ZHANG J, XU Y M. Performance monitoring of processes with

multiple operating modes through multiple PLS models[J]. Process Control, 2006,16(7):763-772.

[3] 洪文学. 基于多元统计图表示原理的信息融合和模式识别技术[M]. 北京:国防工业出版社,2008.

[4] DING S,ZHANG P,DING E,et al. On the application of PCA technique to fault diagnosis[J]. Tsinghua Science and Technology,2010,15(2):138-144.

[5] 陈玉东,施颂椒,翁正新. 动态系统的故障诊断方法综述[J]. 化工自动化及仪表,2001,28(3):1-14.

[6] KOMULAINEN T, SOURANDER M, JAMSA-JOUNELA S L. An online application of dynamic PLS to a dearomatization process[J]. Computer and Chemical Engineering,2004,28(12):2611-2619.

[7] GE Z,YANG C,SONG Z. Improved kernel PCA-based monitoring approach for nonlinear processes[J]. Chemical Engineering Science,2009,64(9):2245-2255.

[8] XIE LEI, WANG SHUQING. Recursive kernel PCA and its application in adaptive monitoring of nonlinear processes[J]. Journal of Chemical Industry and Engineering,2007,58(7):1775-1782.

[9] LIU X Q,KRUGER U,LITTLER T,et al. Moving window kernel PCA for adaptive monitoring of nonlinear processes[J]. Journal of Chemo-metrics and Intelligent Laboratory Systems,2009,96(2):132-145.

[10] QI YONGSHENG, WANG PU, GAO XUEJIN, et al. Application of an improved multi-way kernel principal component analysis method in fermentation process monitoring [J]. Chinese Journal of Scientific Instrument,2009,30(12):2530-2538.

[11] HOEGAERTS L,LATHAUWER L D,SUYKENS J A K,et al. Efficiently updating and tracking the dominant kernel eigen-space [J]. Neural Networks,2007,20(2):220-229.

[12] WOLD S. Exponentially weighted moving principal component analysis and projection to latent structures[J]. Chemo-metrics and Intelligent Laboratory Systems,1994,23(11):149-161.

[13] DAYAL B S,MACGREGOR J F. Recursive exponentially weighted PLS and its applications to adaptive control and prediction[J]. Journal of Process Control,1997,7(3):169-179.

[14] PATTON R J,FRANK P M,CLARK R N. Issues of fault diagnosis for dynamic systems[M]. London:Springer,2000.

[15] SUN GUOXIA, ZHANG LIANGLIANG, SUN HUIQIANG. Face recognition based on symmetrical weighted PCA [C]//Proceedings of the Computer Science and Service System International Conference on Digital Object Identifier. Piscataway: IEEE Press, 2011: 2249-2252.

[16] PATRA S, ACHARYA S K. Dimension reduction of feature vectors using WPCA for robust speaker identification system [C]//Proceedings of IEEE International Conference on Recent Trends in Information Technology. Piscataway: IEEE Press, 2011: 28-32.

[17] LI WEIHUA, YUE H H, VALLE-CERVANTES S, et al. Recursive PCA for adaptive Process Monitoring[J]. Journal of Process Control, 2000, 10(5): 471-486.

[18] LIU, X, CHEN T, THORNTON S M. Eigen-space updating for non-stationary process and its application to face recognition[J]. Pattern Recognit, 2003, 36(9): 1945-1959.

[19] FORTESCUE T R, KERSHENBAUM L S, YDSTIE B E. Implementation of self-tuning regulators with variable forgetting factors[J]. Automatica, 1981, 17(6): 831-835.

[20] DUAN XIFA, TIAN ZHENG, QI PEIYUAN, et al. A robust weighted kernel principal component analysis algorithm [C]//Proceedings of International Conference on Computer Engineering and Management Sciences. Piscataway: IEEE Press, 2011: 267-270.

[21] DIAMANTARAS K I, KUNG S Y. Principal Component Neural Networks: Theory and Application[M]. New York: John Wiley & Sons, 1996: 44-48.

[22] XU LEI, YUILLE A L. Robust principal component analysis by self-organizing rules based on statistical physics approach[J]. IEEE Transactions on Neural Networks, 1995, 6(1): 131-143.

第3章 基于方向核偏最小二乘的过程监测方法

作为多元统计方法中的一种，PLS 已经广泛地应用在了工业过程的建模、监测和诊断之中，并且显示出了良好的适用性。PLS 的目的就是通过最大化过程变量(输入变量)与质量变量(输出变量)之间的协方差来求取输入变量和输出变量之间的关系。利用求得的这个关系，可以监测过程的运行状态，也可以利用已知的过程变量来预测质量变量，因此，PLS 在质量变量的预测和控制过程中起着重要的作用。

为了更好地适应一些特殊过程的特性，许多学者在传统 PLS 方法的基础上提出了一些改进的 PLS 方法。比如，过程设备的不断使用会造成设备的老化，从而造成模型参数的漂移改变。针对这个问题，Helland 等人提出了迭代 PLS 方法(RPLS)。这种方法利用最新的采样数据持续更新模型，可以克服过程老化造成的参数漂移和模型改变，使 PLS 方法一直适用于该过程。针对过程中含有的非线性特性，许多学者提出了多项式 PLS、神经网络 PLS 和核 PLS。这些方法之中，核 PLS 的应该最为广泛。它的基本思想是利用核函数将非线性数据映射到高维空间。在高维空间中，这些非线性数据近似线性。然后在高维空间中进行 PLS 的计算。因此，为了使传统方法被更加广泛地应用于各种过程，在传统方法上进行改造，以及将传统方法与其他方法融合，是算法应用研究的一个趋势。

尽管 PLS 方法被广泛使用，但是 PLS 方法本身也存在一些问题。本章主要探讨 PLS 方法的两个问题。第一个问题是 PLS 的残差中仍然包含与输入变量有关的变异。第二个问题是 PLS 残差空间中的变异量很大，不适合用 *SPE* 监测统计量对其进行监测。针对这两个问题，本章提出了改进的方向 PLS (DPLS)算法。然后将 DPLS 算法与核方法结合到一起运用到非线性的过程监测中去，由此推导出了核 DPLS 方法(DKPLS)。

3.1 方向偏最小二乘算法的推导

在传统的 PLS 方法中，输入变量数据被分成了两个子空间：主元子空间和残差子空间。一般认为，PLS 的主元子空间与输出变量有关联，是基于与输出变量协方差最大分离出来的部分；而残差子空间被认为与输出变量无关，主要包含与输入无关的变异以及噪声。监测与输出变量有关的故障也是基于主元子空间进行的。由于 PLS 的主元个数由交叉验证求得，许多主元被划分到了残差子空间之中，导致输入变量 PLS 的残差子空间中依旧包含与输出变量数据相关的变异。由于输出相关变异的存在且没有被解释利用，PLS 在监测和诊断与输出变量有关的故障时具有局限性，不能达到最好的效果。另外，PLS 的残差子空间中的变异较大，不适合用 *SPE* 监测统计量对其进行监测。这是由于 PLS 主元不是按照方差大小排列的，很多包含大方差的主元被留到了 PLS 的残差子空间中。因此，PLS 残差子空间中的变异必须被减少。Zhou 等人提出了一种全潜结构投影模型方法(TPLS)，并将其运用于过程监测和故障诊断之中。这种方法将 PLS 的残差空间利用 PCA 进行分解，提取残差空间的特性。然而，这种方法只是减少了 PLS 残差空间中的变异，而并未能够将输出相关变异应用到过程监测中。

针对传统 PLS 方法存在的这些问题，本章提出了基于 PLS 的改进算法——方向 PLS(DPLS)算法。DPLS 算法是对传统 PLS 算法进行继续推导得来的，分离出了传统 PLS 残差子空间中与输出变量相关的变异，进而减少了残差子空间的变异量，解决了上述两个问题。首先证明了传统 PLS 残差空间中存在与输出变量相关的变异，然后在传统 PLS 算法的基础上推导出了相关变异的具体表达式并将其与残差子空间分离，最后证明了传统 PLS 残差空间中分离出的与输出变量相关的变异的剩余部分与输出变量无关。

3.1.1 PLS 残差与输出变量之间的相关性证明

在 PLS 中，通过迭代计算，可以将输入变量和输出变量的数据分解成以下形式：

$$\left.\begin{aligned}\boldsymbol{X}&=\sum_{l=1}^{i}\boldsymbol{t}_l\boldsymbol{p}_l^{\mathrm{T}}+\boldsymbol{E}_i\\ \boldsymbol{Y}&=\sum_{l=1}^{i}\boldsymbol{t}_l\boldsymbol{q}_l^{\mathrm{T}}+\boldsymbol{F}_i\end{aligned}\right\}\tag{3.1}$$

其中，$\boldsymbol{t}_i$ 是 PLS 的主元，i 是主元的个数，$\boldsymbol{E}_i$ 和 $\boldsymbol{F}_i$ 分别是输入变量 $\boldsymbol{X}$ 和输出变量 $\boldsymbol{Y}$ 的残差。$\boldsymbol{E}_i$ 张成了 PLS 的残差子空间。在 PLS 中，$\boldsymbol{E}_0=\boldsymbol{X}$，$\boldsymbol{F}_0=\boldsymbol{Y}$。

PLS 残差子空间 $\boldsymbol{E}_i$ 与输出变量 $\boldsymbol{Y}$ 的相关性证明如下：

$$\boldsymbol{E}_i^{\mathrm{T}}\boldsymbol{Y}=\boldsymbol{E}_i^{\mathrm{T}}(\boldsymbol{F}_{i-1}+\sum_{l=1}^{i-1}\boldsymbol{t}_l\boldsymbol{q}_l^{\mathrm{T}}) \tag{3.2}$$

在 PLS 算法中，有

$$\boldsymbol{E}_i^{\mathrm{T}}\boldsymbol{t}_h=0 \quad (j\geqslant h) \tag{3.3}$$

所以式(3.2)可以转化为如下形式：

$$\boldsymbol{E}_i^{\mathrm{T}}\boldsymbol{Y}=\boldsymbol{E}_i^{\mathrm{T}}\boldsymbol{F}_{i-1} \tag{3.4}$$

然后通过形式展开与计算，式(3.4)可以继续转化为

$$\begin{aligned}\boldsymbol{E}_i^{\mathrm{T}}\boldsymbol{Y}&=\boldsymbol{E}_i^{\mathrm{T}}\boldsymbol{F}_{i-1}\\&=(\boldsymbol{E}_i-\boldsymbol{t}_i\boldsymbol{p}_i^{\mathrm{T}})^{\mathrm{T}}\boldsymbol{F}_{i-1}\\&=\boldsymbol{E}_i^{\mathrm{T}}\boldsymbol{F}_{i-1}-\boldsymbol{p}_i\boldsymbol{t}_i^{\mathrm{T}}\boldsymbol{F}_{i-1}\end{aligned} \tag{3.5}$$

因为

$$\boldsymbol{p}_i=\boldsymbol{E}_{i-1}^{\mathrm{T}}\boldsymbol{t}_i/(\boldsymbol{t}_i^{\mathrm{T}}\boldsymbol{t}_i) \tag{3.6}$$

$$\boldsymbol{q}_i=\boldsymbol{F}_{i-1}^{\mathrm{T}}\boldsymbol{t}_i/(\boldsymbol{t}_i^{\mathrm{T}}\boldsymbol{t}_i) \tag{3.7}$$

因此，式(3.5)可以转化为

$$\begin{aligned}\boldsymbol{E}_i^{\mathrm{T}}\boldsymbol{Y}&=\boldsymbol{E}_i^{\mathrm{T}}\boldsymbol{F}_{i-1}\\&=\boldsymbol{E}_{i-1}^{\mathrm{T}}\boldsymbol{F}_{i-1}-\boldsymbol{E}_{i-1}^{\mathrm{T}}\boldsymbol{t}_i\boldsymbol{q}_i^{\mathrm{T}}\\&=\boldsymbol{E}_{i-1}^{\mathrm{T}}(\boldsymbol{F}_{i-1}-\boldsymbol{t}_i\boldsymbol{q}_i^{\mathrm{T}})\end{aligned} \tag{3.8}$$

为了解释式(3.8)，在图 3.1 中作出了 PLS 的空间分解形式。图 3.1 中，$\boldsymbol{R}(\boldsymbol{X})$和 $\boldsymbol{R}(\boldsymbol{Y})$分别表示输入变量 $\boldsymbol{X}$ 和输出变量 $\boldsymbol{Y}$ 张成的空间；$\boldsymbol{E}_{i-1}$和 $\boldsymbol{F}_{i-1}$分别表示输入变量和输出变量经过 $i-1$ 次迭代以后产生的残差空间，同理，$\boldsymbol{E}_i$ 和 $\boldsymbol{F}_i$ 分别表示输入变量和输出变量经过 i 次迭代以后产生的残差空间；θ 表示经过 i 次迭代的输入残差空间 $\boldsymbol{E}_i$ 和经过 $i-1$ 次迭代的输出残差空间 $\boldsymbol{F}_{i-1}$之间的夹角；当输入变量 $\boldsymbol{X}$ 和输出变量 $\boldsymbol{Y}$ 的协方差取得最大时，$\boldsymbol{t}_i$ 可能的方向变化如虚线所示；输入残差空间 $\boldsymbol{E}_i$ 的方向随着 $\boldsymbol{t}_i$ 的方向变化且输入残差空间 $\boldsymbol{E}_i$ 的方向总是垂直于 $\boldsymbol{t}_i$ 的方向。在式(3.8)中，当 $\boldsymbol{F}_{i-1}=\boldsymbol{t}_i\boldsymbol{q}_i^{\mathrm{T}}$ 时，有 $\boldsymbol{E}_i^{\mathrm{T}}\boldsymbol{Y}=\boldsymbol{E}_i^{\mathrm{T}}\boldsymbol{F}_{i-1}=0$。它表示当 $\boldsymbol{t}_i$ 的方向与 $\boldsymbol{F}_{i-1}$的方向相同时，$\boldsymbol{E}_i$ 将垂直于 $\boldsymbol{F}_{i-1}$，也就是 $\boldsymbol{E}_i$ 将垂直于 $\boldsymbol{Y}$，正如图 3.1 中所示。然而，$\boldsymbol{t}_i$ 是输入变量 $\boldsymbol{X}$ 的主元，大多数情况下，$\boldsymbol{t}_i$ 的方向与输出变

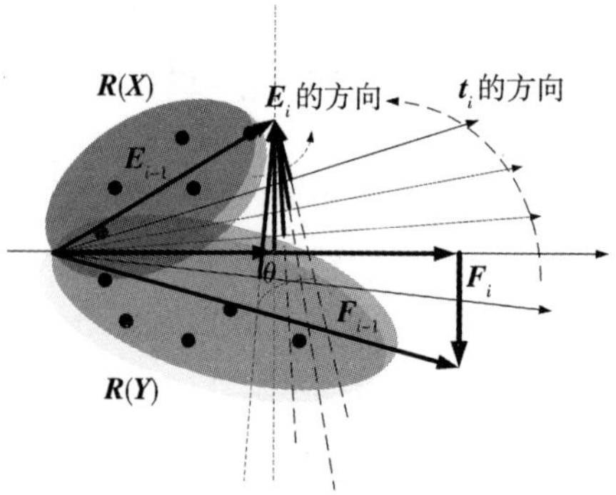

图 3.1　PLS 空间分解分析图

Fig. 3.1　Analysis of PLS space decomposition

量的残差 $\boldsymbol{F}_{i-1}$ 的方向并不相同，因此，在大多数情况下，$\boldsymbol{E}_i^{\mathrm{T}}\boldsymbol{Y} \neq 0$，也就是说，输入变量残差 $\boldsymbol{E}_i^{\mathrm{T}}$ 与输出变量 $\boldsymbol{Y}$ 之间仍然存在相关性。换句话说，PLS 的输入残差子空间中仍然存在与输出变量相关的变异。

3.1.2 相关部分的求取

在传统 PLS 的推导中，为了使输入变量和输出变量的协方差最大，得到了如下的求解最优的式子：

$$s = w_1^{\mathrm{T}} \boldsymbol{E}_0^{\mathrm{T}} \boldsymbol{F}_0 c_1 - \boldsymbol{\lambda}_1 (w_1^{\mathrm{T}} w_1 - 1) - \boldsymbol{\lambda}_2 (c_1^{\mathrm{T}} c_1 - 1) \tag{3.9}$$

其中，w_1 和 c_1 是输入变量 $\boldsymbol{E}_0$ 和输出变量 $\boldsymbol{F}_0$ 到主元的转换变量。

由拉格朗日乘数法求解式(3.9)，可以得到

$$\left.\begin{aligned} \boldsymbol{E}_0^{\mathrm{T}} \boldsymbol{F}_0 c_1 &= \theta w_1 \\ \boldsymbol{F}_0^{\mathrm{T}} \boldsymbol{E}_0 w_1 &= \theta c_1 \end{aligned}\right\} \tag{3.10}$$

在 PLS 中，由推导所得，式(3.10)可以写成如下形式：

$$\left.\begin{aligned} \boldsymbol{E}_{i-1}^{\mathrm{T}} \boldsymbol{F}_0 c_1 &= \theta w_1 \\ \boldsymbol{F}_0^{\mathrm{T}} \boldsymbol{E}_{i-1} w_1 &= \theta c_1 \end{aligned}\right\} \tag{3.11}$$

将式(3.10)中上面的式子左、右两边都乘以 $\boldsymbol{E}_{i-1}$，下面的式子左、右两边都乘以 $\boldsymbol{F}_0$，得到

$$\left.\begin{aligned} \boldsymbol{E}_{i-1} \boldsymbol{E}_{i-1}^{\mathrm{T}} \boldsymbol{F}_0 c_1 &= \theta \boldsymbol{E}_{i-1} w_i \\ \boldsymbol{F}_0 \boldsymbol{F}_0^{\mathrm{T}} \boldsymbol{E}_{i-1} w_i &= \theta \boldsymbol{F}_0 c_i \end{aligned}\right\} \tag{3.12}$$

因此可以得到

$$\boldsymbol{F}_0 c_i = \theta \boldsymbol{E}_{i-1} w_i / (\boldsymbol{E}_{i-1} \boldsymbol{E}_{i-1}^{\mathrm{T}}) \tag{3.13}$$

将式(3.13)代入式(3.12)中，由于 $\boldsymbol{E}_{i-1} w_i = \boldsymbol{t}_i$，因此可以得到

$$\boldsymbol{F}_0 \boldsymbol{F}_0^{\mathrm{T}} \boldsymbol{E}_{i-1} \boldsymbol{E}_{i-1}^{\mathrm{T}} \boldsymbol{t}_i = \theta^2 \boldsymbol{t}_i \tag{3.14}$$

在 PLS 的推导计算中，有 $\boldsymbol{p}_i = \boldsymbol{E}_{i-1}^{\mathrm{T}} \boldsymbol{t}_i / (\boldsymbol{t}_i^{\mathrm{T}} \boldsymbol{t}_i)$，$\theta^2 = \boldsymbol{t}_i^{\mathrm{T}} \boldsymbol{t}_i$，$\boldsymbol{F}_0 = \boldsymbol{Y}$，因此式(3.14)可以变为

$$\boldsymbol{Y}\boldsymbol{Y}^{\mathrm{T}} \boldsymbol{E}_{i-1} \boldsymbol{p}_i = \boldsymbol{t}_i \tag{3.15}$$

因为存在 $\boldsymbol{E}_{i-1} \boldsymbol{p}_i = \boldsymbol{t}_i$ 和 $\hat{\boldsymbol{E}}_{i-1} = \boldsymbol{t}_i \boldsymbol{p}_i^{\mathrm{T}}$，所以 $\boldsymbol{Y}\boldsymbol{Y}^{\mathrm{T}} \boldsymbol{E}_{i-1}$ 可以看作输入残差 $\boldsymbol{E}_{i-1}$ 中与输出变量相关的部分。相关部分的表达式如下：

$$\begin{aligned} \boldsymbol{E}_r &= \boldsymbol{Y}\boldsymbol{Y}^{\mathrm{T}} \boldsymbol{E} / (\boldsymbol{Y}^{\mathrm{T}} \boldsymbol{Y}) \\ &= \boldsymbol{Y} (\boldsymbol{Y}^{\mathrm{T}} \boldsymbol{Y})^{-1} \boldsymbol{Y}^{\mathrm{T}} \boldsymbol{E} \\ &= \boldsymbol{C}\boldsymbol{E} \end{aligned} \tag{3.16}$$

其中，$1/(\boldsymbol{Y}^{\mathrm{T}}\boldsymbol{Y})$ 是对相关部分进行单位化，$\boldsymbol{C} = \boldsymbol{Y}(\boldsymbol{Y}^{\mathrm{T}}\boldsymbol{Y})^{-1}\boldsymbol{Y}^{\mathrm{T}}$。因此，DPLS 算法可以写成如下形式：

$$\left.\begin{aligned} \boldsymbol{X} &= \sum_{l=1}^{i} \boldsymbol{t}_l \boldsymbol{p}_l^{\mathrm{T}} + \boldsymbol{E}_r + \boldsymbol{E}_{ir} \\ \boldsymbol{Y} &= \sum_{l=1}^{i} \boldsymbol{t}_l \boldsymbol{q}_l^{\mathrm{T}} + \boldsymbol{F}_i \end{aligned}\right\} \tag{3.17}$$

其中，$\boldsymbol{E}_r$ 为 PLS 原始残差中与输出变量相关的部分，即上节所提到的与输出变量相关的变异，$\boldsymbol{E}_{ir}$为 PLS 原始残差中除去 $\boldsymbol{E}_r$ 以后的剩余部分。下面将证明剩余部分 $\boldsymbol{E}_{ir}$与输出变量之间不存在相关性。

3.1.3 残差剩余部分与输出变量之间的相关性证明

$\boldsymbol{E}_{ir}$的计算表达式可以写成如下形式：

$$\boldsymbol{E}_{ir} = \boldsymbol{E} - \boldsymbol{Y}\boldsymbol{Y}^{\mathrm{T}}\boldsymbol{E}/(\boldsymbol{Y}^{\mathrm{T}}\boldsymbol{Y}) \tag{3.18}$$

所以

$$\boldsymbol{Y}^{\mathrm{T}}\boldsymbol{E}_{ir} = \boldsymbol{Y}^{\mathrm{T}}[\boldsymbol{E} - \boldsymbol{Y}\boldsymbol{Y}^{\mathrm{T}}\boldsymbol{E}/(\boldsymbol{Y}^{\mathrm{T}}\boldsymbol{Y})] \tag{3.19}$$

因为 $\boldsymbol{Y}^{\mathrm{T}}\boldsymbol{Y}$ 是一个满秩的方阵，所以 $\boldsymbol{Y}^{\mathrm{T}}\boldsymbol{Y}(\boldsymbol{Y}^{\mathrm{T}}\boldsymbol{Y})^{-1} = \boldsymbol{I}$，$\boldsymbol{I}$ 是一个单位阵。因此

$$\begin{aligned} \boldsymbol{Y}^{\mathrm{T}}\boldsymbol{E}_{ir} &= \boldsymbol{Y}^{\mathrm{T}}\boldsymbol{E} - \boldsymbol{Y}^{\mathrm{T}}\boldsymbol{Y}\boldsymbol{Y}^{\mathrm{T}}\boldsymbol{E}/(\boldsymbol{Y}^{\mathrm{T}}\boldsymbol{Y}) \\ &= \boldsymbol{Y}^{\mathrm{T}}\boldsymbol{E} - \boldsymbol{Y}^{\mathrm{T}}\boldsymbol{E} \\ &= 0 \end{aligned} \tag{3.20}$$

因此，PLS 原始残差中除去与输出变量相关的变异后的剩余部分 $\boldsymbol{E}_{ir}$与输出变量不存在相关性，这表示原始残差中与输出变量相关的变异已经被全部分离出来。

3.2 基于 DKPLS 的过程监测方法

通过上节的推导，得到了 PLS 残差中的与输出变量相关的变异，并得到了 DPLS 算法的表达式。但是 PLS 只是一种线性方法，在其基础上推导得到的 DPLS 也是一种线性方法，而实际工业过程中往往包含非线性特性，将传统的线性方法运用到非线性过程中进行过程监测，往往会得到不理想的结果。在多元统计方法处理非线性特性的问题中，一般将传统方法与核函数方法结合，获得传统方法在高维空间的推广方法。这种结合容易推导，得到的核方法形式简单，效果良好，因此核方法获得了广泛的应用。本节首先介绍核函数方法，然后将推导得到的 DPLS 方法与核函数方法结合，推导得出核 DPLS(DKPLS)方法。

3.2.1　核函数方法

核函数方法是处理数据非线性问题的一种十分有效的方法，通过一个非线性的变换 $\boldsymbol{\Phi}(\boldsymbol{x})$ 将 n 维向量空间中的样本向量 $\boldsymbol{x}$ 映射到高维特征空间 F，通过在高维特征空间进行线性分析来获得输入空间非线性学习算法。对于变量间存在非线性关系的样本，希望其具有较好的类可分性，如解决与运算、或运算和异或运算后所产生的分类问题。对于与运算和或运算，在二维平面中是可以用直线将各自确定的两种类别线性分开的；但是异或运算所确定的两个类别却不能在二维平面线性分开。但是通过非线性映射将样本映射到三维空间后就可以实现线性可分。因此通过非线性变换降低了问题分析的复杂性。另外，通过核函数方法的一个重要优点是在高维特征空间进行线性学习算法时，不需要知道非线性变换 $\boldsymbol{\Phi}(\boldsymbol{x})$ 的具体形式，只需要用满足 Mercer 条件的核函数替换线性算法中的内积，就能得到原输入空间中对应的非线性算法。

根据 Hilbert-Schmidt 定理，只要求 $K(\boldsymbol{x}_i, \boldsymbol{y}_j)$ 是一个对称正定函数，并满足 Mercer 条件，即对于 $\int \xi^2(u)\mathrm{d}u<+\infty$ 的所有 $\xi\neq 0$，满足条件

$$\iint K(u, v)\xi(u)\xi(v)\mathrm{d}u\mathrm{d}v>0 \tag{3.21}$$

则 $K(\boldsymbol{x}_i, \boldsymbol{y}_j)$ 代表特征空间中两个向量 z_i 和 z_j 的内积。这两个向量 z_i 和 z_j 分别是输入空间中的向量 $\boldsymbol{x}_i$ 和 $\boldsymbol{y}_j$ 到特征空间中的某个非线性映射的像，函数 $K(\boldsymbol{x}_i, \boldsymbol{y}_j)$ 称为核函数。

注：$K(\boldsymbol{x}, \boldsymbol{y})=\boldsymbol{\Phi}(\boldsymbol{x})\cdot\boldsymbol{\Phi}(\boldsymbol{y})=\boldsymbol{\Phi}(\boldsymbol{x})^{\mathrm{T}}\boldsymbol{\Phi}(\boldsymbol{y})$，由于 $\boldsymbol{\Phi}(\cdot)$ 函数未知，所以核函数的值可以通过满足条件的常用核函数进行计算。

核函数 $K(\boldsymbol{x}, \boldsymbol{y})$ 的选取应该使其满足 Mercer 条件，构成特征空间的一个点积，即 $K(\boldsymbol{x}, \boldsymbol{x}_i)=\boldsymbol{\Phi}(\boldsymbol{x})\cdot\boldsymbol{\Phi}(\boldsymbol{x}_i)$。核函数有许多种，其中径向基核函数是一种十分常用的核函数。本章使用的核方法中将一直使用径向基核函数。

径向基(Radial Basis Function，RBF)内积核函数如下：

$$k(\boldsymbol{x}, \boldsymbol{y})=\exp\left(\frac{-\|\boldsymbol{x}-\boldsymbol{y}\|^2}{2\sigma^2}\right) \tag{3.22}$$

径向基核函数对应的非线性映射函数将样本映射到无穷维的特征空间。除了径向基核函数外，还有其他一些方法，但相对应用得较少。

3.2.2　基于 DKPLS 的过程监测

在上节中，通过推导得到了 PLS 残差中与输出变量相关的变异 $\boldsymbol{E}_r$，并计算出 DPLS 算法的形式，如式(3.17)所示。为了更好地实现过程监测，提高产品的质量水平，应充分利用 $\boldsymbol{E}_r$ 中的信息并将其运用到过程监测中。KPCA 能

够提取非线性数据中的特征并对其进行解释，因此这里使用 KPCA 对 $\boldsymbol{E}_r$ 中的信息进行提取与解释。

首先，将输入数据 $\boldsymbol{X}$ 通过式(3.22)映射到的核函数映射到高维空间并进行中心化处理，假设输入数据 $\boldsymbol{X}$ 中有 N 组采样，则可以得到

$$\boldsymbol{\Phi}(\boldsymbol{x})=[\boldsymbol{\phi}(\boldsymbol{x}_1),\ \boldsymbol{\phi}(\boldsymbol{x}_2),\ \cdots,\ \boldsymbol{\phi}(\boldsymbol{x}_N)]^{\mathrm{T}}$$

根据式(3.16)，$\boldsymbol{E}_r$ 就可以写成如下形式：

$$\boldsymbol{E}_r=\boldsymbol{C}\widetilde{\boldsymbol{\Phi}}(\boldsymbol{x}) \tag{3.23}$$

如果 PLS 中有 i 个主元，则有

$$\widetilde{\boldsymbol{\Phi}}(\boldsymbol{x})=\boldsymbol{\Phi}_i(\boldsymbol{x}),\ \boldsymbol{\Phi}_i(\boldsymbol{x})\boldsymbol{\Phi}_i(\boldsymbol{x})^{\mathrm{T}}=\boldsymbol{K}_{i+1}$$

$\boldsymbol{K}_{i+1}$是 KPLS 中经过 i 次迭代以后的核矩阵，其计算过程如表 3.1 所示。

表 3.1 KPLS 算法

Table 3.1 KPLS algorithm

序号	解释	计算
1	初始化 $\boldsymbol{u}_i$	初始化 $\boldsymbol{u}_i$
2	$\boldsymbol{w}_i=\boldsymbol{\Phi}(\boldsymbol{x})_i\boldsymbol{u}_i/\Vert\boldsymbol{\Phi}(\boldsymbol{x})_i^{\mathrm{T}}\boldsymbol{u}_i\Vert$	$\boldsymbol{t}_i=\boldsymbol{K}_i\boldsymbol{u}_i/\sqrt{\boldsymbol{u}_i^{\mathrm{T}}\boldsymbol{K}_i\boldsymbol{u}_i}$
3	$\boldsymbol{t}_i=\boldsymbol{\Phi}(\boldsymbol{x})_i\boldsymbol{w}_i$	
4	$\boldsymbol{q}_i=\boldsymbol{Y}_i\boldsymbol{t}_i/\Vert\boldsymbol{t}_i^{\mathrm{T}}\boldsymbol{t}_i\Vert$ $\boldsymbol{u}_i=\boldsymbol{Y}_i\boldsymbol{q}_i/(\boldsymbol{q}_i^{\mathrm{T}}\boldsymbol{q}_i)$	$\boldsymbol{q}_i=\boldsymbol{Y}_i\boldsymbol{t}_i/\Vert\boldsymbol{t}_i^{\mathrm{T}}\boldsymbol{t}_i\Vert$ $\boldsymbol{u}_i=\boldsymbol{Y}_i\boldsymbol{q}_i/(\boldsymbol{q}_i^{\mathrm{T}}\boldsymbol{q}_i)$
5	循环，直到 $\boldsymbol{u}_i$ 收敛	循环，直到 $\boldsymbol{u}_i$ 收敛
6	$\boldsymbol{\Phi}(\boldsymbol{x})_{i+1}=[\boldsymbol{I}-\boldsymbol{t}_i\boldsymbol{t}_i^{\mathrm{T}}/(\boldsymbol{t}_i^{\mathrm{T}}\boldsymbol{t}_i)]\boldsymbol{\Phi}(\boldsymbol{x})_i$ $\boldsymbol{Y}_{i+1}=[\boldsymbol{I}-\boldsymbol{t}_i\boldsymbol{t}_i^{\mathrm{T}}/(\boldsymbol{t}_i^{\mathrm{T}}\boldsymbol{t}_i)]\boldsymbol{Y}_i$ 回到第 2 步	$\boldsymbol{K}_{i+1}=[\boldsymbol{I}-\boldsymbol{t}_i\boldsymbol{t}_i^{\mathrm{T}}/(\boldsymbol{t}_i^{\mathrm{T}}\boldsymbol{t}_i)]\boldsymbol{K}_i[\boldsymbol{I}-\boldsymbol{t}_i\boldsymbol{t}_i^{\mathrm{T}}/(\boldsymbol{t}_i^{\mathrm{T}}\boldsymbol{t}_i)]$ $\boldsymbol{Y}_{i+1}=[\boldsymbol{I}-\boldsymbol{t}_i\boldsymbol{t}_i^{\mathrm{T}}/(\boldsymbol{t}_i^{\mathrm{T}}\boldsymbol{t}_i)]\boldsymbol{Y}_i$ 回到第 2 步

$\boldsymbol{K}_1$ 是 KPLS 迭代的初始核矩阵，其满足 $\boldsymbol{\Phi}(\boldsymbol{x})\boldsymbol{\Phi}(\boldsymbol{x})^{\mathrm{T}}=\boldsymbol{K}_1$。因此，$\boldsymbol{E}_r$ 的协方差矩阵可以计算如下：

$$\boldsymbol{S}=(1/N)\boldsymbol{\Phi}_i(\boldsymbol{x})^{\mathrm{T}}\boldsymbol{C}^{\mathrm{T}}\boldsymbol{C}\boldsymbol{\Phi}_i(\boldsymbol{x}) \tag{3.24}$$

$\boldsymbol{C}\boldsymbol{\Phi}_i(\boldsymbol{x})$的主元是通过求解协方差矩阵 $\boldsymbol{S}$ 的特征向量和特征值得到的，其计算如下：

$$\boldsymbol{S}\boldsymbol{P}_r=\lambda\boldsymbol{P}_r \tag{3.25}$$

其中，$\boldsymbol{P}_r$ 和 λ 分别是协方差矩阵 $\boldsymbol{S}$ 的特征向量和特征值。对于 $\lambda\neq 0$ 的情况下，$\boldsymbol{P}_r$ 可以看作 $\boldsymbol{C}\boldsymbol{\Phi}_i(\boldsymbol{x})$的线性组合，即

$$\boldsymbol{P}_r=\boldsymbol{\Phi}_i(\boldsymbol{x})^{\mathrm{T}}\boldsymbol{C}^{\mathrm{T}}\boldsymbol{A} \tag{3.26}$$

其中，$\boldsymbol{A}$ 为组合矩阵。将式(3.24)、式(3.25)和式(3.26)合并，得到

$$(1/N)\boldsymbol{C}\boldsymbol{K}_{i+1}\boldsymbol{C}^{\mathrm{T}}\boldsymbol{A}=\lambda\boldsymbol{A} \tag{3.27}$$

从式(3.27)中可以看到，$\boldsymbol{A}$ 即为$(1/N)\boldsymbol{C}\boldsymbol{K}_{i+1}\boldsymbol{C}^{\mathrm{T}}$ 的特征值，因此 $\boldsymbol{C}\boldsymbol{\Phi}_i(\boldsymbol{x})$的

主元可以计算如下：

$$\begin{aligned} \boldsymbol{T}_r &= \boldsymbol{C\Phi}_i(\boldsymbol{x})\boldsymbol{P}_r \\ &= \boldsymbol{C\Phi}_i(\boldsymbol{x})\boldsymbol{\Phi}_i(\boldsymbol{x})^{\mathrm{T}}\boldsymbol{C}^{\mathrm{T}}\boldsymbol{A} \\ &= \boldsymbol{CK}_{i+1}\boldsymbol{C}^{\mathrm{T}}\boldsymbol{A} \end{aligned} \tag{3.28}$$

定义 $\boldsymbol{T}_d=[\boldsymbol{T},\ \boldsymbol{T}_r]$ 和 $\boldsymbol{P}_d=[\boldsymbol{P},\ \boldsymbol{P}_r]$，因此，DKPLS 算法可以写成如下形式：

$$\left.\begin{aligned} \boldsymbol{\Phi}(\boldsymbol{x}) &= \boldsymbol{T}_d\boldsymbol{P}_d^{\mathrm{T}}+\boldsymbol{E}_{ir} \\ \boldsymbol{Y} &= \boldsymbol{T}_d\boldsymbol{Q}_d^{\mathrm{T}}+\boldsymbol{F}_{ir} \end{aligned}\right\} \tag{3.29}$$

其中，$\boldsymbol{T}_d=[\boldsymbol{T}_{d,1},\ \boldsymbol{T}_{d,2},\ \cdots,\ \boldsymbol{T}_{d,i}]$，$\boldsymbol{Q}_d=[\boldsymbol{q}_{d,1},\ \boldsymbol{q}_{d,2},\ \cdots,\ \boldsymbol{q}_{d,i}]$。$\boldsymbol{q}_{d,l}(l=1,\ 2,\ \cdots,\ i)$计算如下：

$$\boldsymbol{q}_{d,l}=\boldsymbol{Y}_{l-1}^{\mathrm{T}}\boldsymbol{t}_{d,l}/(\boldsymbol{t}_{d,l}^{\mathrm{T}}\boldsymbol{t}_{d,l}) \tag{3.30}$$

得到了 DKPLS 算法的表达式后，为了将其运用于过程监测，首先使用 DKPLS 算法对过程进行建模。对于过程中的正常数据 $\boldsymbol{x}\in\mathbf{R}^{N\times J}$，首先对其进行预处理，然后通过表 3.1 对其进行 KPLS 的运算，从而得到 $\boldsymbol{U}=[\boldsymbol{u}_1,\ \boldsymbol{u}_2,\ \cdots,\ \boldsymbol{u}_i]$。数据的初始核矩阵 $\boldsymbol{K}_1$ 可以通过如下计算得到：

$$\boldsymbol{K}_{1,ij}^{\mathrm{raw}}=k(\boldsymbol{x}_i,\ \boldsymbol{x}_j)=\exp\left(-\frac{\|\boldsymbol{x}_i-\boldsymbol{x}_j\|^2}{c}\right) \tag{3.31}$$

$$\boldsymbol{K}_1=\boldsymbol{K}_1^{\mathrm{raw}}-\boldsymbol{K}_1^{\mathrm{raw}}\boldsymbol{I}-\boldsymbol{I}\boldsymbol{K}_1^{\mathrm{raw}}+\boldsymbol{I}\boldsymbol{K}_1^{\mathrm{raw}}\boldsymbol{I} \tag{3.32}$$

其中，$\boldsymbol{I}$ 为单位矩阵，其每个元素的值均为 $1/N$，其维数为 $\boldsymbol{I}\in\mathbf{R}^{N\times N}$。通过 KPLS，可以计算得到式(3.28)、式(3.29)和式(3.30)，然后就可以得到过程监测的统计量，其计算如下：

$$T_d^2=\boldsymbol{T}_d\boldsymbol{\Lambda}^{-1}\boldsymbol{T}_d^{\mathrm{T}} \tag{3.33}$$

$$\begin{aligned} SPE_d &= \|\boldsymbol{\Phi}_i(\boldsymbol{x})-\boldsymbol{C\Phi}_i(\boldsymbol{x})\|^2 \\ &= \|(\boldsymbol{I}-\boldsymbol{C})\boldsymbol{\Phi}_i(\boldsymbol{x})\|^2 \\ &= \theta^2\boldsymbol{K}_{i+1} \end{aligned} \tag{3.34}$$

其中，$\boldsymbol{\Lambda}=\boldsymbol{T}_d^{\mathrm{T}}\boldsymbol{T}_d$，$\theta$ 是 $\boldsymbol{I}-\boldsymbol{C}$ 的特征值。

对于一组新的采样数据 $\boldsymbol{x}_{\mathrm{new}}\in\mathbf{R}^{1\times J}$，首先使用正常数据的均值和标准差对其进行预处理，然后新数据的核矩阵 $\boldsymbol{K}_{\mathrm{new}}$ 可以通过下式计算：

$$\boldsymbol{K}_{\mathrm{new}}^{\mathrm{raw}}=k(\boldsymbol{x}_{\mathrm{new}},\ \boldsymbol{x}_j)=\exp\left(-\frac{\|\boldsymbol{x}_{\mathrm{new},i}-\boldsymbol{x}_j\|^2}{c}\right) \tag{3.35}$$

$$\boldsymbol{K}_{\mathrm{new}}=\boldsymbol{K}_{\mathrm{new}}^{\mathrm{raw}}-\boldsymbol{K}_{\mathrm{new}}^{\mathrm{raw}}\boldsymbol{I}-\boldsymbol{I}_1\boldsymbol{K}_{\mathrm{new}}^{\mathrm{raw}}+\boldsymbol{I}_1\boldsymbol{K}_{\mathrm{new}}^{\mathrm{raw}}\boldsymbol{I} \tag{3.36}$$

其中，$\boldsymbol{K}_{\mathrm{new}}\in\mathbf{R}^{1\times N}$，$\boldsymbol{I}_1=\dfrac{1}{N}[1,\ \cdots,\ 1]\in\mathbf{R}^{1\times N}$。新数据的主元可以通过下式求得：

$$\boldsymbol{t}_{\text{new}}=\boldsymbol{K}_{\text{new}}\boldsymbol{U} \tag{3.37}$$

$\boldsymbol{K}_{i+1,\text{new}}$可以通过下式计算得到：

$$\boldsymbol{K}_{i+1,\text{new}}=\left(\boldsymbol{I}-\frac{\boldsymbol{t}_i\boldsymbol{t}_i^{\text{T}}}{\boldsymbol{t}_i^{\text{T}}\boldsymbol{t}_i}\right)\boldsymbol{K}_{\text{new},i}\left(\boldsymbol{I}-\frac{\boldsymbol{t}_i\boldsymbol{t}_i^{\text{T}}}{\boldsymbol{t}_i^{\text{T}}\boldsymbol{t}_i}\right) \tag{3.38}$$

其中，$\boldsymbol{t}_i$ 是 $\boldsymbol{T}$ 的第 i 个主元，$\boldsymbol{K}_{\text{new},1}=\boldsymbol{K}_{\text{new}}$。所以 $\boldsymbol{t}_{r,\text{new}}$可以计算如下：

$$\boldsymbol{t}_{r,\text{new}}=\boldsymbol{C}\boldsymbol{K}_{i+1,\text{new}}\boldsymbol{C}^{\text{T}}\boldsymbol{A} \tag{3.39}$$

所以，可以求得 $\boldsymbol{t}_{d,\text{new}}$的形式为

$$\boldsymbol{t}_{d,\text{new}}=[\boldsymbol{t}_{\text{new}},\ \boldsymbol{t}_{r,\text{new}}] \tag{3.40}$$

因此，新数据的监测统计可以通过下式求得：

$$T^2_{d,\text{new}}=\boldsymbol{t}_{d,\text{new}}\boldsymbol{\Lambda}^{-1}\boldsymbol{t}^{\text{T}}_{d,\text{new}} \tag{3.41}$$

$$\begin{aligned} SPE_{d,\text{new}} &= \|\boldsymbol{\Phi}_i(\boldsymbol{x}_{\text{new}})-\boldsymbol{C}\boldsymbol{\Phi}_i(\boldsymbol{x}_{\text{new}})\|^2 \\ &= \|(\boldsymbol{I}-\boldsymbol{C})\boldsymbol{\Phi}_i(\boldsymbol{x}_{\text{new}})\|^2 \\ &= \theta^2 k_i(\boldsymbol{x}_{\text{new}},\ \boldsymbol{x}_{\text{new}}) \end{aligned} \tag{3.42}$$

其中，$k_i(\boldsymbol{x}_{\text{new}},\ \boldsymbol{x}_{\text{new}})=1-\dfrac{2}{N}\sum\limits_{m=1}^{N}\boldsymbol{K}_{\text{new},m}+\dfrac{1}{N^2}\sum\limits_{m=1}^{N}\sum\limits_{n=1}^{N}\boldsymbol{K}_{1,mn}$。$\boldsymbol{K}_{\text{new},m}$为 $\boldsymbol{K}_{\text{new}}$的第 m 个元素，$\boldsymbol{K}_{1,mn}$为 $\boldsymbol{K}_1$ 的第 m 行 n 列中的元素。

因此，DKPLS 的监测步骤可以归纳如下：

① 获取正常的输入数据 $\boldsymbol{X}$ 和输出数据 $\boldsymbol{Y}$，然后对其进行预处理；

② 通过式(3.31)和式(3.32)计算初始的核矩阵 $\boldsymbol{K}_1$；

③ 对输入数据 $\boldsymbol{X}$ 和输出数据 $\boldsymbol{Y}$ 进行 KPLS 的运算，求得 $\boldsymbol{U}$，$\boldsymbol{T}$ 和 $\boldsymbol{K}_{i+1}$；

④ 通过式(3.28)计算建模数据的主元 $\boldsymbol{t}_r$，获得建模数据的 DKPLS 主元 $\boldsymbol{T}_d$；

⑤ 通过式(3.33)和式(3.34)计算监测统计量 T_d^2 和 SPE_d，然后计算统计量的控制限；

⑥ 获取一组新的采样数据 $\boldsymbol{x}_{\text{new}}\in\mathbf{R}^{1\times J}$并对其进行预处理；

⑦ 通过式(3.35)和式(3.36)计算新数据的核矩阵 $\boldsymbol{K}_{\text{new}}$；

⑧ 通过式(3.37)计算新数据的 KPLS 主元 $\boldsymbol{t}_{\text{new}}$；

⑨ 通过式(3.38)计算 $\boldsymbol{K}_{i+1,\text{new}}$；

⑩ 通过式(3.39)计算与输出变量相关的变异的主元 $\boldsymbol{t}_{r,\text{new}}$；

⑪ 通过式(3.40)得到新数据的 DKPLS 主元 $\boldsymbol{t}_{d,\text{new}}$；

⑫ 通过式(3.41)和式(3.42)计算新数据的监测统计量。当某个统计量的数值超过其对应的控制限时，这意味着过程中出现了一个故障。

DKPLS 方法的计算步骤和监测步骤如图 3.2 所示。

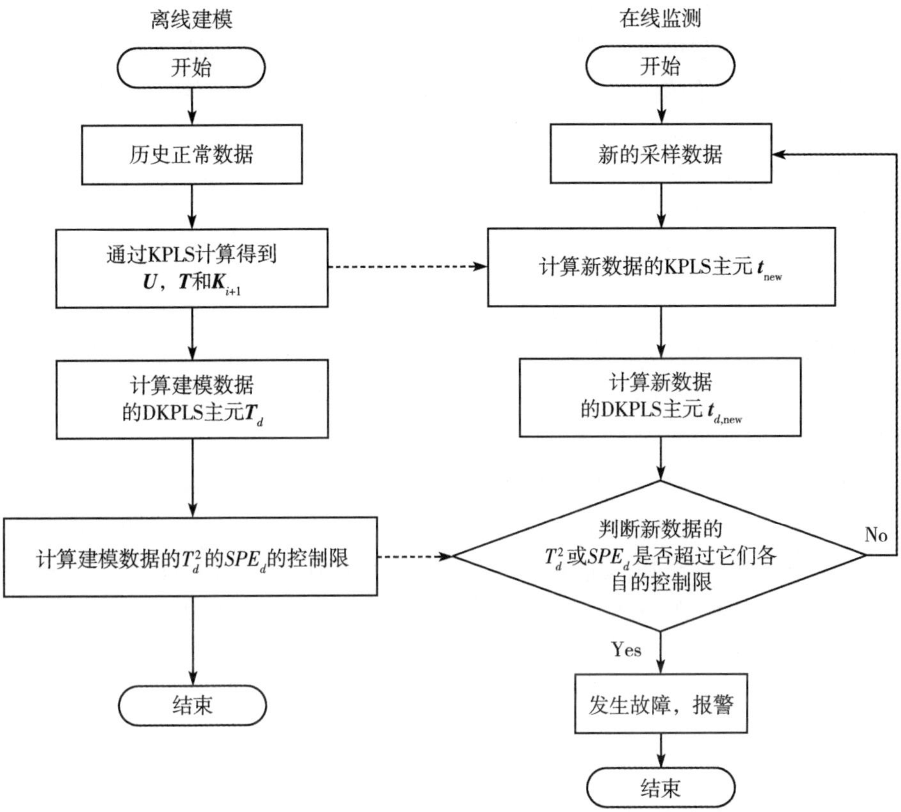

图 3.2　DKPLS 过程监测方法的计算步骤和监测步骤

Fig. 3.2　Calculating and monitoring procedure of DKPLS monitoring method

3.3　实验结果

3.3.1　电熔镁炉工作原理

电熔镁炉是用于生产电熔镁砂的主要设备之一，随着熔炼技术的发展，电熔镁炉已经在镁砂生产行业中得到了广泛应用。电熔镁炉是一种以电弧为热源的熔炼炉，它热量集中，可以很好地熔炼镁砂。我国电熔镁炉的熔炼原料主要是菱镁矿石，其原料成分为氧化镁。电熔镁炉的熔炼过程经历了熔融、排析、提纯、结晶等阶段。电熔镁炉整体设备组成一般包括变压器、电路短网、电极升降装置、电极、炉体等。炉子边设有控制室，控制电极的升降。炉壳一般为圆形，稍有锥形，为便于熔砣脱壳，在炉壳壁上焊有吊环，炉下设有移动小车，其作用是使熔化完成的熔块移到固定工位，冷却出炉。电熔镁炉基本工作原理如图 2. 3 所示。

电熔镁炉通过电极引入大电流形成弧光产生高温来完成熔炼过程。目前我国多数电熔镁炉冶炼过程自动化程度还比较低，导致故障频繁和异常情况时有发生，其中由于电极执行器故障等原因导致电极距离电熔镁炉的炉壁过近，使得炉温异常，可能导致电熔镁炉的炉体熔化，从而导致大量的财产损失以及危害人身安全。另外，由于炉体固定、执行器异常等原因导致电极长时间位置不变造成炉温不均，从而使得靠近电极的区域温度高，而远离电极的区域温度低，一旦电极附近区域温度过高，容易造成“烧飞”炉料；而远离电极的区域温度过低会形成死料区，这将严重影响产品产量和质量。这就需要及时地检测过程中的异常和故障，因此，对电熔镁炉工作过程进行过程监测是十分必要和有意义的。

针对电熔镁炉熔炼过程中容易出现的故障和不良工况，选择对电熔镁炉的温度进行监控。炉内温度值是一个重要的参数，其值由电极内的电流值和电极的位置决定，因此将输入电压值、三相电极电流值、电极相对位置等变量作为电熔镁炉过程模型的输入变量，将炉内温度值作为过程模型的输出变量，同时针对过程数据中的非线性特点，用本章所提出的 DKPLS 方法对电熔镁炉熔炼过程进行建模，然后使用电熔镁炉的故障数据为在线采样数据，使用过程模型进行测试，从而实现对电熔镁炉工作状况的监测分析。

3. 3. 2　实验结果分析

将本章提出的 DKPLS 监测方法与传统的 KPLS 监测方法共同应用到电熔镁炉工作过程中，并对两种方法的监测效果进行对比分析。将电熔镁炉关键变量的采样数据用于过程建模，选取正常工作状况下得到的过程采样数据作为建模数据，每组数据包含输入电压值、三相电流值、炉温值、电极相对位置等 10 个关键变量。其中建模数据集包含 300 个采样。之后选取两组共包含 300 个采样的故障数据 A，B 作为测试数据。故障集 A 中，故障大约从第 50 个采样开始发生，到大约第 150 个采样时结束，故障是由于变压器异常导致电熔镁炉电流大幅下降，出现了炉温异常。故障集 B 中，故障大约从第 150 个采样开始发生，到大约第 300 个采样时结束，故障是由于电极执行器异常导致电熔镁炉电流缓慢变化，造成了炉温异常。这里称故障集 A 中的故障为故障 A，称故障集 B 中的故障为故障 B。添加到电流中的故障将会影响到与输出变量相关的变异，也就会对输出变量即炉内温度值产生影响。

将包含 300 个采样的正常数据分别使用传统的 KPLS 和本章提出的 DKPLS 方法建立输入输出模型。计算 KPLS 输入残差与 DKPLS 输入残差中每个变量与输出变量之间的相关值，如图 3. 3 和图 3. 4 所示。明显可以看出，图 3. 4 中

DKPLS 输入残差与输出变量之间的相关值远远小于 KPLS 残差与输出变量的相关值，表明 DKPLS 方法已经提取出了 KPLS 残差中的与输出变量相关的变异。

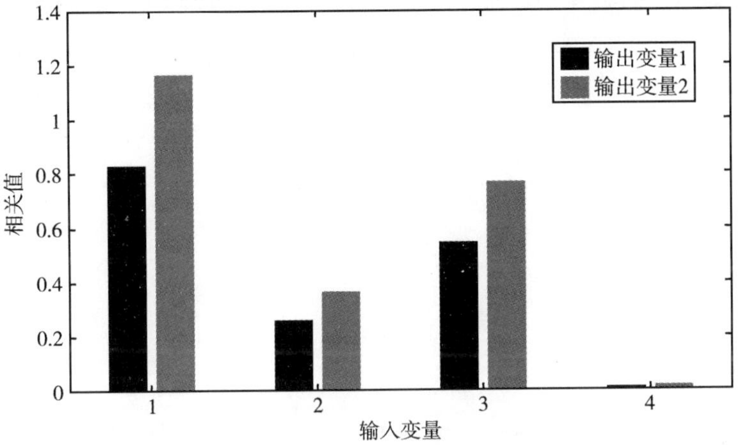

图 3.3　KPLS 残差与输出变量的相关值

Fig. 3.3　Relevance vaules between KPLS residual and output variables

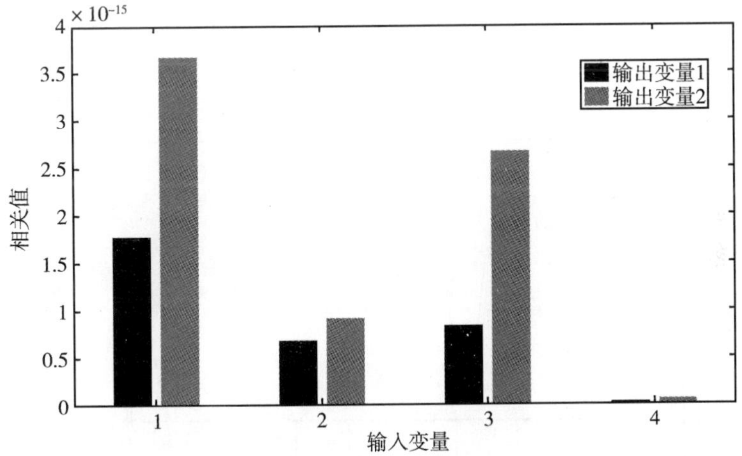

图 3.4　DKPLS 残差与输出变量的相关值

Fig. 3.4　Relevance vaules between DKPLS residual and output variables

将包含 300 个含有故障的数据集 A 在传统的 KPLS 监测方法中进行检测，检测结果如图 3.5 所示。图 3.5(a)中，传统 KPLS 的 T^2统计量并未显示过程出现故障，大部分 T^2统计量的数值都在控制限之下，只有第 140、205、245 和 265 个采样处的 T^2统计量的数值超出了控制限，可以判断这四个超限的 T^2统计量为误报，这表明传统 KPLS 的 T^2统计量不能够检测出数据集 A 中添加的故障。图 3.5(b)中，传统 KPLS 的 *SPE* 统计量检测到了过程内部产生的故障。传统 KPLS 的 *SPE* 统计量的数值从大约第 51 个采样点开始超过控制限，一直持续到第 150 个采样，这与故障的时间相符，表明传统 KPLS 的 *SPE* 统计量能够检测到数据集 A 中添加的故障。除此之外，传统 KPLS 的 *SPE* 统计量也在第 205、245 和 265 个采样处出现了超限现象，与传统 KPLS 的 T^2 统计量的超限处一致，表明是过程内部存在的特性变化造成了传统 KPLS 的 T^2 和 *SPE* 统计量的误报。

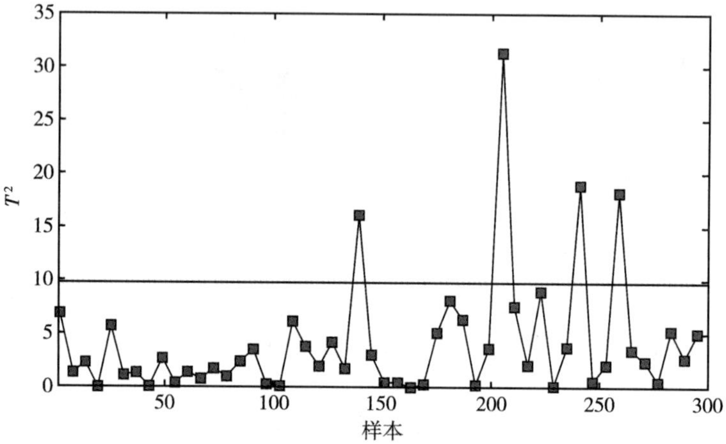

（a）检测故障A的KPLS T^2统计量

（a）KPLS T^2 statistic of fault A

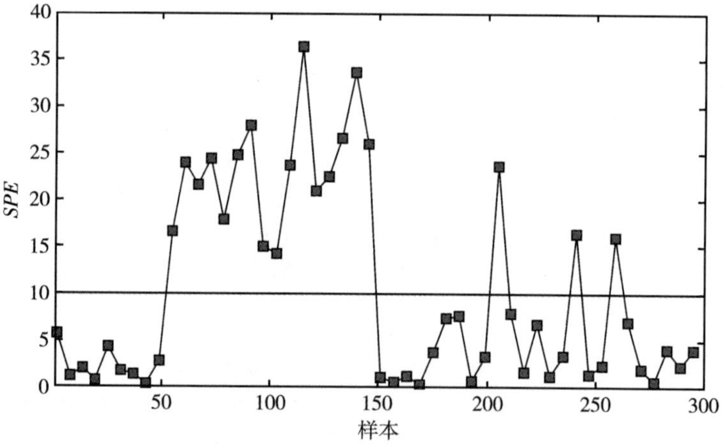

（b）检测故障A的KPLS *SPE*统计量

（b）KPLS *SPE* statistic of fault A

图 3.5　应用 KPLS 检测故障 A 的检测结果

Fig. 3.5　Monitoring results of fault A with KPLS

为了验证本章提出的 DKPLS 监测方法的有效性，将包含 300 个采样同时含有故障的数据集 A 在 DKPLS 监测方法中进行检测，检测结果如图 3.6 所示。图 3.6(a)中，DKPLS 的 T_d^2 统计量显示出了过程内部出现的故障，从大约第 50 个采样开始，持续到大约第 150 个采样，其 T_d^2 统计量一直大于控制限。T_d^2 统计量检测得到的故障与实际加入的故障时间相符，表明 DKPLS 的 T_d^2 统计量能够检测出数据集 A 中添加的故障。与传统 KPLS 的 T^2 和 SPE 统计量相似的是，第 205、245 和 265 个采样处的 T_d^2 统计量的数值同样也超出了控制限。图 3.6(b)中，DKPLS 的 SPE_d 统计量也检测到了过程内部产生的故障。DKPLS 的

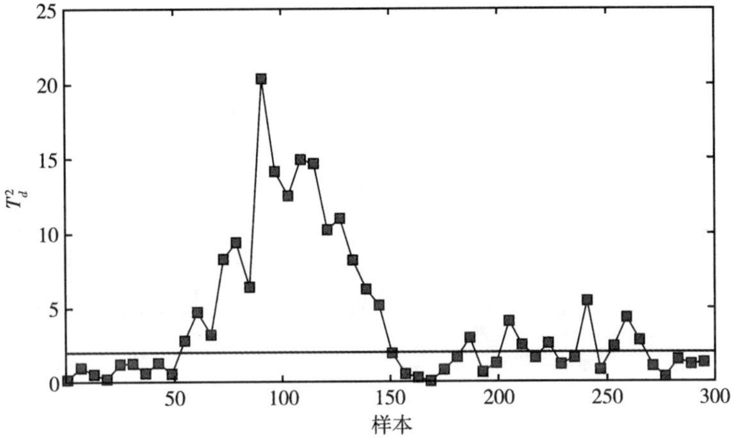

（a）检测故障A的DKPLS T_d^2 统计量

（a）DKPLS T_d^2 statistic of fault A

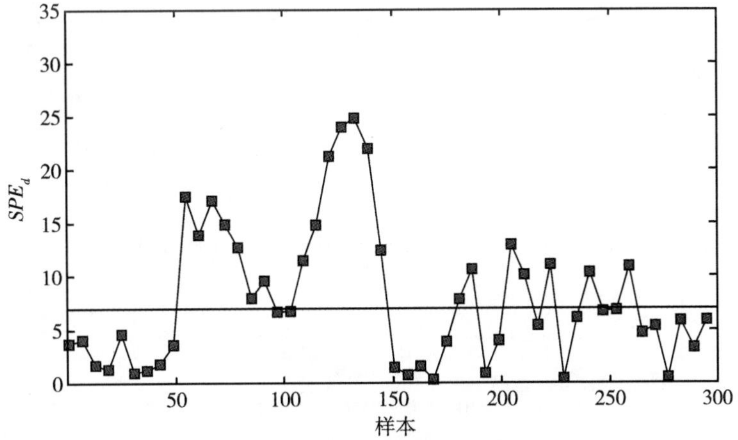

（b）检测故障A的DKPLS SPE_d 统计量

（b）DKPLS SPE_d statistic of fault A

图 3.6 应用 DKPLS 检测故障 A 的检测结果

Fig. 3.6 Monitoring results of fault A with DKPLS

SPE_d 统计量的数值从大约第 51 个采样点开始超过控制限，一直持续到第 150 个采样，表明 DKPLS 的 SPE_d 统计量能够检测到数据集 A 中添加的故障。对于数据集 A 中的故障来说，DKPLS 的效果优于传统的 KPLS 方法。传统的 KPLS 方法中，只有 SPE 统计量能够检测到故障，而本章所提出的 DKPLS 方法的 T_d^2 和 SPE_d 均能够检测到故障。

将包含 300 个含有故障的数据集 B 在传统的 KPLS 监测方法中进行检测，检测结果如图 3.7 所示。图 3.7(a)中，传统 KPLS 的 T^2统计量并未显示过程

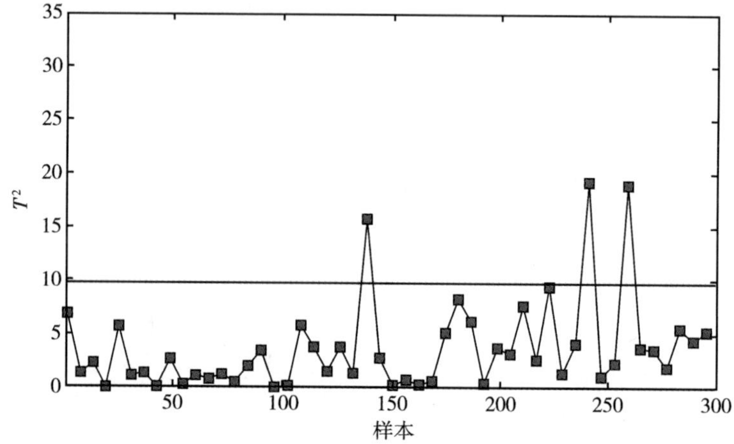

（a）检测故障 B 的 KPLS T^2统计量

（a）KPLS T^2 statistic of fault B

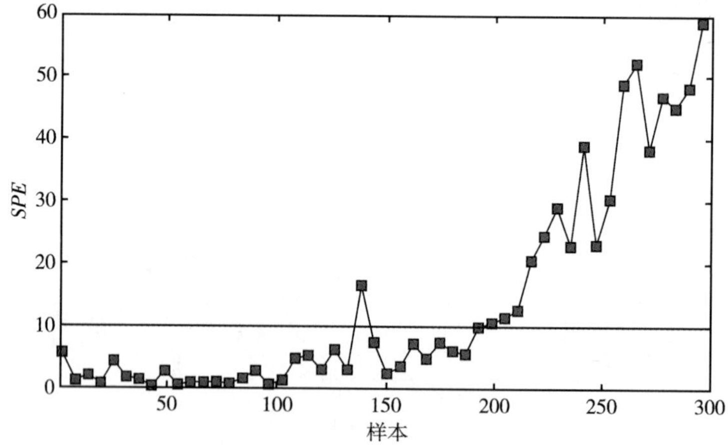

（b）检测故障 B 的 KPLS SPE 统计量

（b）KPLS SPE statistic of fault B

图 3.7 应用 KPLS 检测故障 B 的检测结果

Fig. 3.7 Monitoring results of fault B with KPLS

出现故障，大部分 T^2 统计量的数值都在控制限之下，这表明传统 KPLS 的 T^2 统计量不能够检测出数据集 B 中添加的故障。图 3.7(b) 中，传统 KPLS 的 *SPE* 统计量检测到了过程内部产生的故障。传统 KPLS 的 *SPE* 统计量的数值从大约第 200 个采样点开始超过控制限，一直持续到第 300 个采样，*SPE* 统计量的数值逐渐增大，这与故障的时间与故障幅度逐渐增加的情况相符，表明传统 KPLS 的 *SPE* 统计量能够检测到数据集 B 中添加的故障。在第 145 个采样点出现了一次超限现象，持续时间短，可以将其判断为误报。

为了验证本章提出的 DKPLS 监测方法，将包含 300 个含有故障的数据集 B 在 DKPLS 监测方法中进行检测，检测结果如图 3.8 所示。图 3.8(a) 中，DKPLS 的 T_d^2 统计量显示出了过程内部出现的故障，从大约第 200 个采样开始，一直持续到第 300 个采样，其 T_d^2 统计量大于控制限并逐渐增大。T_d^2 统计量检测得到的故障与实际加入的故障时间相符，表明 DKPLS 的 T_d^2 统计量能够检测出数据集 B 中添加的故障。与传统 KPLS 的 T^2 和 *SPE* 统计量相似的是，第 145 个采样点处的 T_d^2 统计量的数值同样也超出了控制限。图 3.8(b) 中，DKPLS 的 SPE_d 统计量也检测到了过程内部产生的故障。DKPLS 的 SPE_d 统计量的图形与 DKPLS 的 T_d^2 统计量的图形相似，表明 DKPLS 的 SPE_d 统计量能够检测到数据集 B 中添加的故障。对于数据集 B 中的故障来说，DKPLS 的效果优于传统的 KPLS 方法。与数据集 A 的检测结果相似，使用传统的 KPLS 方法，只有 *SPE* 统计量能够检测到故障，而使用本章提出的 DKPLS 方法，其 T_d^2 和 SPE_d 统计量均能够检测到故障。

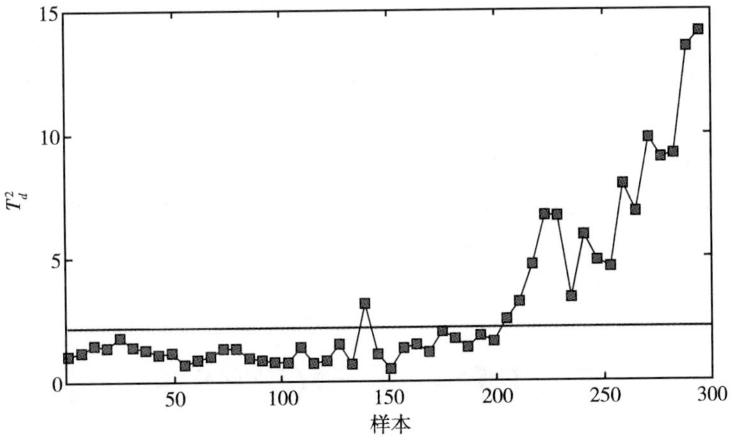

(a) 检测故障 B 的 DKPLS T_d^2 统计量

(a) DKPLS T_d^2 statistic of fault B

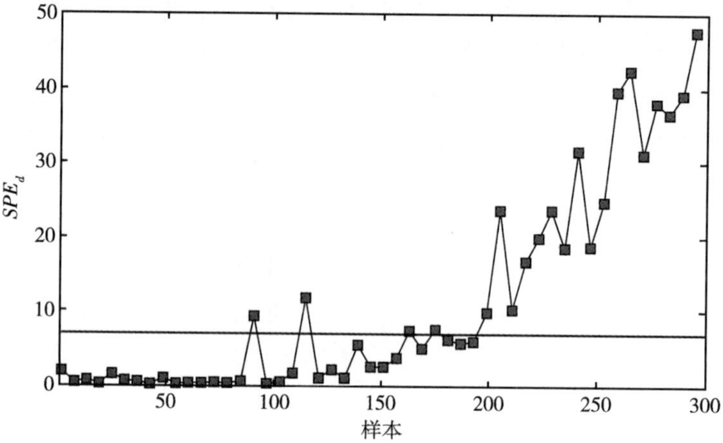

（b）检测故障 B 的 DKPLS SPE_d 统计量

（b）DKPLS SPE_d statistic of fault B

图 3.8 应用 DKPLS 检测故障 B 的检测结果

Fig. 3.8 Monitoring results of fault B with DKPLS

从两个数据集 A 和 B 的监测结果中可以看出，一个影响到输出变量的故障可能不能被传统的 KPLS 方法检测出来，尤其是传统的 KPLS 的 T^2统计量。在本节中，对于添加的两个故障，KPLS 的 T^2统计量都未能检测出来。这表明当故障影响到与输出变量相关的变异时，KPLS 的 T^2统计量不能检测到故障，而 KPLS 的 *SPE* 统计量能够检测到故障。通常认为 KPLS 中的 *SPE* 统计量所检测到的故障是与输出变量无关的，而实际情况是，当故障影响到 KPLS 残差中的与输出变量相关的变异时，这个故障便会影响到输出变量即质量变量。因此，当使用 KPLS 对过程进行监测时，其认为的一些不会影响产品质量的故障会对产品质量造成影响，使得 KPLS 不能很好地应用于关注产品质量的过程监测中。而本章所提出的 DKPLS 监测方法能够监测到故障对与输出变量相关的变异的影响，从而能够准确地检测出能对产品质量造成影响的故障。相比于传统的 KPLS 方法，本章所提出的 DKPLS 方法更适用于监测关注产品质量的过程。

3.4 基于方向核偏最小二乘(DKPLS)的故障诊断方法

当过程中的故障被检测到时，下一步要进行的工作便是对故障源进行诊断与分离，从而使过程恢复正常。下面将在前面推导得到的 DKPLS 过程监测方法的基础上提出一种重构诊断方法。对于工业过程中发生故障时的采样数据，一般都是将其舍弃掉。其实故障数据中包含许多重要的故障信息，若能有效地对其分析利用，提取故障特性，就会有效地提高故障检测与过程监测水平。本节首先提出一种基于 DKPLS 的故障重构方法，对故障数据进行重构还原，然后在 DKPLS 故障重构方法的基础上，提出了在线的 DKPLS 故障诊断方法，通过使用故障数据参与建模，实现在线对新的采样数据进行监测与诊断，判断故障采样所隶属的故障集。然后将提出的基于 DKPLS 故障重构的故障诊断方法应用于电熔镁炉的在线故障诊断中。

故障重构技术是故障诊断的一个重要步骤。故障重构的目的是当生产过程中有故障发生时，利用故障数据中的故障方向对故障数据进行还原，从而得到故障值所对应的正常数据。如果实际的故障方向已知，则可以进一步对故障进行分析，包括恢复无故障数据和故障幅值估计。对于本故障样本的数据，通过其故障方向可以将其重构为正常数据，而不能将其他故障样本的数据重构为正常数据，这就为故障诊断提供了思路。

传统的 PCA 故障重构方法是将故障数据空间分解成两个互相垂直的子空间：主元子空间和残差子空间。PCA 能够保持最主要的数据分布方向，这些方向能够有效表示数据分布特征。但是 PCA 模型只是研究了故障数据的内部关系，不能够有效隔离数据中的故障信息和正常信息，而且基于 PCA 的重构对于关注产品质量的生产过程的适应性较差，所以基于 PCA 的传统重构方法需要改进。另外，在实际的工业过程中，变量之间往往呈现出非线性特征，利用传统的线性方法进行故障重构也不能达到满意的效果。

针对以上问题，本节提出了基于 DKPLS 的故障重构方法。该方法在高维特征空间中通过监测统计量分析、建立重构模型进而分离出故障重构方向。与假设故障方向的传统重构诊断方法不同，本节提出的方法通过计算各主元方向上的故障幅度来选取故障方向，对故障数据进行提取处理，通过分解故障数据求取故障数据的主要故障方向，然后通过求取的故障数据对故障数据进行重构，获得正常数据，消除了监测统计量的超限现象。

3.4.1 故障主元方向的选择方法

当过程中出现故障时，对于一组含有故障的数据 $\boldsymbol{X}_f \in \mathbf{R}^{N\times J}$，其在高维特征空间的映射 $\boldsymbol{\Phi}(\boldsymbol{X}_f)$ 可以写成以下形式：

$$\boldsymbol{\Phi}(\boldsymbol{X}_f) = \boldsymbol{\Phi}(\boldsymbol{X}_f)^* + \Sigma f = \boldsymbol{\Phi}(\boldsymbol{X}_f)^* + \Delta\boldsymbol{\Phi}(\boldsymbol{X}_f) \tag{3.43}$$

其中，$\boldsymbol{\Phi}(\boldsymbol{X}_f)^*$ 表示重构后的正常数据，Σ 表示出现故障的变量方向，f 表示故障的幅值，$\Delta\boldsymbol{\Phi}(\boldsymbol{X}_f)$ 表示故障数据与重构后正常数据的偏差。

在传统的重构方法中，重构的目的是使数据恢复正常，使重构出的数据的监测统计量达到最小。对于过程的正常数据来说，其监测统计量也并未达到最小，只是在控制限以下。因此，近似地，对过程正常数据 $\boldsymbol{\Phi}(\boldsymbol{X})$ 沿着 $\boldsymbol{\Phi}(\boldsymbol{X}_f)$ 的

故障方向 Σ 进行重构，正常数据 $\boldsymbol{\Phi}(\boldsymbol{X})$ 可以写成如下形式：

$$\boldsymbol{\Phi}(\boldsymbol{X})=\boldsymbol{\Phi}(\boldsymbol{X}_f)^*+\Sigma f_n=\boldsymbol{\Phi}(\boldsymbol{X}_f)^*+\Delta\boldsymbol{\Phi}_n(\boldsymbol{X}_f) \tag{3.44}$$

因为沿相同的故障方向对正常数据和故障数据进行重构，使得两组数据沿故障方向重构出来的数据监测统计量达到最小，因此可以认为重构得到的数据相同。式(3.44)中，f_n 表示正常数据沿 $\boldsymbol{\Phi}(\boldsymbol{X}_f)$ 的故障方向 Σ 的故障幅度，$\Delta\boldsymbol{\Phi}_n(\boldsymbol{X}_f)$ 表示正常数据和重构后的正常数据的偏差。

对式(3.43)左、右两边都乘以正常数据 $\boldsymbol{\Phi}(\boldsymbol{X})$ 的负载向量 $\boldsymbol{P}$，可以得到下列式子：

$$\boldsymbol{\Phi}(\boldsymbol{X}_f)\boldsymbol{P}=\boldsymbol{\Phi}(\boldsymbol{X}_f)^*\boldsymbol{P}+\Delta\boldsymbol{\Phi}(\boldsymbol{X}_f)\boldsymbol{P} \tag{3.45}$$

$$\boldsymbol{T}_f=\boldsymbol{\Phi}(\boldsymbol{X}_f)^*\boldsymbol{P}+\Delta\boldsymbol{\Phi}(\boldsymbol{X}_f)\boldsymbol{P} \tag{3.46}$$

对式(3.44)的两边都乘以正常数据 $\boldsymbol{\Phi}(\boldsymbol{X})$ 的负载向量 $\boldsymbol{P}$，可以得到下列式子：

$$\boldsymbol{\Phi}(\boldsymbol{X})\boldsymbol{P}=\boldsymbol{\Phi}(\boldsymbol{X}_f)^*\boldsymbol{P}+\Delta\boldsymbol{\Phi}_n(\boldsymbol{X}_f)\boldsymbol{P} \tag{3.47}$$

$$\boldsymbol{T}=\boldsymbol{\Phi}(\boldsymbol{X}_f)^*\boldsymbol{P}+\Delta\boldsymbol{\Phi}_n(\boldsymbol{X}_f)\boldsymbol{P} \tag{3.48}$$

式(3.46)减去式(3.48)，可以得到下式：

$$\boldsymbol{T}_f=\boldsymbol{T}+\Delta\boldsymbol{\Phi}(\boldsymbol{X}_f)\boldsymbol{P}-\Delta\boldsymbol{\Phi}_n(\boldsymbol{X}_f)\boldsymbol{P} \tag{3.49}$$

式(3.49)可以看作对故障数据的故障主元沿故障主元方向进行重构的形式，$\boldsymbol{T}$ 为重构后得到的主元，仿照式(3.43)，式(3.49)可以写成如下形式：

$$\boldsymbol{T}_f=\boldsymbol{T}+\Sigma_{\boldsymbol{T}}f_{\boldsymbol{T}} \tag{3.50}$$

其中，$\Sigma_{\boldsymbol{T}}$ 为出现故障的主元方向，$f_{\boldsymbol{T}}$ 为故障的幅值。在此，假设每个主元均出现故障，$\boldsymbol{\Phi}(\boldsymbol{X})$ 的主元个数为 R，则 $\Sigma_{\boldsymbol{T}}$ 为维数是 $R\times R$ 的单位矩阵，由此可以求得故障幅度的表达式为

$$f_{\boldsymbol{T},i}=\|\Delta\boldsymbol{T}(i)\|^2\quad(i=1,\ 2,\ \cdots,\ R) \tag{3.51}$$

其中，$f_{\boldsymbol{T},i}$ 为 $f_{\boldsymbol{T}}$ 中的第 i 个元素，$\Delta\boldsymbol{T}=\boldsymbol{T}_f-\boldsymbol{T}$，$\Delta\boldsymbol{T}(i)$ 表示 $\Delta\boldsymbol{T}$ 的第 i 列。

这里，定义 $f_{\boldsymbol{T}}$ 中最大的几个元素所代表的方向为主元故障方向，当其中某个元素的数值或者几个元素的数值和大于 $f_{\boldsymbol{T}}$ 中所有元素和的90%时，认为代表的这个方向或者这些方向为负载向量 $\boldsymbol{P}$ 中的故障方向，其所对应的主元中的方向为主元故障方向。

3.4.2 基于 DKPLS 的重构方法

(1) 基于 T^2 的重构

前面得到了 DKPLS 方法的表达式如下所示：

$$\left.\begin{aligned}\boldsymbol{\Phi}(\boldsymbol{X})&=\boldsymbol{T}_d\boldsymbol{P}_d^{\mathrm{T}}+\boldsymbol{E}_{ir}\\&=[\boldsymbol{T},\ \boldsymbol{T}_r][\boldsymbol{P},\ \boldsymbol{P}_r]^{\mathrm{T}}+\boldsymbol{E}_{ir}\\\boldsymbol{Y}&=\boldsymbol{T}_d\boldsymbol{Q}_d^{\mathrm{T}}+\boldsymbol{F}_{ir}\end{aligned}\right\} \tag{3.52}$$

对于一组故障数据 $\boldsymbol{\Phi}(\boldsymbol{X}_f)$，利用正常数据 $\boldsymbol{\Phi}(\boldsymbol{x})$ 的两个负载向量 $\boldsymbol{P}$ 和 $\boldsymbol{P}_r$ 将其投影到正常数据空间，可以得到

$$\left.\begin{aligned}\boldsymbol{\Phi}(\boldsymbol{X}_f)&=\boldsymbol{T}_{fd}\boldsymbol{P}_d^{\mathrm{T}}+\boldsymbol{E}_{fir}\\&=[\boldsymbol{T}_f,\ \boldsymbol{T}_{fr}][\boldsymbol{P},\ \boldsymbol{P}_r]^{\mathrm{T}}+\boldsymbol{E}_{fir}\\&=\boldsymbol{T}_f\boldsymbol{P}^{\mathrm{T}}+\boldsymbol{T}_{fr}\boldsymbol{P}_r^{\mathrm{T}}+\boldsymbol{E}_{fir}\\\boldsymbol{Y}_f&=\boldsymbol{T}_{fd}\boldsymbol{Q}_{fd}^{\mathrm{T}}+\boldsymbol{F}_{fir}\end{aligned}\right\}\tag{3.53}$$

通过使用3.4.1节中的故障主元方向选择方法，得到 $\boldsymbol{T}_f$ 中的故障主元方向为 $\boldsymbol{T}_f^*$，其对应的 $\boldsymbol{P}$ 中的方向为 $\boldsymbol{P}^*$；$\boldsymbol{T}_{fr}$中的故障主元方向为 $\boldsymbol{T}_{fr}^*$，其对应的 $\boldsymbol{P}_r$ 中的方向为 $\boldsymbol{P}_r^*$。这里认为，在监测故障数据 $\boldsymbol{\Phi}(\boldsymbol{X}_f)$时，主元中的 $\boldsymbol{T}_f^*$ 和 $\boldsymbol{T}_{fr}^*$ 引起了监测统计量 T^2的超限，因此故障数据 $\boldsymbol{\Phi}(\boldsymbol{X}_f)$中引起 T^2超限的部分可以通过下式计算：

$$\begin{aligned}\boldsymbol{\Phi}(\boldsymbol{X}_f)^*&=\boldsymbol{T}_f^*\boldsymbol{P}^{*\mathrm{T}}+\boldsymbol{T}_{fr}^*\boldsymbol{P}_r^{*\mathrm{T}}\\&=\boldsymbol{T}_f^*\ \frac{\boldsymbol{T}^{*\mathrm{T}}}{\boldsymbol{T}^{*\mathrm{T}}\boldsymbol{T}^*}\boldsymbol{\Phi}(\boldsymbol{X})+\boldsymbol{T}_{fr}^*\boldsymbol{A}^{*\mathrm{T}}\boldsymbol{C}\boldsymbol{\Phi}(\boldsymbol{X})\\&=\boldsymbol{B}\boldsymbol{\Phi}(\boldsymbol{X})\end{aligned}\tag{3.54}$$

其中，$\boldsymbol{C}$ 由式(3.16)计算得到，$\boldsymbol{A}$ 由式(3.28)计算得到，$\boldsymbol{A}^*$ 为 $\boldsymbol{A}$ 中对应的方向，与 $\boldsymbol{P}_r$ 在 $\boldsymbol{P}_r^*$ 中对应的方向相同，$\boldsymbol{B}=\boldsymbol{T}_f^*\ \frac{\boldsymbol{T}^{*\mathrm{T}}}{\boldsymbol{T}^{*\mathrm{T}}\boldsymbol{T}^*}+\boldsymbol{T}_{fr}^*\boldsymbol{A}^{*\mathrm{T}}\boldsymbol{C}$。对 $\boldsymbol{\Phi}(\boldsymbol{X}_f)^*$ 进行KPCA运算，$\boldsymbol{\Phi}(\boldsymbol{X}_f)^*$ 的协方差矩阵的计算如下：

$$\boldsymbol{s}_f=(1/N)\boldsymbol{\Phi}(\boldsymbol{X})^{\mathrm{T}}\boldsymbol{B}^{\mathrm{T}}\boldsymbol{B}\boldsymbol{\Phi}(\boldsymbol{X})\tag{3.55}$$

$\boldsymbol{\Phi}(\boldsymbol{X}_f)^*$ 的主元是通过解协方差矩阵 $\boldsymbol{s}_f$ 的特征向量得到的，其计算如下：

$$\boldsymbol{s}_f\boldsymbol{P}_p=\lambda_f\boldsymbol{P}_p\tag{3.56}$$

其中，$\boldsymbol{P}_p$ 和 λ_f 分别是协方差矩阵 $\boldsymbol{s}_f$ 的特征向量和特征值。对于 $\lambda\neq0$ 的情况下，$\boldsymbol{P}_p$ 可以看作 $\boldsymbol{B}\boldsymbol{\Phi}(\boldsymbol{X})$的线性组合，即

$$\boldsymbol{P}_p=\boldsymbol{\Phi}(\boldsymbol{X})^{\mathrm{T}}\boldsymbol{B}^{\mathrm{T}}\boldsymbol{A}_f\tag{3.57}$$

其中，$\boldsymbol{A}_f$ 为组合矩阵。将式(3.55)、式(3.56)和式(3.57)合并，得到

$$(1/N)\boldsymbol{B}\boldsymbol{K}\boldsymbol{B}^{\mathrm{T}}\boldsymbol{A}_f=\lambda_f\boldsymbol{A}_f\tag{3.58}$$

其中，$\boldsymbol{K}=\boldsymbol{\Phi}(\boldsymbol{X})\boldsymbol{\Phi}(\boldsymbol{X})^{\mathrm{T}}$，$\boldsymbol{A}_f$ 即为$(1/N)\boldsymbol{B}\boldsymbol{K}\boldsymbol{B}^{\mathrm{T}}$ 的特征值。因此，$\boldsymbol{\Phi}(\boldsymbol{X}_f)^*$ 的主元可以计算如下：

$$\begin{aligned}\boldsymbol{T}_p&=\boldsymbol{\Phi}(\boldsymbol{X}_f)^*\boldsymbol{P}_p\\&=\boldsymbol{B}\boldsymbol{\Phi}(\boldsymbol{X})\boldsymbol{\Phi}(\boldsymbol{X})^{\mathrm{T}}\boldsymbol{B}^{T}\boldsymbol{A}_f\\&=\boldsymbol{B}\boldsymbol{K}\boldsymbol{B}^{\mathrm{T}}\boldsymbol{A}_f\end{aligned}\tag{3.59}$$

其中计算得到的 $\boldsymbol{T}_p\in\mathbf{R}^{N\times N}$。如果主元空间的主元个数为 R，则 $\boldsymbol{\Phi}(\boldsymbol{X}_f)^*$ 主元子

空间的主元为 $\hat{\boldsymbol{T}}_p=[\boldsymbol{t}_{p,1}, \boldsymbol{t}_{p,2}, \cdots, \boldsymbol{t}_{p,R}]\in\mathbf{R}^{N\times R}$，对应的负载向量为 $\hat{\boldsymbol{P}}_p$。$\boldsymbol{\Phi}(\boldsymbol{X}_f)^*$ 残差子空间的主元为 $\tilde{\boldsymbol{T}}_p=[\boldsymbol{t}_{p,R+1}, \boldsymbol{t}_{p,R+2}, \cdots, \boldsymbol{t}_{p,N}]\in\mathbf{R}^{N\times(N-R)}$，对应的负载向量为 $\tilde{\boldsymbol{P}}_p$。$\hat{\boldsymbol{P}}_p$ 为 $\boldsymbol{P}_p$ 中的前 R 个向量，$\tilde{\boldsymbol{P}}_p$ 为 $\boldsymbol{P}_p$ 中的后 $N-R$ 个向量。

因此，$\boldsymbol{\Phi}(\boldsymbol{X}_f)^*$ 可以写成如下形式：

$$\begin{aligned}\boldsymbol{\Phi}(\boldsymbol{X}_f)^* &= \hat{\boldsymbol{T}}_p\hat{\boldsymbol{P}}_p^{\mathrm{T}}+\boldsymbol{E}_p \\ &= \hat{\boldsymbol{T}}_p\hat{\boldsymbol{P}}_p^{\mathrm{T}}+\tilde{\boldsymbol{T}}_p\tilde{\boldsymbol{P}}_p^{\mathrm{T}}\end{aligned} \tag{3.60}$$

其中认为 $\hat{\boldsymbol{P}}_p$ 是故障数据 $\boldsymbol{\Phi}(\boldsymbol{X}_f)$ 的主要故障方向。通过 $\hat{\boldsymbol{P}}_p$ 对 $\boldsymbol{\Phi}(\boldsymbol{X}_f)$ 进行重构，则 $\boldsymbol{\Phi}(\boldsymbol{X}_f)$ 中的正常部分为

$$\begin{aligned}&\boldsymbol{\Phi}(\boldsymbol{X}_f)-\boldsymbol{\Phi}(\boldsymbol{X}_f)\hat{\boldsymbol{P}}_p(\hat{\boldsymbol{P}}_p^{\mathrm{T}}\hat{\boldsymbol{P}}_p)^{-1}\hat{\boldsymbol{P}}_p^{\mathrm{T}} \\ &= \boldsymbol{\Phi}(\boldsymbol{X}_f)-\boldsymbol{\Phi}(\boldsymbol{X}_f)\hat{\boldsymbol{P}}_p\hat{\boldsymbol{P}}_p^{\mathrm{T}} \\ &= \boldsymbol{\Phi}(\boldsymbol{X}_f)(\boldsymbol{I}-\hat{\boldsymbol{P}}_p\hat{\boldsymbol{P}}_p^{\mathrm{T}}) \\ &= \boldsymbol{\Phi}(\boldsymbol{X}_f)\tilde{\boldsymbol{P}}_p\tilde{\boldsymbol{P}}_p^{\mathrm{T}} \\ &= \boldsymbol{\Phi}(\boldsymbol{X}_f)\boldsymbol{\Phi}(\boldsymbol{X})^{\mathrm{T}}\boldsymbol{B}^{\mathrm{T}}\tilde{\boldsymbol{A}}_f\tilde{\boldsymbol{A}}_f^{\mathrm{T}}\boldsymbol{B}\boldsymbol{\Phi}(\boldsymbol{X}) \\ &= \boldsymbol{K}_f\boldsymbol{B}^{\mathrm{T}}\tilde{\boldsymbol{A}}_f\tilde{\boldsymbol{A}}_f^{\mathrm{T}}\boldsymbol{B}\boldsymbol{\Phi}(\boldsymbol{X}) \\ &= \boldsymbol{E}_p\end{aligned} \tag{3.61}$$

其中，$\tilde{\boldsymbol{A}}_f$ 为 $\boldsymbol{A}_f$ 中的后 $N-R$ 列。因此，$\boldsymbol{E}_p$ 为根据 $\boldsymbol{\Phi}(\boldsymbol{X}_f)$ 的故障方向对其进行重构得到的正常部分。对于一组引起 T^2 超限的故障数据 $\boldsymbol{\Phi}(\boldsymbol{X}_f)$，其中包含的 $\boldsymbol{E}_p$ 为相对于 T^2 的正常部分，即不会引起 T^2 超限的部分。而 $\boldsymbol{\Phi}(\boldsymbol{X}_f)-\boldsymbol{E}_p$ 则为相对于 T^2 的故障部分，即会引起 T^2 超限的部分。对 $\boldsymbol{\Phi}(\boldsymbol{X}_f)$ 中相对于 T^2 统计量的重构过程如图 3.9 所示。

（2）基于 *SPE* 的重构

SPE 监测统计量是对模型残差空间的一种度量，基于 *SPE* 的重构也是在模型的残差子空间中进行的。DKPLS 中的模型残差 $\boldsymbol{E}_{ir}$ 可以由下式计算得到：

$$\begin{aligned}\boldsymbol{E}_{ir} &= \boldsymbol{\Phi}(\boldsymbol{X})-\boldsymbol{T}\boldsymbol{P}^{\mathrm{T}}-\boldsymbol{T}_r\boldsymbol{P}_r^{\mathrm{T}} \\ &= \boldsymbol{\Phi}(\boldsymbol{X})-\boldsymbol{T}^{T}\frac{\boldsymbol{T}^{\mathrm{T}}}{\boldsymbol{T}^{\mathrm{T}}\boldsymbol{T}}\boldsymbol{\Phi}(\boldsymbol{X})-\boldsymbol{T}_r\boldsymbol{A}^{\mathrm{T}}\boldsymbol{C}\boldsymbol{\Phi}(\boldsymbol{X}) \\ &= \left(\boldsymbol{I}-\boldsymbol{T}^{\mathrm{T}}\frac{\boldsymbol{T}^{\mathrm{T}}}{\boldsymbol{T}^{\mathrm{T}}\boldsymbol{T}}-\boldsymbol{T}_r\boldsymbol{A}^{\mathrm{T}}\boldsymbol{C}\right)\boldsymbol{\Phi}(\boldsymbol{X}) \\ &= \boldsymbol{E}\boldsymbol{\Phi}(\boldsymbol{X})\end{aligned} \tag{3.62}$$

故障数据 $\boldsymbol{\Phi}(\boldsymbol{X}_f)$ 映射到正常数据空间之后得到的故障残差 $\boldsymbol{E}_{fir}$ 可以由下式计算得到：

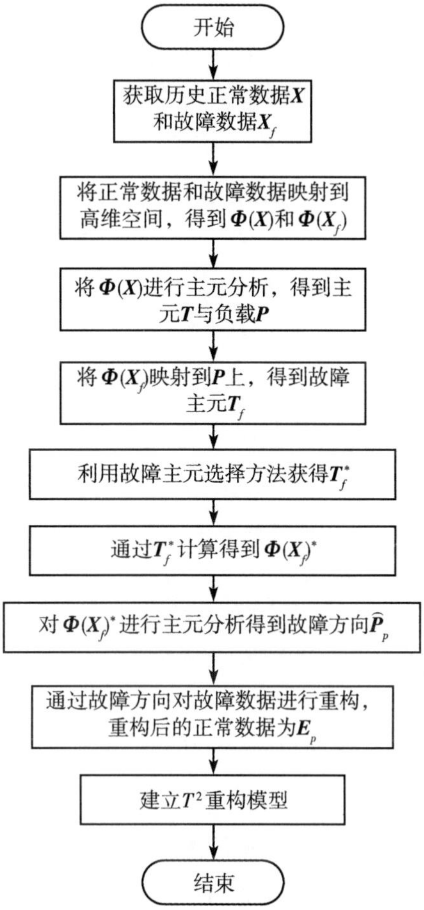

图 3.9　故障数据相对于 T^2 统计量的重构过程

Fig. 3.9　Reconstruction process of fault data for T^2 statistic

$$
\begin{aligned}
E_{fir} &= \Phi(X_f) - T_f P^{\mathrm{T}} - T_{fr} P_r^{\mathrm{T}} \\
&= \Phi(X_f) - T_f^T \frac{T_f^{\mathrm{T}}}{T_f^{\mathrm{T}} T_f} \Phi(X_f) - T_{fr} A^{\mathrm{T}} C \Phi(X_f) \\
&= \left(I - T_f^{\mathrm{T}} \frac{T_f^{\mathrm{T}}}{T_f^{\mathrm{T}} T_f} - T_{fr} A^{\mathrm{T}} C \right) \Phi(X_f) \\
&= E_f \Phi(X_f)
\end{aligned}
\tag{3.63}
$$

其中

$$
E = I - T^{\mathrm{T}} \frac{T^{\mathrm{T}}}{T^{\mathrm{T}} T} - T_r A^{\mathrm{T}} C,\quad E_f = I - T_f^{\mathrm{T}} \frac{T_f^{\mathrm{T}}}{T_f^{\mathrm{T}} T_f} - T_{fr} A^{\mathrm{T}} C
$$

参照对 $\Phi(X_f)^*$ 的 KPCA 运算，对 E_{ir} 进行 KPCA 运算，得到其主元 T_{ir} 与

负载向量 $\boldsymbol{P}_{ir}$ 如下：

$$\boldsymbol{P}_{ir}=\boldsymbol{\Phi}(\boldsymbol{X})^{\mathrm{T}}\boldsymbol{E}^{\mathrm{T}}\boldsymbol{A}_{ir} \tag{3.64}$$

$$\begin{aligned}\boldsymbol{T}_{ir}&=\boldsymbol{E}_{ir}\boldsymbol{P}_{ir}\\&=\boldsymbol{E}\boldsymbol{\Phi}(\boldsymbol{X})\boldsymbol{\Phi}(\boldsymbol{X})^{\mathrm{T}}\boldsymbol{E}^{\mathrm{T}}\boldsymbol{A}_{ir}\\&=\boldsymbol{EKE}^{\mathrm{T}}\boldsymbol{A}_{ir}\end{aligned} \tag{3.65}$$

其中，$\boldsymbol{A}_{ir}$ 为 $(1/N)\boldsymbol{EKE}^{\mathrm{T}}$ 的特征值，$\boldsymbol{K}=\boldsymbol{\Phi}(\boldsymbol{X})\boldsymbol{\Phi}(\boldsymbol{X})^{\mathrm{T}}$。将 $\boldsymbol{E}_{fir}$ 映射到负载向量 $\boldsymbol{P}_{ir}$ 上，得到 $\boldsymbol{E}_{fir}$ 在 $\boldsymbol{P}_{ir}$ 上的主元 $\boldsymbol{T}_{fir}$ 如下：

$$\begin{aligned}\boldsymbol{T}_{fir}&=\boldsymbol{E}_{fir}\boldsymbol{P}_{ir}\\&=\boldsymbol{E}_f\boldsymbol{\Phi}(\boldsymbol{X}_f)\boldsymbol{\Phi}(\boldsymbol{X})^{\mathrm{T}}\boldsymbol{E}^{\mathrm{T}}\boldsymbol{A}_{ir}\\&=\boldsymbol{E}_f\boldsymbol{K}_f\boldsymbol{E}^{\mathrm{T}}\boldsymbol{A}_{ir}\end{aligned} \tag{3.66}$$

其中，$\boldsymbol{K}_f=\boldsymbol{\Phi}(\boldsymbol{X}_f)\boldsymbol{\Phi}(\boldsymbol{X})^{\mathrm{T}}$。通过使用第 3.5.1 节中的故障主元方向选择方法得到 $\boldsymbol{T}_{fir}$ 中的故障主元方向 $\boldsymbol{T}_{fir}^{*}$，其所对应的 $\boldsymbol{P}_{ir}$ 中的方向为 $\boldsymbol{P}_{ir}^{*}$。$\boldsymbol{T}_{fir}^{*}$ 和 $\boldsymbol{P}_{ir}^{*}$ 的表达式如下：

$$\boldsymbol{T}_{ir}^{*}=\boldsymbol{E}_f\boldsymbol{K}_f\boldsymbol{E}^{\mathrm{T}}\boldsymbol{A}_{ir}^{*} \tag{3.67}$$

$$\boldsymbol{P}_{ir}^{*}=\boldsymbol{\Phi}(\boldsymbol{X})^{\mathrm{T}}\boldsymbol{E}^{\mathrm{T}}\boldsymbol{A}_{ir}^{*} \tag{3.68}$$

其中，$\boldsymbol{A}_{ir}^{*}$ 为 $\boldsymbol{A}_{ir}$ 中对应的方向，与 $\boldsymbol{P}_{ir}^{*}$ 在 $\boldsymbol{P}_{ir}$ 中对应的方向相同。

因此，故障数据 $\boldsymbol{\Phi}(\boldsymbol{X}_f)$ 中引起 *SPE* 超限的部分可以通过下式计算：

$$\begin{aligned}\boldsymbol{E}_{fir}^{*}&=\boldsymbol{T}_{fir}^{*}\boldsymbol{P}_{fir}^{*\mathrm{T}}\\&=\boldsymbol{E}_f\boldsymbol{K}_f\boldsymbol{E}^{\mathrm{T}}\boldsymbol{A}_{ir}^{*}\boldsymbol{A}_{ir}^{*\mathrm{T}}\boldsymbol{E}\boldsymbol{\Phi}(\boldsymbol{X})\\&=\boldsymbol{B}_f\boldsymbol{\Phi}(\boldsymbol{X})\end{aligned} \tag{3.69}$$

对 $\boldsymbol{E}_{fir}^{*}$ 进行 KPCA 运算，得到其负载向量 $\boldsymbol{P}_e$ 和主元 $\boldsymbol{T}_e$ 为

$$\boldsymbol{P}_e=\boldsymbol{\Phi}(\boldsymbol{X})^{\mathrm{T}}\boldsymbol{B}_f^{\mathrm{T}}\boldsymbol{A}_{ef} \tag{3.70}$$

$$\begin{aligned}\boldsymbol{T}_e&=\boldsymbol{E}_{fir}^{*}\boldsymbol{P}_e\\&=\boldsymbol{B}_f\boldsymbol{\Phi}(\boldsymbol{X})\boldsymbol{\Phi}(\boldsymbol{X})^{\mathrm{T}}\boldsymbol{B}_f^{\mathrm{T}}\boldsymbol{A}_{ef}\\&=\boldsymbol{B}_f\boldsymbol{K}\boldsymbol{B}_f^{\mathrm{T}}\boldsymbol{A}_{ef}\end{aligned} \tag{3.71}$$

其中，$\boldsymbol{A}_{ef}$ 为 $(1/N)\boldsymbol{B}_f\boldsymbol{K}\boldsymbol{B}_f^{\mathrm{T}}$ 的特征值。$\boldsymbol{T}_e\in\mathbf{R}^{N\times N}$，如果主元空间的主元个数为 R_e，则主元空间的主元为 $\hat{\boldsymbol{T}}_e=[\boldsymbol{t}_{e,1},\ \boldsymbol{t}_{e,2},\ \cdots,\ \boldsymbol{t}_{e,R_e}]\in\mathbf{R}^{N\times R_e}$，对应的负载向量为 $\hat{\boldsymbol{P}}_e$。残差空间的主元为 $\tilde{\boldsymbol{T}}_e=[\boldsymbol{t}_{e,R_e+1},\ \boldsymbol{t}_{e,R_e+2},\ \cdots,\ \boldsymbol{t}_{e,N}]\in\mathbf{R}^{N\times(N-R_e)}$，对应的负载向量为 $\tilde{\boldsymbol{P}}_e$。$\hat{\boldsymbol{P}}_e$ 为 $\boldsymbol{P}_e$ 中的前 R_e 个向量，$\tilde{\boldsymbol{P}}_e$ 为 $\boldsymbol{P}_e$ 中的后 $N-R_e$ 个向量。

因此，$\boldsymbol{E}_{fir}^{*}$ 可以写成如下形式：

$$\begin{aligned}\boldsymbol{E}_{fir}^{*}&=\hat{\boldsymbol{T}}_e\hat{\boldsymbol{P}}_e^{\mathrm{T}}+\boldsymbol{E}_e\\&=\hat{\boldsymbol{T}}_e\hat{\boldsymbol{P}}_e^{\mathrm{T}}+\tilde{\boldsymbol{T}}_e\tilde{\boldsymbol{P}}_e^{\mathrm{T}}\end{aligned} \tag{3.72}$$

其中认为 $\hat{\boldsymbol{P}}_e$ 是 $\boldsymbol{E}_{fir}^*$ 的主要故障方向。对 $\boldsymbol{E}_{fir}^*$ 进行重构，则 $\boldsymbol{E}_{fir}^*$ 中的正常部分为

$$
\begin{aligned}
&\boldsymbol{\Phi}(\boldsymbol{X}_f)-\boldsymbol{\Phi}(\boldsymbol{X}_f)\hat{\boldsymbol{P}}_e(\hat{\boldsymbol{P}}_e^{\mathrm{T}}\hat{\boldsymbol{P}}_e)^{-1}\hat{\boldsymbol{P}}_e^{\mathrm{T}}\\
&=\boldsymbol{\Phi}(\boldsymbol{X}_f)(\boldsymbol{I}-\hat{\boldsymbol{P}}_e\hat{\boldsymbol{P}}_e^{\mathrm{T}})\\
&=\boldsymbol{\Phi}(\boldsymbol{X}_f)\widetilde{\boldsymbol{P}}_e\widetilde{\boldsymbol{P}}_e^{\mathrm{T}}\\
&=\boldsymbol{\Phi}(\boldsymbol{X}_f)\boldsymbol{\Phi}(\boldsymbol{X})^{\mathrm{T}}\boldsymbol{B}_f^{\mathrm{T}}\widetilde{\boldsymbol{A}}_{ef}\widetilde{\boldsymbol{A}}_{ef}^{\mathrm{T}}\boldsymbol{B}_f\boldsymbol{\Phi}(\boldsymbol{X})\\
&=\boldsymbol{K}_f\boldsymbol{B}_f^{\mathrm{T}}\widetilde{\boldsymbol{A}}_{ef}\widetilde{\boldsymbol{A}}_{ef}^{\mathrm{T}}\boldsymbol{B}_f\boldsymbol{\Phi}(\boldsymbol{X})\\
&=\boldsymbol{E}_e
\end{aligned}
\tag{3.73}
$$

其中，$\widetilde{\boldsymbol{A}}_{ef}$为 $\boldsymbol{A}_{ef}$中的后 $N-R_e$ 列。因此，$\boldsymbol{E}_e$ 为根据 $\boldsymbol{\Phi}(\boldsymbol{X}_f)$ 的故障方向对其进行重构得到的正常部分。对于一组引起 *SPE* 超限的故障数据 $\boldsymbol{\Phi}(\boldsymbol{X}_f)$，其中包含的 $\boldsymbol{E}_e$ 为相对于 *SPE* 的正常部分，即不会引起 *SPE* 超限的部分。而 $\boldsymbol{\Phi}(\boldsymbol{X}_f)-\boldsymbol{E}_e$ 则为相对于 *SPE* 的故障部分，即会引起 *SPE* 超限的部分。对 $\boldsymbol{\Phi}(\boldsymbol{X}_f)$ 中相对于 *SPE* 统计量的重构过程如图 3.10 所示。

3.5　基于方向核偏最小二乘(DKPLS)的故障重构诊断方法

对于一组故障数据 $\boldsymbol{\Phi}(\boldsymbol{X}_f)$，使用 DKPLS 方法对其进行检测时，监测统计量会超出控制限。使用 DKPLS 重构方法对其进行重构，对重构后恢复得到的正常数据进行检测，其监测统计量将会在控制限以下。而对于其他故障的数据，使用 $\boldsymbol{\Phi}(\boldsymbol{X}_f)$ 的故障方向对其进行重构，重构得到的数据的监测统计量将不会在控制限以下。基于这个原理，可以选取过程经常出现的若干个故障，使用其故障数据建立多个诊断模型。在线监测时，对于新的故障采样数据，可以使用每个故障的故障方向对其进行重构，然后对重构恢复得到的多组数据分别进行检测。当使用第 i 类故障的重构方向恢复出来的数据，其监测统计量在控制限以下时，新的故障采样即对应为第 i 类故障。假如使用所有故障的重构方式重构出来的数据，其监测统计量均不低于其控制限，那么认为新的故障不属于建模故障中的任何一类故障。

选取过程中的正常数据 $\boldsymbol{X}$ 和过程中经常出现的 n 种故障 $\boldsymbol{X}_{f,1}$，$\boldsymbol{X}_{f,2}$，…，$\boldsymbol{X}_{f,n}$，建立重构诊断模型，计算每种故障数据与正常数据的核矩阵 $\boldsymbol{K}_{f,i}=\boldsymbol{\Phi}(\boldsymbol{X}_{f,i})\boldsymbol{\Phi}(\boldsymbol{X})^{\mathrm{T}}(i=1,\ 2,\ \cdots,\ n)$，然后根据第 3.5.2 节中的方法求取每组故障数据的 T^2 正常部分的负载向量 $\widetilde{\boldsymbol{P}}_{p,1}$，$\widetilde{\boldsymbol{P}}_{p,2}$，…，$\widetilde{\boldsymbol{P}}_{p,n}$ 和每组故障数据的 *SPE* 正常部分的负载向量 $\widetilde{\boldsymbol{P}}_{e,1}$，$\widetilde{\boldsymbol{P}}_{e,2}$，…，$\widetilde{\boldsymbol{P}}_{e,n}$：

$$\widetilde{\boldsymbol{P}}_{p,i}=\boldsymbol{\Phi}(\boldsymbol{X})^{\mathrm{T}}\boldsymbol{B}_i^{\mathrm{T}}\widetilde{\boldsymbol{A}}_{f,i}\quad(i=1,\ 2,\ \cdots,\ n)\tag{3.74}$$

$$\widetilde{\boldsymbol{P}}_{e,i}=\boldsymbol{\Phi}(\boldsymbol{X})^{\mathrm{T}}\boldsymbol{B}_{f,i}^{\mathrm{T}}\widetilde{\boldsymbol{A}}_{ef,i}\quad(i=1,\ 2,\ \cdots,\ n)\tag{3.75}$$

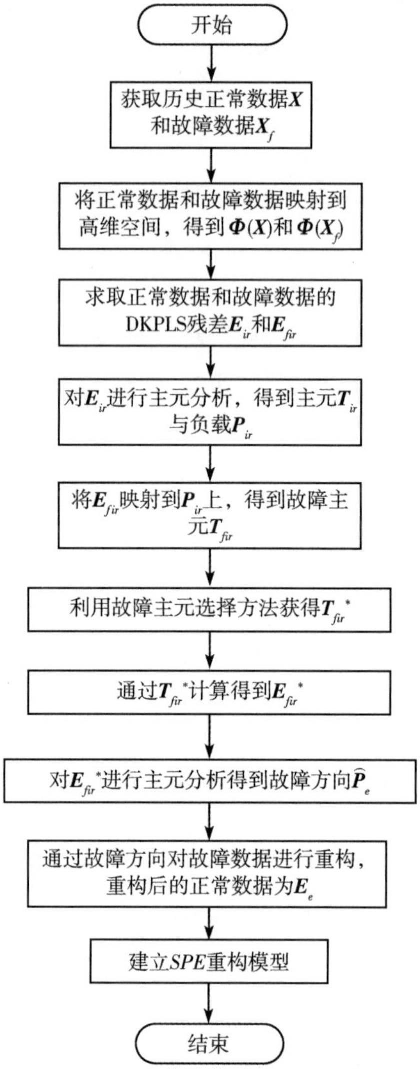

图 3.10 故障数据相对于 *SPE* 统计量的重构过程

Fig. 3.10 Reconstruction process of fault data for *SPE* statistic

其中，$\boldsymbol{B}_i$ 和 $\boldsymbol{B}_{f,i}$ 由 $\boldsymbol{X}_{f,i}$ 求得（$i=1, 2, \cdots, n$）。然后可以求取重构出来的故障数据的 T^2 的正常部分 $\boldsymbol{E}_{p,1}$，$\boldsymbol{E}_{p,2}$，…，$\boldsymbol{E}_{p,n}$ 和 *SPE* 的正常部分 $\boldsymbol{E}_{e,1}$，$\boldsymbol{E}_{e,2}$，…，$\boldsymbol{E}_{e,n}$：

$$\boldsymbol{E}_{p,i}=\boldsymbol{K}_{f,i}\boldsymbol{B}_i^{\mathrm{T}}\widetilde{\boldsymbol{A}}_{f,i}\widetilde{\boldsymbol{A}}_{f,i}^{\mathrm{T}}\boldsymbol{B}_i\boldsymbol{\Phi}(\boldsymbol{X}) \quad (i=1, 2, \cdots, n) \tag{3.76}$$

$$\boldsymbol{E}_{e,i}=\boldsymbol{K}_{f,i}\boldsymbol{B}_{f,i}^{\mathrm{T}}\widetilde{\boldsymbol{A}}_{ef,i}\widetilde{\boldsymbol{A}}_{ef,i}^{\mathrm{T}}\boldsymbol{B}_{f,i}\boldsymbol{\Phi}(\boldsymbol{X}) \quad (i=1, 2, \cdots, n) \tag{3.77}$$

对于一组新的采样数据 $\boldsymbol{x}_{\mathrm{new}}\in\mathbf{R}^{1\times J}$，使用 DKPLS 方法对其进行检测，当其监测统计量超过控制限时，对其进行重构诊断，假设 $\boldsymbol{\Phi}(\boldsymbol{x}_{\mathrm{new}})$ 为新的采样数据

映射到高维空间的数据，按照第 i 个故障的重构方法对其进行重构，计算其相对于 T^2 的正常部分，如下：

$$\begin{aligned} \boldsymbol{E}_{p,\text{new}} &= \boldsymbol{\Phi}(\boldsymbol{x}_{\text{new}})\widetilde{\boldsymbol{P}}_p\widetilde{\boldsymbol{P}}_p^{\mathrm{T}} \\ &= \boldsymbol{\Phi}(\boldsymbol{x}_{\text{new}})\boldsymbol{\Phi}(\boldsymbol{X})^{\mathrm{T}}\boldsymbol{B}^{\mathrm{T}}\widetilde{\boldsymbol{A}}_f\widetilde{\boldsymbol{A}}_f^{\mathrm{T}}\boldsymbol{B}\boldsymbol{\Phi}(\boldsymbol{X}) \\ &= \boldsymbol{K}_{\text{new}}\boldsymbol{B}^{\mathrm{T}}\widetilde{\boldsymbol{A}}_f\widetilde{\boldsymbol{A}}_f^{\mathrm{T}}\boldsymbol{B}\boldsymbol{\Phi}(\boldsymbol{X}) \end{aligned} \tag{3.78}$$

然后按照下式计算主元：

$$\begin{aligned} \boldsymbol{t}_{p,\text{new}} &= \boldsymbol{E}_{p,\text{new}}\boldsymbol{\Phi}(\boldsymbol{X})^{\mathrm{T}}\boldsymbol{U} \\ &= \boldsymbol{K}_{\text{new}}\boldsymbol{B}_i^{\mathrm{T}}\widetilde{\boldsymbol{A}}_{f,i}\widetilde{\boldsymbol{A}}_{f,i}^{\mathrm{T}}\boldsymbol{B}_i\boldsymbol{\Phi}(\boldsymbol{X})\boldsymbol{\Phi}(\boldsymbol{X})^{\mathrm{T}}\boldsymbol{U} \\ &= \boldsymbol{K}_{\text{new}}\boldsymbol{B}_i^{\mathrm{T}}\widetilde{\boldsymbol{A}}_{f,i}\widetilde{\boldsymbol{A}}_{f,i}^{\mathrm{T}}\boldsymbol{B}_i\boldsymbol{K}\boldsymbol{U} \end{aligned} \tag{3.79}$$

$$\begin{aligned} \boldsymbol{t}_{pr,\text{new}} &= \boldsymbol{E}_{p,\text{new}}\boldsymbol{P}_r \\ &= \boldsymbol{K}_{\text{new}}\boldsymbol{B}_i^{\mathrm{T}}\widetilde{\boldsymbol{A}}_{f,i}\widetilde{\boldsymbol{A}}_{f,i}^{\mathrm{T}}\boldsymbol{B}_i\boldsymbol{\Phi}(\boldsymbol{X})\boldsymbol{\Phi}(\boldsymbol{X})^{\mathrm{T}}\boldsymbol{C}^{\mathrm{T}}\boldsymbol{A} \\ &= \boldsymbol{K}_{\text{new}}\boldsymbol{B}_i^{\mathrm{T}}\widetilde{\boldsymbol{A}}_{f,i}\widetilde{\boldsymbol{A}}_{f,i}^{\mathrm{T}}\boldsymbol{B}_i\boldsymbol{K}\boldsymbol{C}^{\mathrm{T}}\boldsymbol{A} \end{aligned} \tag{3.80}$$

其中，$\boldsymbol{K}_{\text{new}}$ 为由新采样数据与建模数据计算得到的核矩阵，可以通过式(3.35)和式(3.36)计算得到。由此可以得到 $\boldsymbol{E}_{p,\text{new}}$ 的 DKPLS 主元 $\boldsymbol{t}_{pd,\text{new}} = [\boldsymbol{t}_{p,\text{new}}, \boldsymbol{t}_{pr,\text{new}}]$。其监测统计量 $T_{p,\text{new}}^2$ 可以通过下式计算得到：

$$T_{p,\text{new}}^2 = \boldsymbol{t}_{pd,\text{new}}\boldsymbol{\Lambda}^{-1}\boldsymbol{t}_{pd,\text{new}}^{\mathrm{T}} \tag{3.81}$$

然后计算新采样数据相对于 SPE 的正常部分，计算如下：

$$\begin{aligned} \boldsymbol{E}_{e,\text{new}} &= \boldsymbol{\Phi}(\boldsymbol{x}_{\text{new}})\widetilde{\boldsymbol{P}}_e\widetilde{\boldsymbol{P}}_e^{\mathrm{T}} \\ &= \boldsymbol{\Phi}(\boldsymbol{x}_{\text{new}})\boldsymbol{\Phi}(\boldsymbol{X})^{\mathrm{T}}\boldsymbol{B}_{f,i}^{\mathrm{T}}\widetilde{\boldsymbol{A}}_{ef,i}\widetilde{\boldsymbol{A}}_{ef,i}^{\mathrm{T}}\boldsymbol{B}_{f,i}\boldsymbol{\Phi}(\boldsymbol{X}) \\ &= \boldsymbol{K}_{\text{new}}\boldsymbol{B}_{f,i}^{\mathrm{T}}\widetilde{\boldsymbol{A}}_{ef,i}\widetilde{\boldsymbol{A}}_{ef,i}^{\mathrm{T}}\boldsymbol{B}_{f,i}\boldsymbol{\Phi}(\boldsymbol{X}) \end{aligned} \tag{3.82}$$

其监测统计量 $SPE_{e,\text{new}}$ 通过下式计算：

$$\begin{aligned} SPE_{e,\text{new}} &= \|\boldsymbol{E}_{e,\text{new}}\|^2 \\ &= \boldsymbol{K}_{\text{new}}\boldsymbol{B}_{f,i}^{\mathrm{T}}\widetilde{\boldsymbol{A}}_{ef,i}\widetilde{\boldsymbol{A}}_{ef,i}^{\mathrm{T}}\boldsymbol{B}_{f,i}\boldsymbol{K}\boldsymbol{B}_{f,i}^{\mathrm{T}}\widetilde{\boldsymbol{A}}_{ef,i}\widetilde{\boldsymbol{A}}_{ef,i}^{\mathrm{T}}\boldsymbol{B}_{f,i}\boldsymbol{K}_{\text{new}}^{\mathrm{T}} \end{aligned} \tag{3.83}$$

如果计算得到的新采样数据的监测统计量 $T_{p,\text{new}}^2$ 和 $SPE_{e,\text{new}}$ 的值都在其对应的控制限之下，则表明使用第 i 个故障数据的故障方向对新采样数据进行重构后恢复得到的数据正常，超限现象得到了消除，则可以表明新采样数据中所包含的故障即为第 i 个故障。如果对于所有的故障模型，新采样数据的监测统计量 $T_{p,\text{new}}^2$ 和 $SPE_{e,\text{new}}$ 的值有一个或者都在控制限之上，则表明新采样数据中包含的故障不存在于用于建模的这 n 个故障之中。

建模和在线监测诊断的详细步骤如下：

① 获取正常的输入数据 $\boldsymbol{X}$ 和输出数据 $\boldsymbol{Y}$，对其进行 DKPLS 运算，计算监测统计量 T_d^2 和 SPE_d，然后计算统计量的控制限；

② 获取过程中经常出现的 n 种故障 $\boldsymbol{X}_{f,1}$，$\boldsymbol{X}_{f,2}$，…，$\boldsymbol{X}_{f,n}$，根据式(3.75)~

式(3.77)计算其重构部分 $\boldsymbol{E}_{p,1}$，$\boldsymbol{E}_{p,2}$，…，$\boldsymbol{E}_{p,n}$，$\boldsymbol{E}_{e,1}$，$\boldsymbol{E}_{e,2}$，…，$\boldsymbol{E}_{e,n}$及其转换负载向量 $\widetilde{\boldsymbol{P}}_{p,1}$，$\widetilde{\boldsymbol{P}}_{p,2}$，…，$\widetilde{\boldsymbol{P}}_{p,n}$，$\widetilde{\boldsymbol{P}}_{e,1}$，$\widetilde{\boldsymbol{P}}_{e,2}$，…，$\widetilde{\boldsymbol{P}}_{e,n}$；

③ 获取一组新的采样数据 $x_{\text{new}} \in \mathbf{R}^{1\times J}$并使用建模数据的均值和标准差对其进行预处理；

④ 根据式(3.41)和式(3.42)，使用 DKPLS 方法计算新采样数据的监测统计量，当某个统计量的数值超过其对应的控制限时，这意味着新的采样数据包含着一个故障；

⑤ 根据式(3.78)计算新采样数据相对于 T^2统计量的正常部分，并根据式(3.79)和式(3.80)计算正常部分的主元；

⑥ 根据式(3.81)计算新采样数据相对于 T^2 的正常部分的 $T_{p,\text{new}}^2$监测统计量；

⑦ 根据式(3.82)计算新采样数据相对于 SPE 统计量的正常部分；

⑧ 根据式(3.83)计算新采样数据相对于 SPE 统计量的正常部分的 $SPE_{e,\text{new}}$监测统计量；

⑨ 如果 $T_{p,\text{new}}^2$ 和 $SPE_{e,\text{new}}$监测统计量均位于其对应的控制限以下，说明新的采样数据 $\boldsymbol{x}_{\text{new}} \in \mathbf{R}^{1\times J}$中包含的故障为第 i 个故障；如果 $T_{p,\text{new}}^2$和 $SPE_{e,\text{new}}$监测统计量有一个或者两个都超越了其对应的控制限，说明新的采样数据 $\boldsymbol{x}_{\text{new}} \in \mathbf{R}^{1\times J}$中包含的故障不是第 i 个故障，需更换故障模型对其进行诊断。

基于 DKPLS 的重构故障诊断方法的步骤如图 3.11 所示。

3.6 仿真实验

3.6.1 故障主元方向的选择

利用前面提到的电熔镁炉生产过程进行故障诊断，使用 300 个正常采样数据和包含故障 A 的 300 个采样数据建立故障模型 A，然后使用包含故障 A 的 300 个数据和包含故障 B 的 300 个数据作为测试数据。故障 A 和故障 B 已经在前面描述过。

通过本章提出的重构方法对故障 A 的数据进行重构，提取故障方向，恢复出相对于监测统计量的正常数据。故障 A 的数据向正常数据负载投影得到主元子空间的主元 $\boldsymbol{T}_f$ 和 $\boldsymbol{T}_{fr}$中，各主元方向的故障幅度如图 3.12 和图 3.13 所示。图 3.12 中，$\boldsymbol{T}_f$ 的第三主元方向的故障幅度远远大于其他方向，因此选择 $\boldsymbol{T}_f$ 的第三主元方向作为其故障主元方向。图 3.13 中，$\boldsymbol{T}_{fr}$的第三主元方向的故障幅度比其他主元方向的故障幅度大很多，因此选择 $\boldsymbol{T}_{fr}$的第三主元方向作为其故障主元方向。故障 A 的数据向正常数据残差子空间负载投影得到残差空

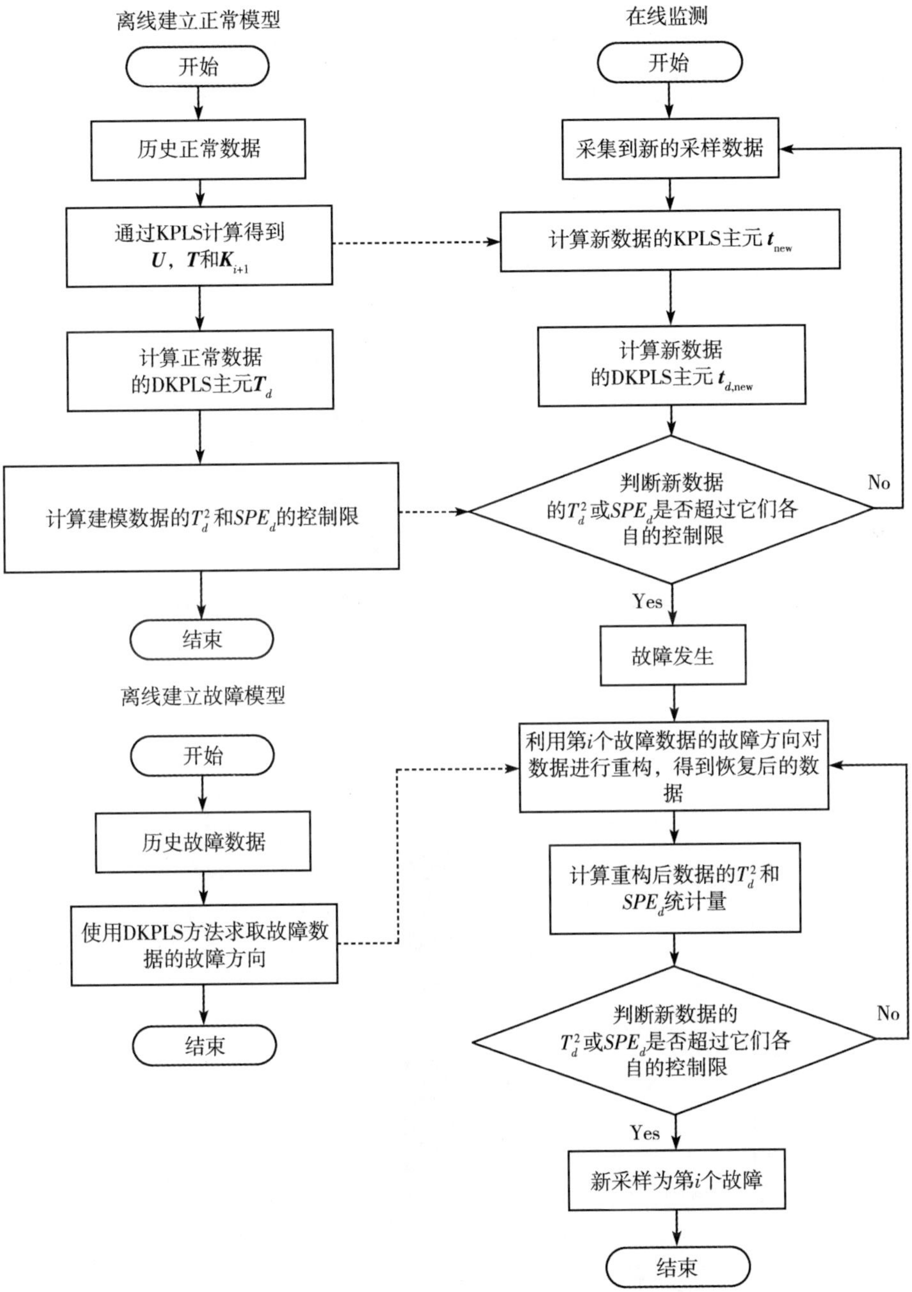

图 3.11　基于 DKPLS 的重构故障诊断方法的步骤

Fig. 3.11　Procedure of fault diagnosis method based on DKPLS reconstruction

间的主元 T_{fir} 中，各主元方向的故障幅度如图 3.14 所示。图 3.14 中，T_{fir} 的第三主元方向的故障幅度最大，第四主元方向的故障幅度次之，两个主元方向的故障幅度都要远远大于其他主元方向的故障幅度，因此选取 T_{fir} 的第三和第四主元方向作为其故障主元方向。T_f，T_{fr} 和 T_{fir} 中各主元方向的故障幅值如表 3.2 所示。

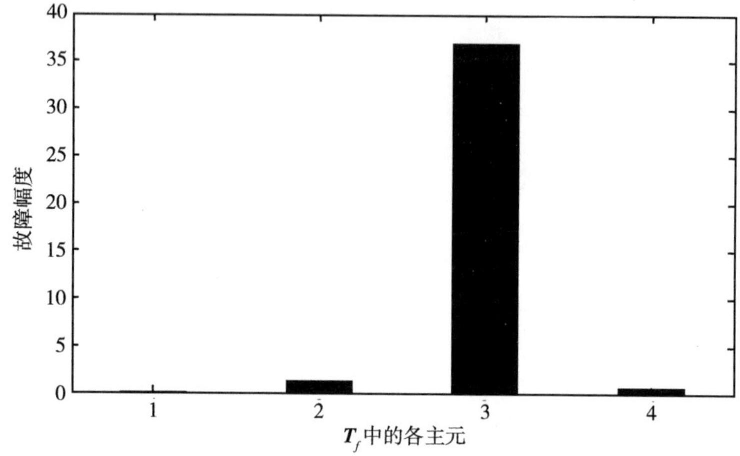

图 3.12　主元 T_f 中各主元方向上的故障幅度

Fig. 3.12　Fault magnitude of every principal direction in T_f

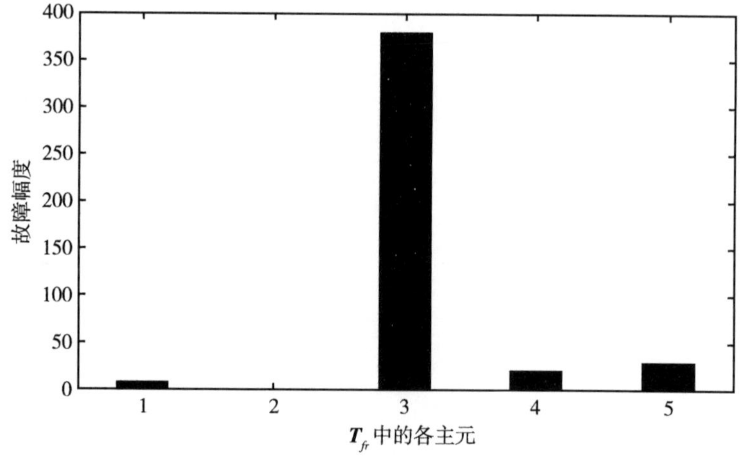

图 3.13　主元 T_{fr} 中各主元方向上的故障幅度

Fig. 3.13　Fault magnitude of every principal direction in T_{fr}

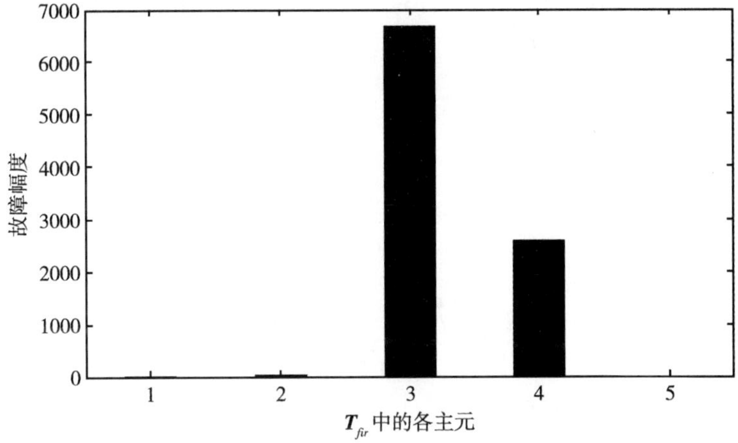

图 3.14 主元 T_{fir} 中各主元方向上的故障幅度

Fig. 3.14 Fault magnitude of every principal direction in T_{fir}

表 3.2 各主元方向的故障幅值

Table 3.2 Fault magnitude of every principal direction

主元方向/主元	T_f	T_{fr}	T_{fir}
1	0.146	8.574	27.314
2	1.372	0.013	49.658
3	36.883	379.838	6654.707
4	0.717	21.344	2597.549
5		30.655	0.008

3.6.2 故障的重构诊断

利用本章提出的重构方法对包含故障 A 的数据进行重构，首先使用 DKPLS 监测方法对数据进行检测，其监测统计量如图 3.15 所示。图 3.15(a)中，T_d^2 统计量从大约第 50 个采样开始超限，到第 150 个采样时恢复正常，显示的故障与故障描述相符。图 3.15(b)中，SPE_d 统计量也在相同的时间超限以及恢复正常，表明过程中出现了故障。

图 3.16(a)中，是对相对于 T_d^2 统计量重构之后的数据的监测得到的 T_d^2 统计量，从图中可以看到，重构之后 T_d^2 统计量消除了超限现象，全部处于控制限以下。图 3.16(b)中，是对相对于 SPE_d 统计量重构之后的数据的监测得到的 SPE_d 统计量，与 T_d^2 统计量类似，其超限现象也被消除，位于控制限以下。从图 3.15 中判断过程发生了故障，然后利用故障 A 的模型对故障进行重构，

从图 3.16 中可以看出重构后的统计量全部位于其控制限以下，这样便可以将监测得到的故障诊断为故障 A。

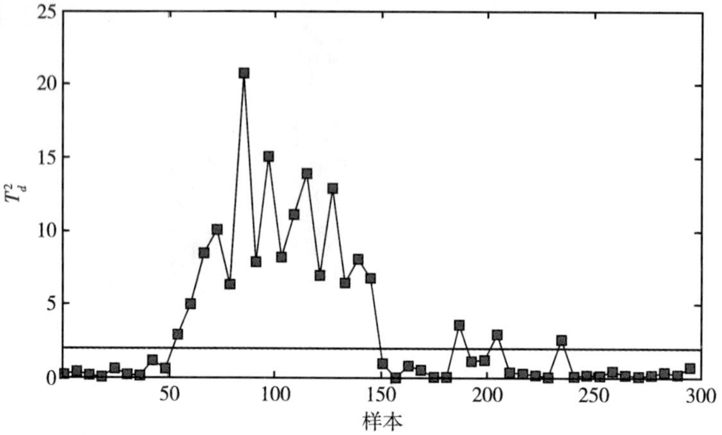

（a）检测故障 A 的 DKPLS T_d^2 统计量

（a）DKPLS T_d^2 statistic of fault A

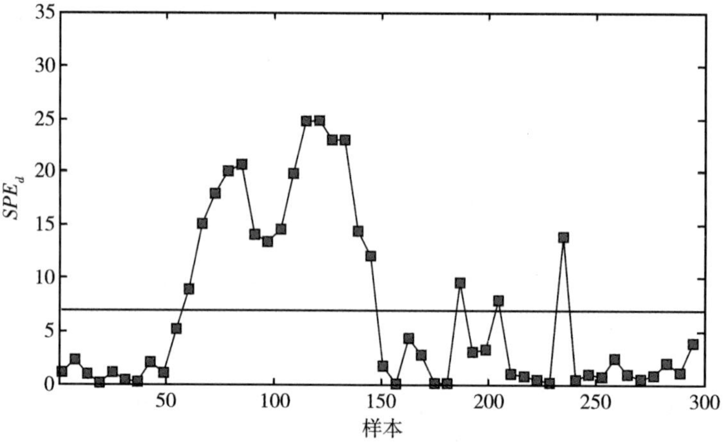

（b）检测故障 A 的 DKPLS SPE_d 统计量

（b）DKPLS SPE_d statistic of fault A

图 3.15　应用 DKPLS 检测故障 A 的检测结果

Fig. 3.15　Monitoring results of fault A with DKPLS

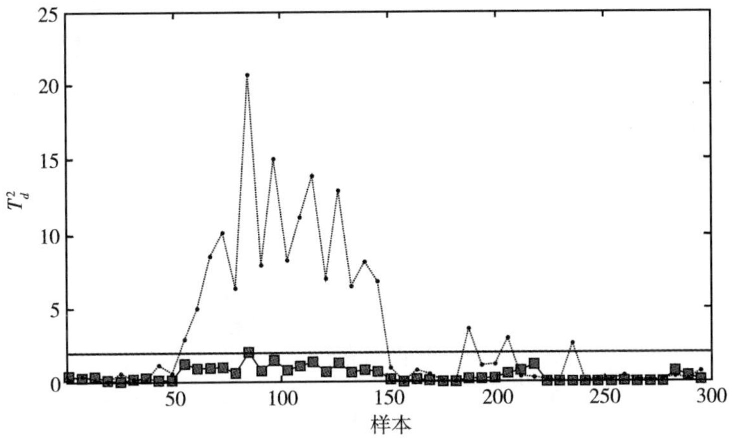

（a）重构后故障 A 的 DKPLS T_d^2 统计量

（a） DKPLS T_d^2 statistic of fault A after reconstruction

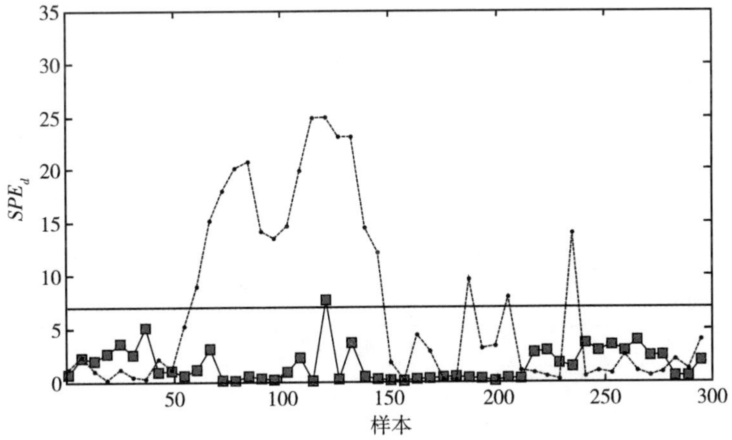

（b）重构后故障 A 的 DKPLS SPE_d 统计量

（b） DKPLS SPE_d statistic of fault A after reconstruction

图 3.16　应用 DKPLS 检测重构后的故障 A 的检测结果

Fig. 3.16　Monitoring results of fault A after reconstruction with DKPLS

利用本章提出的重构方法对包含故障 B 的数据进行重构，使用 DKPLS 监测方法对数据进行检测，其监测统计量如图 3.17 所示。图 3.17(a)中，T_d^2 统计量从大约第 200 个采样开始超限，图 3.17(b)中，SPE_d 统计量也在相同的时间超限，两个监测统计量显示的故障与故障描述相符，表明过程中出现了故障。

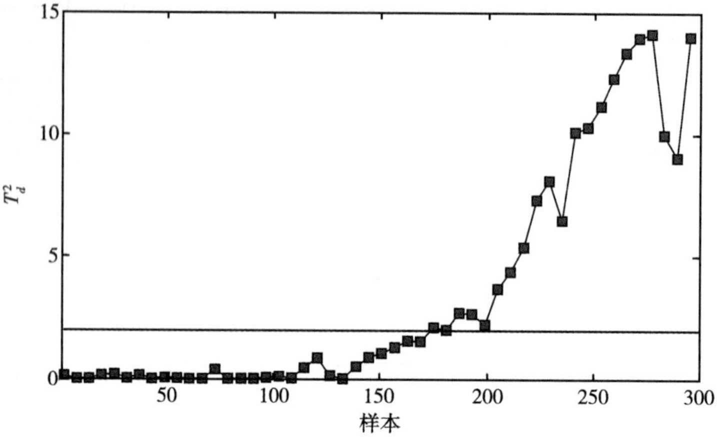

（a）检测故障 B 的 DKPLS T_d^2统计量

（a）DKPLS T_d^2 statistic of fault B

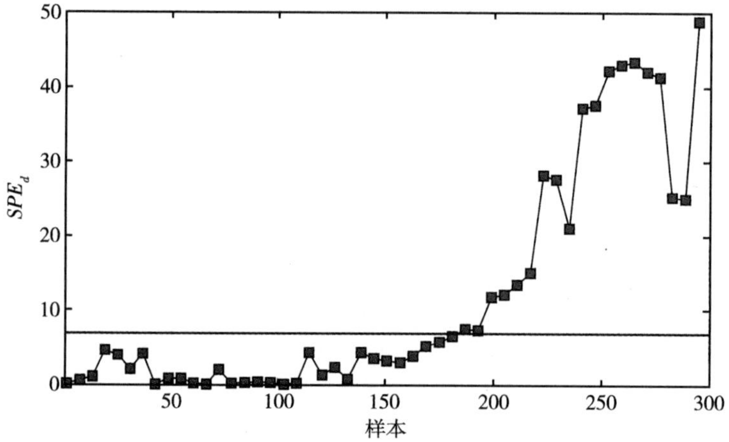

（b）检测故障 B 的 DKPLS SPE_d统计量

（b）DKPLS SPE_d statistic of fault B

图 3.17　应用 DKPLS 检测故障 B 的检测结果

Fig. 3.17　Monitoring results of fault B with DKPLS

图 3.18(a)中，是对相对于 T_d^2 统计量重构之后的数据的监测得到的 T_d^2 统计量，从图中可以看到，重构之后 T_d^2 统计量与重构之前的 T_d^2 统计量的图形基本一致，超限现象并未消除；图 3.18(b)中，是对相对于 SPE_d 统计量重构之后的数据的监测得到的 SPE_d 统计量，与重构之前的 SPE_d 统计量相似，其超限现象也没有消除。因此，从图 3.17 中判断过程发生了故障，然后利用故障 A 的模型对故障进行重构，从图 3.18 中可以看出重构后的统计量超限现象并

未消除，表明监测得到的故障并非为故障 A。

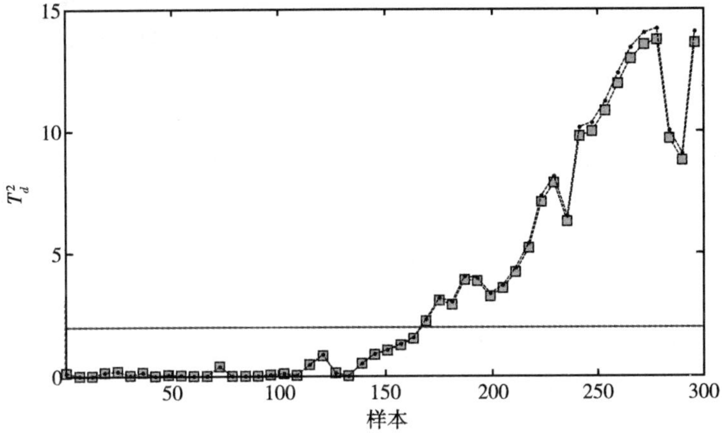

（a）重构后故障 B 的 DKPLS T_d^2 统计量

（a）DKPLS T_d^2 statistic of fault B after reconstruction

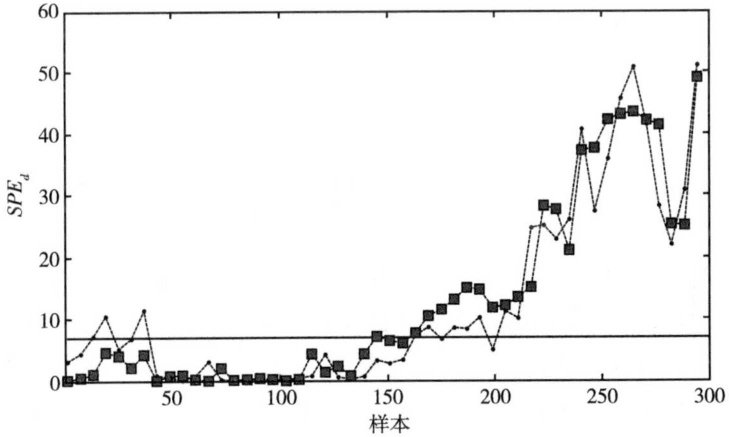

（b）重构后故障 B 的 DKPLS SPE_d 统计量

（b）DKPLS SPE_d statistic of fault B after reconstruction

图 3.18　应用 DKPLS 检测重构后的故障 B 的检测结果

Fig. 3.18　Monitoring results of fault B after reconstruction with DKPLS

3.7　本章小结

本章针对传统的 PLS 方法中的残差空间中存在与质量相关的变异以及残差中变异量很大这两个问题，提出了 DPLS 方法，然后将核函数方法引进了

DPLS 方法，推导得到了 DKPLS 方法，提高了对于非线性数据故障的检测能力。在对电熔镁炉工作过程进行的故障检测中，相比于传统的 KPLS 故障检测方法，本章提出的 DKPLS 过程监测方法能够检测到影响与输出变量相关的变异的故障，即能够影响输出变量的故障，说明本章提出的 DKPLS 过程监测方法更适用于监测关注产品质量的过程。

另外，本章提出了基于 DKPLS 的重构故障诊断方法，解决了非线性系统的在线故障诊断问题。提出的基于 DKPLS 的故障重构方法能够提取出故障数据中导致 T^2和 SPE 统计量超限的故障信息，能有效地使故障数据恢复为正常数据。然后利用已有的 DKPLS 监测方向对测试数据进行了在线诊断。详细分析了故障数据中的故障主元方向，然后在其基础上求取故障数据的故障方向，最后通过求取的故障方向分别对故障数据的 T^2和 SPE 进行了重构。同时，利用电熔镁过程进行了仿真验证，证明了本章所提方法的有效性。

本章参考文献

[1] 陈玉东,施颂椒,翁正新. 动态系统的故障诊断方法综述[J]. 化工自动化及仪表,2001,28(3):1-14.

[2] 王海青. 工业过程监测:基于小波和统计学的方法[D]. 杭州:浙江大学,2000.

[3] 陈如清,钱苏翔. 基于数据驱动的复杂工况过程监测方法研究进展[J]. 嘉兴学院学报,2013,25(6):1-6.

[4] ISERMANN R, BALLE P. Trends in the application of model based fault detection and diagnosis of technical processes[C]//Proceedings of 13th IFAC World Congress. San Francisco,1996:1-12.

[5] FRANK P M. Fault diagnosis in dynamic systems using analytical and knowledge-based redundancy:a survey and some new results[J]. Automatica,1990,26(3):459-474.

[6] 邱浩,王道波,张焕春. 控制系统的故障诊断方法综述[J]. 航天控制,2004,22(2):53-60.

[7] 李尔国,俞金寿. PCA 在过程故障检测与诊断中的应用[J]. 华东理工大学学报(自然科学版),2001,27(5):572-576.

[8] 胡封,孙国基. 过程监控与容错处理的现状及展望[J]. 测控技术,1999,18(12):1-5.

[9] 周东华,孙优贤. 控制系统的故障检测与诊断技术[M]. 北京:清华大学出版社,1994:23-40.

[10] RODRIGUES M,THEILLIOL D,MEDINA M A,et al. A fault detection and isolation scheme for industrial systems based on multiple operating models [J]. Control Engineering Practice,2008,16(2):225-239.
[11] PATTON R,FRANK P M,CLARK R. Fault diagnosis in dynamic systems [M]. Englewood Cliffs:Prentice-Hall,1989:166-189.
[12] 葛建华,孙优贤. 容错控制系统的分析与综合[M]. 杭州:浙江大学出版社,1994:15-30.
[13] 陈耀,王文海,孙优贤. 基于动态主元分析的统计过程监视[J]. 化工学报,2000,51(5):666-670.
[14] PIATYSZEK E,VOIGNIER P,GRAILLOT D. Fault detection on a sewer network by a combination of a Kalman filter and a binary sequential probability ratio test[J]. Journal of Hydrology,2000,230(3/4):258-268.
[15] 邵继业. 基于模型的故障诊断方法研究及在航天中的应用[D]. 哈尔滨:哈尔滨工业大学,2009.
[16] 王荣杰,胡清. 基于知识的故障诊断方法的发展现状与展望[J]. 微计算机信息,2006,22(7):218-220.
[17] 朱大齐,于盛林. 基于知识的故障诊断方法综述[J]. 安徽工业大学学报,2002,19(3):197-204.
[18] 刘世成. 面向间歇发酵过程的多元统计监测方法的研究[D]. 杭州:浙江大学,2008.
[19] 谢磊. 间歇过程统计性能监控研究[D]. 杭州:浙江大学,2005.
[20] 王海清,宋执环,王慧,等. 小波阈值密度估计器的设计与应用[J]. 仪器仪表学报,2002,23(1):12-15.
[21] KANO M,NAGAO K,HASEBE H,et al. Comparison of multivariate statistical proeess monitoring methods with application stothe Eastman challenge problem[J]. Computers & Chemical Engineering,2002,26(2):161-174.
[22] LEE J M,YOO C K,LEE B. Statistical process monitoring with independent component analysis[J]. Journal of process control,2004,14(5):467-85.
[23] LEE J M,YOO C K,LEE B. Statistical monitoring of dynamic processes based on dynamic independent component analysis [J]. Chemical Engineering Science,2004,59(14):2995-3006.
[24] QI Y S,WANG P,GAO X J. Fault detection and diagnosis of multiphase batch process based on kernel principal component analysis-principal component analysis[J]. Control Theory and Application,2012,29(6):754-764.
[25] 张杰,阳宪惠. 多变量统计过程控制[M]. 北京:化学工业出版社,2000:

23-40.

[26] 郭明. 基于数据驱动的流程工业性能监控与故障诊断研究[D]. 杭州: 浙江大学,2004.

[27] 刘强,柴天佑,秦泗钊,等. 基于数据和知识的工业过程监视及故障诊断综述[J]. 控制与决策,2010,25(6):801-807.

[28] KOURTI T,MACGREGOR J F. Multivariative SPC methods for process and product monitoring[J]. Journal of Quality Technology,1996,28(4):409-428.

[29] LI W H, YUE H, CERVANTES S V, et al. Recursive PCA for adaptive process monitoring[J]. Journal of Process Control,2000,10(5):471-486.

[30] CHOI S W, LEE C, LEE J M, et al. Fault detection and identification of nonlinear processes based on kernel PCA[J]. Chemometrics and Intelligent Laboratory Systems,2005,75(1):55-67.

[31] ZHANG Y W, ZHANG L J, ZHANG H L. Fault Detection for Industrial Processes[J]. Mathematical Problems in Engineering,2012(8/9):60-66.

[32] CHENG G, MCAVOY T. Multi-block predictive monitoring of continuous processes [C]//IFAC Symposium on Advanced Control of Chemical Processes. Banff,1997:73-77.

[33] BAKSHI B R. Multiscale PCA with application to multivariate statistical process monitoring[J]. AIChE Journal,1998,44(7):1596-1610.

[34] ZHANG Y W,MA C. Fault diagnosis of nonlinear processes using multiscale KPCA and multiscale KPLS[J]. Chemical Engineering Science,2011,66(1):64-72.

[35] Zhang Y W,Zhou H,Qin S J,et al. Decentralized fault diagnosis of large-scale processes using multiblock kernel partial least squares [J]. IEEE Transactions on Industrial Informatics,2010,1(6):3-12.

[36] ZHAO S J, ZHANG J, XU Y M. Monitoring of processes with multiple operating modes through multiple principal component analysis models[J]. Industrial Engineering Chemistry Research,2004,43(22):7025-7035.

[37] ZHANG Y W,WANG C,LU R Q. Modeling and monitoring of multimode process based on subspace separation[J]. Chemical Engineering Research & Design,2013,91(5):831-842.

[38] ZHANG Y W, LI S. Modeling and monitoring between-mode transition of multimodes processes [J]. IEEE Transactions on Industrial Informatics, 2013,9(4):2248-2255.

[39] ZHANG Y W, LI S, HU Z Y. Improved multi-scale kernel principal component analysis and its application for fault detection [J]. Chemical Engineering Research & Design, 2012, 90(9): 1271-1280.

[40] YOO C K, LEE J M, VANROLLEGHEM P A, et al. On-line monitoring of batch processes using multiway independent component analysis [J]. Chemometrics and Intelligent Laboratory Systems, 2004, 71(2): 151-163.

[41] CHIANG L H, LEARDI R, PELL R J, et al. Industrial experiences with multivariate statistical analysis of batch process data[J]. Chemometrics and Intelligent Laboratory Systems, 2006, 81(2): 109-119.

[42] ZHANG Y W, LI S, TENG Y D. Dynamic processes monitoring using recursive kernel principal component analysis[J]. Process Control, 2004, 14(4): 879-888.

[43] JACKSON J E, MUDHOLKAR G S. Control procedures for residuals associated with principal component analysis[J]. Technometrics, 1979, 21(3): 341-349.

[44] QIN S J. Statistical process monitoring: Basics and beyond[J]. Journal of Chemometrics, 2003, 17(8/9): 480-502.

[45] 周东华, 李钢, 李元. 数据驱动的工业过程故障诊断技术: 基于主元分析和偏最小二乘的方法[M]. 北京: 科学出版社, 2011: 25-27.

[46] 王惠文. 偏最小二乘回归方法及其应用[M]. 北京: 国防工业出版社, 1999.

[47] 李洪强. 基于核偏最小二乘的故障诊断方法研究[D]. 沈阳: 东北大学, 2009.

[48] WISE B M, GALLAGHER N B. The process chemometrics approach to process monitoring and fault detection[J]. Journal of Process Control, 1996, 6(6): 329-348.

[49] WOLD S. Cross-validatory estimation of the number of components in factor and principal components models[J]. Technometrics, 1978, 20(4): 397-405.

[50] GELADI P, KOWALSKI B R. Partial least-squares regression: a tutorial[J]. Analytica Chimica Acta, 1986, 185(86): 1-17.

[51] HELLAND K, BERNTSEN H E, BORGEN O S, et al. Recursive algorithm for partial least squares regression[J]. Chemometrics and Intelligent Laboratory Systems, 1992, 14(1): 129-137.

[52] WOLD S. Nonlinear partial least squares modelling: Ⅱ: spline inner relation [J]. Chemometrics and Intelligent Laboratory Systems, 1992, 14(1): 71-84.

[53] FRANK I E. A nonlinear PLS model[J]. Chemometrics and Intelligent Laboratory Systems,1990,8(2):109-119.

[54] QIN S J,MCAVOY T J. Nonlinear PLS modeling using neural networks[J]. Computers & Chemical Engineering,1992,16(4):379-391.

[55] MALTHOUSE E C,TAMHANE A C,MAH R S H. Nonlinear partial least squares[J]. Computers & chemical engineering,1997,21(8):875-890.

[56] SHAWE-TAYLOR J,CRISTIANINI N. Kernel methods for pattern analysis [M]. Cambridge:Cambridge University Press,2004.

[57] ZHOU D H,LI G,QIN S J. Total projection to latent structures for process monitoring[J]. AIChE Journal,2009,56(1):168-178.

[58] LI G,QIN S J,ZHOU D H. Output relevant fault reconstruction and fault subspace extraction in total projection to latent structures models [J]. Industrial Engineering Chemistry Research,2010,49(19):9175-9183.

[59] LI G, LIU B, QIN S J, et al. Quality relevant data-driven modeling and monitoring of multivariate dynamic processes: the dynamic T-PLS approach [J]. IEEE Transactions on Neural Networks,2011,22(12):2262-2271.

[60] LI G, ALCALA C F, QIN, S J, et al. Generalized reconstruction-based contributions for output-relevant fault diagnosis with application to the Tennessee Eastman process [J]. IEEE Transactions on Control Systems Technology,2011,19(5):1114-1127.

[61] LI G,QIN S J,ZHOU D H. Geometric properties of partial least squares for process monitoring[J]. Automatica,2010,46(1):204-210.

[62] CHO J H, LEE J M, CHOI S W, et al. Fault identification for process monitoring using kernel principal component analysis [J]. Chemical Engineering Science,2005,60(1):279-288.

[63] MIKA S,SCHÖLKOPF B,SMOLA A J,et al. Kernel PCA and de-noising in feature spaces[J]. Advances in Neural Information Processing Systems,1999(11):536-542.

[64] ZHANG Y W,HU Z Y. Multivariate process monitoring and analysis based on multi-scale KPLS[J]. Chemical Engineering Research and Design,2011,89(12):2667-2678.

[65] 张颖伟. 基于数据的复杂工业过程监测[M]. 沈阳:东北大学出版社,2011:62-64.

[66] QIN S J,ZHENG Y Y. Quality-relevant and process-relevant fault monitoring with concurrent projection to latent structures[J]. AIChE Journal,2013,59

(2):496-504.

[67] ALCALA C F, QIN S J. Reconstruction-Based contribution for process monitoring with kernel principal component analysis [J]. Industrial & Engineering Chemistry Research,2010,49(17):7849-7857.

[68] ALCALA C F, QIN S J. Reconstruction-based contribution for process monitoring[J]. Automatica,2009,45(7):1593-1600.

[69] DUNIA R,QIN S J. A unified geometric approach to process and sensor fault identification and reconstruction: the unidimensional fault case [J]. Computers & Chemical Engineering,1997,22(7/8):927-943.

第4章 基于故障特征方向的KICA故障分离方法

Zhang Changshui 教授提出了基于 LLE 的子空间故障诊断方法。在故障检测技术领域，以主元分析(PCA)、偏最小二乘(PLS)、独立元分析(ICA)等方法为代表的多变量统计监控方法(MSPC)，以其无须严格的结构模型、适用于处理高维数据集、对过程噪声和数据缺失具有一定的鲁棒性，而受到广泛应用。但是，现有的方法在故障辨识和故障分离上尚存不足。

在线性 PCA 和 PLS 故障检测方法中，有人提出故障分离方法采用贡献图方法。贡献图能够反映出各个观测变量对监测统计量 T^2 和 SPE 超限报警的贡献。Kourti 和 MacGregor 将贡献图方法应用于过程变量和质量变量，来检测一个高压低密度反应釜的故障。他们得出的结论是贡献图方法并不能有效地反映出与故障相关的变量所在。Qin 等人提出了基于重构方法的故障辨识方法，在此方法中，将超限统计量重构回正常数据的变量定义为对故障发生主要影响的变量，并且认为此变量对故障的产生起主要作用。通过检测可重构故障的变量，对故障进行分离和诊断。

独立元分析方法中，应用于故障检测的方法已经有很多，但故障分离方面的研究还有所欠缺。由于独立元求解中数据经过结构变换，已经失去了其原有的因果关系，导致多变量统计惯用的贡献图方法对多故障工况的分离效果不佳。基于可重构故障变量的故障分离方法在高斯过程中的应用效果较明显，但在非高斯过程监测中，由于本身 PCA 方法对非高斯过程的监测效果较差，所以效果并不明显。另一方面，ICA 方法在建模过程中对数据结构进一步变换，导致传统的基于可重构故障变量的故障分离方法受到了限制。

故障分离的本质是寻找各类故障的特征，在对新故障数据的分析中能够依据这些故障特征对新故障进行分类。以往的 PCA 和 PLS 方法由于对数据结构仅仅从二阶统计量上去除了相关性，因此在检测到故障时，故障数据在各个主元上都会有所体现，不过也因为其数据结构变换简单，所以在对数据变量的故障进行相关分析时，能寻找到一定的相关性。独立元分析方法，作为盲源分析方法的一种，其提取的独立元能更多地反映过程信息，且相互之间独立，因此在发生故障时，故障数据将影响个别的独立元数据，从独立元数据中，可以间接地寻找到故障的特征，进而对新故障的类型进行归类。

本章的目的是在 KICA 的基础上，提取出已知故障类型的故障相关独立元空间方向，并建立故障特征方向数据库。通过在已知故障特征方向上重构新故障数据，进而确定新故障的类型，实现故障分离。与传统方法相比，此方法能更有效地从非高斯过程数据中提取出与故障相关的特性。

4.1 经典重构中的故障方向

本节对 Qin 等人提出的故障重构算法进行简要的说明，对其中的故障特征方向进行介绍。

故障重构的目标就是去除故障对监测统计量 T^2 和 SPE 的影响，估计出故障数据中的正常数据。如果故障方向 $\mathfrak{J}$（或称为故障系统子空间）已知，那么故障数据 $\boldsymbol{x} \in \mathbf{R}^{1\times M}$ 中的正常部分 $\boldsymbol{x}^* \in \mathbf{R}^{1\times M}$，就可以通过将故障数据 $\boldsymbol{x}$ 沿故障方向重构得到正常部分 $\boldsymbol{x}^*$：

$$\boldsymbol{x}^* = \boldsymbol{x} - f\,\mathfrak{J} \tag{4.1}$$

其中，$\mathfrak{J}$ 是一个正交矩阵，维数为 $l^f \times M$，此正交矩阵张成了故障系统子空间。l^f 代表故障方向的维数。f 代表在此故障方向上重构的幅度，也就是故障的幅度。

以 PCA 应用故障重构方法为例。假设 PCA 模型中，$\boldsymbol{P} \in \mathbf{R}^{M\times d}$ 是主元负载矩阵，d 是主元个数。通过得到正常部分 $\boldsymbol{x}^*$ 的最佳估计，求得故障幅度 f 的方法如下。

以主元空间监测统计量 T^2 最小为标准，求主元空间中的故障重构幅度：

$$\hat{f} = \arg\min \| (\boldsymbol{x} - \hat{f}\,\mathfrak{J})\boldsymbol{P}\boldsymbol{\Lambda}^{-1/2} \|^2 = \arg\min \| (\boldsymbol{x} - \hat{f}\,\mathfrak{J})\boldsymbol{P} \|^2 \tag{4.2}$$

令 $Y(\hat{f}) = \| (\boldsymbol{x} - \hat{f}\,\mathfrak{J})\boldsymbol{P} \|^2 = (\boldsymbol{x} - \hat{f}\,\mathfrak{J})\boldsymbol{P}\boldsymbol{P}^{\mathrm{T}}(\boldsymbol{x} - \hat{f}\,\mathfrak{J})^{\mathrm{T}}$，根据 $\dfrac{\mathrm{d}[Y(\hat{f})]}{\mathrm{d}\hat{f}} = 0$ 可得

$$\hat{f} = \boldsymbol{x}\boldsymbol{P}\boldsymbol{P}^{\mathrm{T}}\mathfrak{J}^{\mathrm{T}}(\mathfrak{J}\boldsymbol{P}\boldsymbol{P}^{\mathrm{T}}\mathfrak{J}^{\mathrm{T}})^{-1} = \boldsymbol{x}\,\hat{\mathfrak{J}}^{\mathrm{T}}(\hat{\mathfrak{J}}\hat{\mathfrak{J}}^{\mathrm{T}})^{-1} \tag{4.3}$$

其中，$\hat{\mathfrak{J}} = \mathfrak{J}\boldsymbol{P}\boldsymbol{P}^{\mathrm{T}}$ 是故障方向在主元空间中的投影。

以残差空间监测统计量 SPE 最小为标准，求残差空间中的故障重构幅度：

$$\tilde{f} = \arg\min \| (\boldsymbol{x} - \tilde{f}\,\mathfrak{J})(\boldsymbol{I} - \boldsymbol{P}\boldsymbol{P}^{\mathrm{T}}) \| \tag{4.4}$$

令 $Y(\tilde{f}) = \| (\boldsymbol{x} - \tilde{f}\,\mathfrak{J})(\boldsymbol{I} - \boldsymbol{P}\boldsymbol{P}^{\mathrm{T}}) \|^2 = [\boldsymbol{x}(\boldsymbol{I} - \boldsymbol{P}\boldsymbol{P}^{\mathrm{T}}) - \tilde{f}\,\tilde{\mathfrak{J}}][\boldsymbol{x}(\boldsymbol{I} - \boldsymbol{P}\boldsymbol{P}^{\mathrm{T}}) - \tilde{f}\,\tilde{\mathfrak{J}}]^{\mathrm{T}}$，根据 $\dfrac{\mathrm{d}[Y(\tilde{f})]}{\mathrm{d}\tilde{f}}$ 可得

$$\tilde{f} = \boldsymbol{x}\,\tilde{\mathfrak{J}}^{\mathrm{T}}(\tilde{\mathfrak{J}}\tilde{\mathfrak{J}}^{\mathrm{T}})^{-1} \tag{4.5}$$

其中，$\tilde{\mathfrak{J}} = \mathfrak{J}(\boldsymbol{I} - \boldsymbol{P}\boldsymbol{P}^{\mathrm{T}})$ 是故障方向在残差空间中的投影。

重构过程便是对故障数据和故障方向之间的分类过程。如果新故障数据和给定故障类型的故障方向匹配，则经过故障重构后监测统计量 T^2 和 SPE 将回到控制限以下。因此，故障方向代表了故障类型，要做到故障分离，就需要满足故障类型和故障特征方向的一一对应。

在传统的重构算法中，得到故障方向 $\mathfrak{I}$ 大致有两种方法。

一种是给定传感器故障，在此种方法中，故障方向为单一传感器故障或多个传感器故障，故障方向 $\mathfrak{I}$ 表现为：相应传感器变量为 1、其他变量为 0 的正交矩阵。例如传感器数量为 5 个，采样数据为 5 维数据，故障发生在第三个传感器上，则故障方向 $\mathfrak{I}$ 为

$$\mathfrak{I}=[0,\ 0,\ 1,\ 0,\ 0]$$

这种故障方向的给定对传感器数量较少且单一传感器发生故障时应用较为方便。但此方法的缺点是没有利用历史故障数据，传感器故障的给定较为盲目，且当面对高维数据空间时，计算量较大。

另一种故障方向 $\mathfrak{I}$ 是通过历史故障数据得到的，通过对历史故障数据进行 PCA 分解，将故障数据主元空间作为故障方向 $\mathfrak{I}$。此种方法认为系统发生故障后，故障方向信息会表现在主元方向上，并借此将故障数据重构回正常数据。但并不是所有故障数据的主元方向都和故障有关，其中有可能包含正常数据的投影方向，也就是说，此方法并不能准确地去除故障的影响。由于对故障方向的提取不准确，可能发生过度重构的问题。

下面针对以上传统故障重构中存在的问题，采用相关故障重构方向，将历史故障数据与正常建模数据相对比，从而有效地提取故障特征方向。

4.2 独立元空间故障特征方向提取的仿真分析

尽管基于 PCA 方法的故障重构方法在故障分离应用上取得了一定的效果，但一方面，PCA 方法对被监测过程数据的高斯性分布性有要求，而一般过程数据大多是非高斯分布的；另一方面，传统的故障重构方向的定义并不理想，对故障特征方向的提取没有利用到历史数据或利用不足。

以往的独立元分析在故障检测的应用中，已经表现出其相比主元分析方法的优越性。因为相比主元分析方法，独立元分析方法在高阶统计量上去除了数据间的相关性，这使得独立元相比主元含有更多的过程信息。因此独立元中含有的故障信息相比主元也更加丰富。基于这种思想，本节提出在独立元空间中提取故障特征方向的方法，对故障进行分离。

下面以一组数值试验，对比独立元分析同主元分析在过程信息提取和故障信息提取方面的差别，进一步验证从独立元空间提取故障特征方向的可行性。

假设一组过程监测数据有 5 个变量：$\boldsymbol{X}=[x_1, x_2, x_3, x_4, x_5]$。数据通过三个原始源 $\boldsymbol{S}=[s_1, s_2, s_3]$，经过线性混合矩阵 $\boldsymbol{A}$ 混合而成 $\boldsymbol{X}=\boldsymbol{S}\boldsymbol{A}$，其中，原始源数据函数和混合矩阵如下：

$$\left.\begin{aligned} s_1 &= 2\cos(0.05t)\sin(0.006t) \\ s_2 &= \mathrm{sign}(\sin(0.03t)+9\cos(0.01t)) \\ s_3 &= \mathrm{random}(-1, 1) \end{aligned}\right\} \tag{4.6}$$

$$\boldsymbol{A}=\begin{bmatrix} 0.86 & 0.79 & 0.67 \\ -0.55 & 0.65 & 0.46 \\ 0.17 & 0.32 & -0.28 \\ -0.33 & 0.12 & 0.27 \\ 0.89 & -0.97 & -0.74 \end{bmatrix} \tag{4.7}$$

原始源数据和经混合矩阵变换的监测数据如图 4.1 和图 4.2 所示。

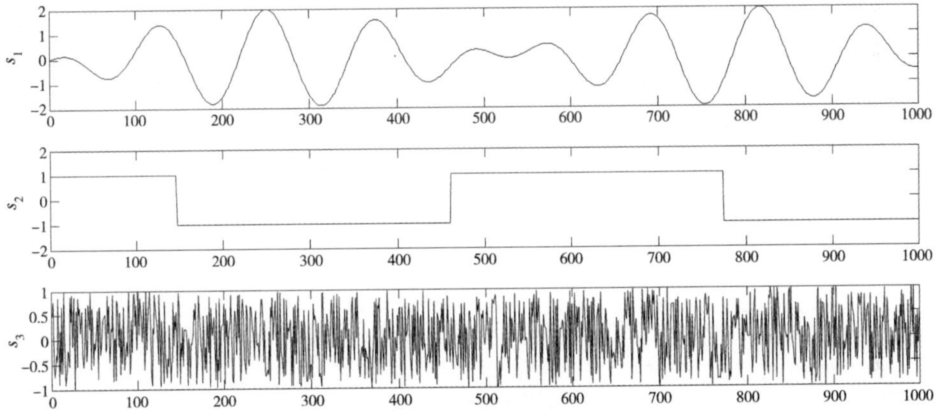

图 4.1 原始源数据

Fig. 4.1 The original sources

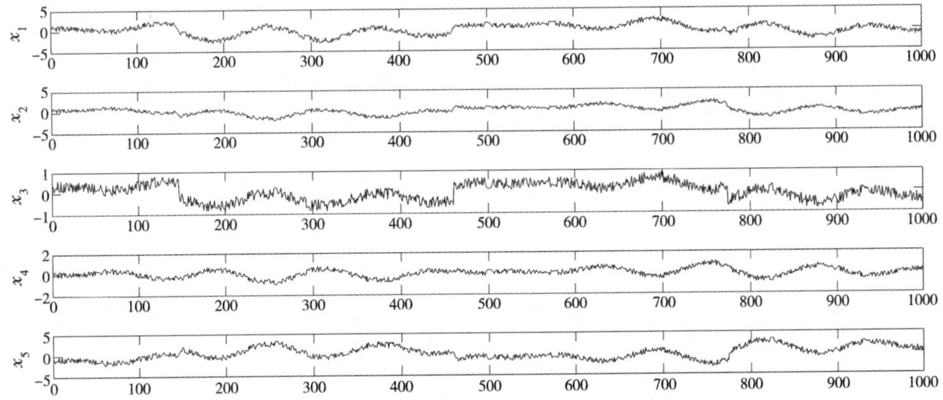

图 4.2 原始源经混合矩阵生成的监测数据

Fig. 4.2 The sample data generated by mixing the original sources

根据监测数据 $\boldsymbol{X}$ 的生成过程和图 4.2 所示的数据分布，可知数据具有非高斯特性。在实际应用中，独立元分析方法其实是此处生成监测数据 $\boldsymbol{X}$ 的逆过程，即已知监测数据 $\boldsymbol{X}$ 求混合矩阵 $\boldsymbol{A}$，或解混矩阵 $\boldsymbol{W}$，以及原始源数据 $\boldsymbol{S}$ 的估计。并利用解混矩阵 $\boldsymbol{W}$ 作为监测新过程的模型，检测过程异常。

仿照独立元分析建模的过程，对监测数据 $\boldsymbol{X}$ 进行独立元提取，并得到解混矩阵 $\boldsymbol{W}$。提取出的独立元如图 4.3(a)所示。将图 4.3(a)同图 4.1 中的原始源数据相对比，可以明显地看出独立元分析方法可以很好地得出原始源数据的估计，并且按照独立元分析算法的介绍，独立元的顺序是固定地按照方差从大到小排列的。作为对比，用主元分析同样对此监测数据提取主元，结果如图 4.3(b)所示。根据主元提取的定义，主元是观测数据在其方差最大的方向上的投影，所以图 4.3(b)显示主元分析将监测数据三个方差最大的主元提取出来，过程监测中认为此三个主元的变化代表了系统的主要特性。

假如原始源中，第一个源在第 500 个采样点发生阶跃特性故障，经混合矩阵 $\boldsymbol{A}$ 反映在新的观测数据 $\boldsymbol{X}_f$ 中。这一过程类似于系统同某点发生故障，但由于各监测变量间耦合，故障影响会扩散到其他变量。故障数据 $\boldsymbol{X}_f$ 如图 4.4 所示。

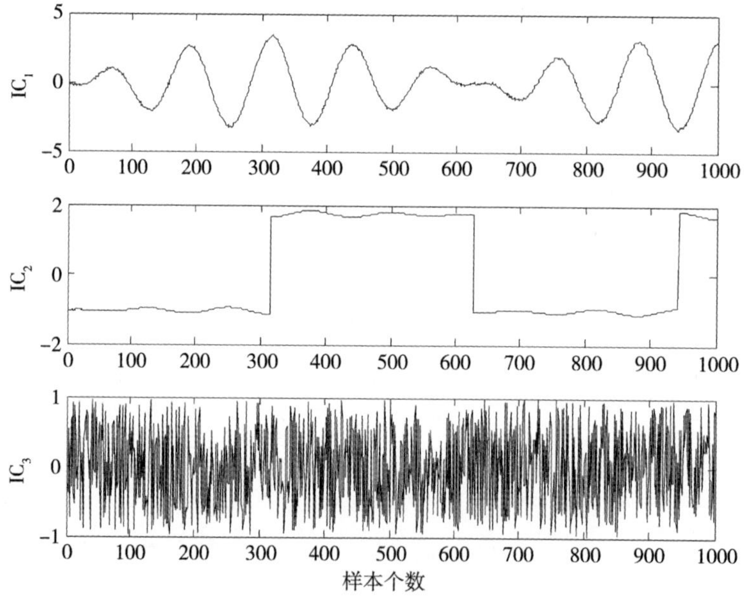

(a)

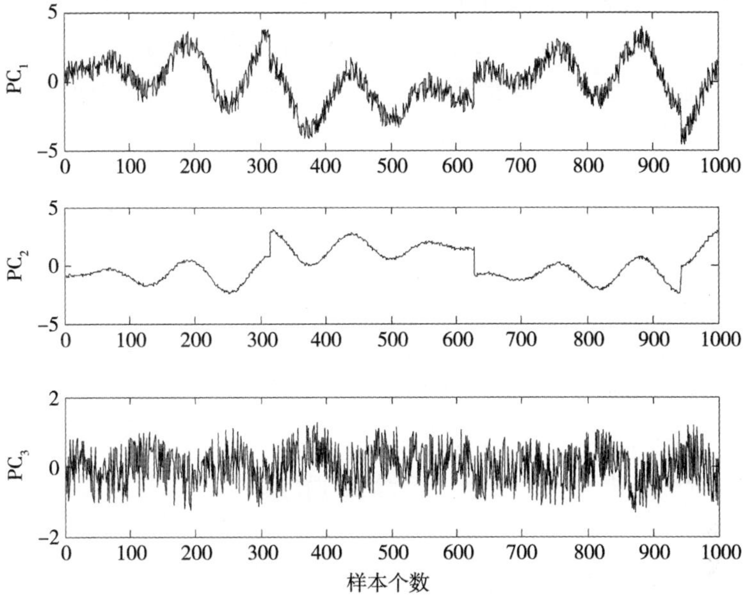

（b）

图 4.3　（a）独立元分析所得原始源的估计；（b）主元分析所得的主元分量

Fig. 4.3　（a）The estimated ICs of original sources；（b）the PCs gotten by PCA

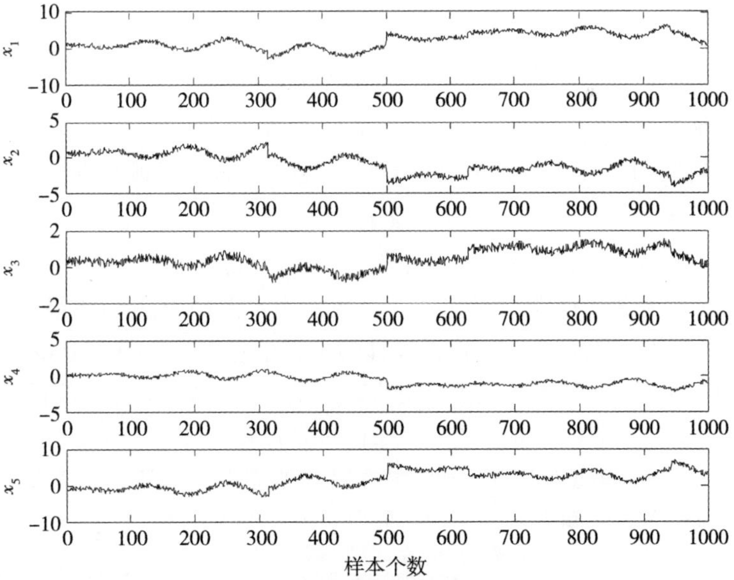

图 4.4　故障后的观测数据 X_f

Fig. 4.4　The sample data X_f

在对正常观测数据 $\boldsymbol{X}$ 分析时得到的模型是：独立元分析的解混矩阵 $\boldsymbol{W}$；主元分析的主元投影方向 $\boldsymbol{P}$。对故障数据 $\boldsymbol{X}_f$ 分别应用两个模型进行独立元和主元提取，结果如图 4.5 所示。图 4.5(a)中，独立元分析模型提取结果显示，故障只对第一个独立元有影响，很好地将故障信息表现了在监测结果中。而图 4.5(b)的主元分析模型提取结果显示，虽然第一主元在故障影响下变化较大，但其他两个主元也不同程度上受到影响，并且由于三个主元的方差不同，此故障影响在各主元中的影响程度也较难比较。

通过以上对比数值试验可以看出，独立元分析能较精确地提取过程信息，并且在过程发生故障时，故障特征信息能更多地表现在独立元空间中。这为后文在独立元空间中提取故障特征方向提供了可行性基础。

4.3 改进的 KICA 故障分离原理

4.3.1 故障相关方向的提取

假设非线性非高斯过程的正常数据为 $\boldsymbol{X}\in\mathbf{R}^{N\times M}$，已知故障原因的历史故障数据为 $\boldsymbol{X}_f\in\mathbf{R}^{N\times M}$，其中，$N$ 为采样数，M 为过程变量数。按照 KICA 的建模方法，首先用正常数据进行建模。得到正常数据模型 $\boldsymbol{W}$ 和提取出的正常数据的独立元如下：

$$\boldsymbol{W}=\boldsymbol{P}\boldsymbol{D}_n^{\mathrm{T}}\boldsymbol{\Delta}^{1/2}=\sqrt{N}\boldsymbol{\Theta}^{\mathrm{T}}\boldsymbol{H}\boldsymbol{\Lambda}^{-1}\boldsymbol{D}_n^{\mathrm{T}}\boldsymbol{\Delta}^{1/2} \tag{4.8}$$

$$\boldsymbol{S}_n=\sqrt{N}\boldsymbol{K}_n\boldsymbol{H}\boldsymbol{\Lambda}^{-1}\boldsymbol{D}_n^{\mathrm{T}}\boldsymbol{\Delta}^{1/2} \tag{4.9}$$

历史故障数据 $\boldsymbol{X}_f$ 应用正常数据的监测模型 $\boldsymbol{W}$ 提取其源数据如下：

$$\boldsymbol{S}_f=\sqrt{N}\boldsymbol{K}_f\boldsymbol{H}\boldsymbol{\Lambda}^{-1}\boldsymbol{D}_n^{\mathrm{T}}\boldsymbol{\Delta}^{1/2} \tag{4.10}$$

式中，$\boldsymbol{K}_f$ 为故障数据核矩阵，其中，$k_{f,ij}=k(x_{f,i},\ x_j)$。

在独立元建模过程中，独立元的个数采用残差数据负熵值最小的标准选取。因此，对于一般非高斯过程，过程的主要信息都被包含在独立元信息中，而残差空间的高斯数据本节认为是过程噪声信息，不再用于过程特征的提取。

从第 4.2 节中的独立元分析提取故障信息过程可知，对于已知故障数据的故障特征，可以提取其中对故障影响敏感的独立元，作为相应故障类型的特征，相应的独立元空间方向作为故障特征方向。对于实际过程监测数据，故障数据对独立元信息的影响将较为复杂，下面就如何从历史故障数据独立元中提取故障相关独立元进行分析。

首先，由于独立元分析中提取出的独立元数据按照方差由大到小排列，且某些非高斯数据的方差较大，为防止某些大方差独立元数据淹没小方差独立元

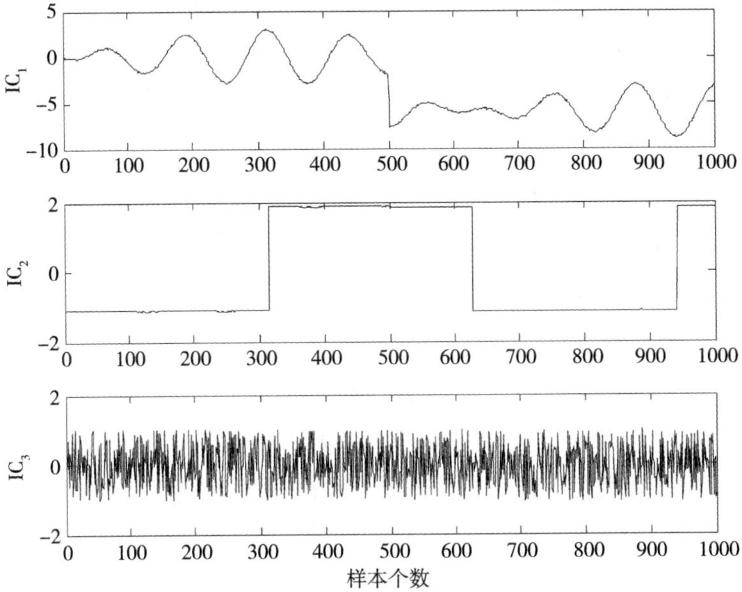

（a）

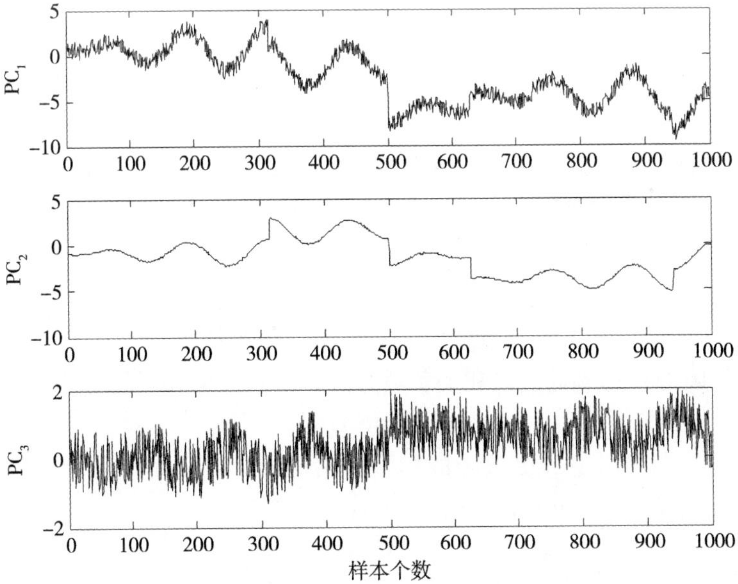

（b）

图 4.5　（a）独立元提取故障源信息；（b）故障后主元提取结果

Fig. 4.5　（a） Extracted ICs of faulty data；（b） Extracted PCs of faulty data

中的故障信息，将独立元空间分为主空间和次空间，如下所示：

$$\left.\begin{aligned} &\boldsymbol{S}_n=\boldsymbol{S}_n\boldsymbol{L}\boldsymbol{L}^{\mathrm{T}}=\boldsymbol{S}_n[\hat{\boldsymbol{L}}:\widetilde{\boldsymbol{L}}][\hat{\boldsymbol{L}}:\widetilde{\boldsymbol{L}}]^{\mathrm{T}}=\boldsymbol{R}\hat{\boldsymbol{L}}^{\mathrm{T}}+\boldsymbol{E}\widetilde{\boldsymbol{L}}^{\mathrm{T}}=\hat{\boldsymbol{S}}_n+\widetilde{\boldsymbol{S}}_n \\ &\boldsymbol{R}=\boldsymbol{S}_n\hat{\boldsymbol{L}} \\ &\boldsymbol{E}=\boldsymbol{S}_n\widetilde{\boldsymbol{L}}=\boldsymbol{S}_n(\boldsymbol{I}-\boldsymbol{L}\boldsymbol{L}^{\mathrm{T}}) \end{aligned}\right\} \tag{4.11}$$

$$\hat{\boldsymbol{L}}=[\boldsymbol{I}_p:0]^{\mathrm{T}} \tag{4.12}$$

其中，$\boldsymbol{L}=\boldsymbol{I}$ 是 $q\times q$ 的单位矩阵，$\boldsymbol{I}_p$ 是 $p\times p$ 的单位矩阵，$\boldsymbol{p}$ 为独立元主空间的维数，通过保留85%的方差变化决定，也就是$\sum_{i=1}^{p}\lambda_i/\sum_{i=1}^{q}\lambda_i>85\%$。因此，独立元主空间投影和次空间投影为

$$\hat{\boldsymbol{C}}=\hat{\boldsymbol{L}}\hat{\boldsymbol{L}}^{\mathrm{T}} \tag{4.13}$$

$$\widetilde{\boldsymbol{C}}=\widetilde{\boldsymbol{L}}\widetilde{\boldsymbol{L}}^{\mathrm{T}}=\boldsymbol{I}-\hat{\boldsymbol{L}}\hat{\boldsymbol{L}}^{\mathrm{T}} \tag{4.14}$$

为了寻找故障相关方向$\mathfrak{J}$，首先要将故障在各独立元中的影响反映出来。因此对提取出的故障源信号的协方差矩阵 $\boldsymbol{E}\{\boldsymbol{S}_f^{\mathrm{T}}\boldsymbol{S}_f\}$ 进行奇异值分解（SVD 分解），得到

$$\left.\begin{aligned} &\boldsymbol{R}_f=\boldsymbol{S}_f\boldsymbol{L}_f \\ &\frac{1}{N}\boldsymbol{S}_f\boldsymbol{S}_f^{\mathrm{T}}=\boldsymbol{L}_f\boldsymbol{\Lambda}_f\boldsymbol{L}_f \end{aligned}\right\} \tag{4.15}$$

其中，$\boldsymbol{R}_f\in\mathbf{R}^{N\times q}$和 $\boldsymbol{L}_f\in\mathbf{R}^{q\times q}$是给定历史故障信息在独立元空间的得分矩阵和负载矩阵。

另一方面，为了让故障信息在独立元空间中和正常信息比较从而得出故障信息在独立元空间的相对变化，定义如下故障相关矩阵：

$$\boldsymbol{Y}_r=\frac{\boldsymbol{S}_n^{\mathrm{T}}\boldsymbol{S}_f}{N}\in\mathbf{R}^{q\times q} \tag{4.16}$$

然后，通过对故障相关矩阵进行 SVD 分解，得到其故障相关负载方向 $\boldsymbol{L}_r\in\mathbf{R}^{q\times q}$。将故障源投影到此故障相关负载方向，得到故障相关得分矩阵 $\boldsymbol{R}_r$：

$$\boldsymbol{R}_r=\boldsymbol{S}_f\boldsymbol{L}_r \tag{4.17}$$

为了判定哪些独立元受故障的影响更明显，在故障相关得分矩阵 $\boldsymbol{R}_r$ 和原故障得分矩阵 $\boldsymbol{R}_f$ 间做如下故障相关比例：

$$TR_i=\frac{Var(\boldsymbol{R}_r(:,i))}{Var(\boldsymbol{R}_f(:,i))}\quad(i=1,2,\cdots,q) \tag{4.18}$$

故障相关比例 TR_i 的值，反映了故障对第 i 个独立元信息的相对影响程度。定义一个控制限 α，同各个独立元的 TR_i 的值进行比较。如果 TR_i 的值大于 α，则说明故障在此独立元方向上的影响相对较大，也说明在此独立元方向上的变化对最终监测统计量的影响较大。将 $TR_i(i=1,2,\cdots,q)$ 中大于 α 的相应独立元保留，则最终可以得到故障相关独立元方向 $\boldsymbol{L}^*$：

$$L^* = \{ TR_i > \alpha \mid L \} \quad (i=1, \cdots, q) \tag{4.19}$$

在一个三维空间中，下面通过图4.6简要说明在独立元空间提取故障相关特征方向L^*的过程。假设独立元空间由三个独立元方向张成。在L_{f1}和L_{f2}方向上的方差较大，属于主空间；在L_{f3}方向上的方差较小，属于次空间。通过故障相关分析，得到故障相关投影方向L_{r1}，L_{r2}和L_{r3}。通过变换投影空间，方差在L_{r1}和L_{r3}方向上变大，而在L_{r2}上变小。因此，第一和第三独立元方向被选为故障相关独立元方向，构成故障相关方向L^*，且第一独立元方向为主空间中的故障相关方向，第三独立元方向为次空间中的故障相关方向。

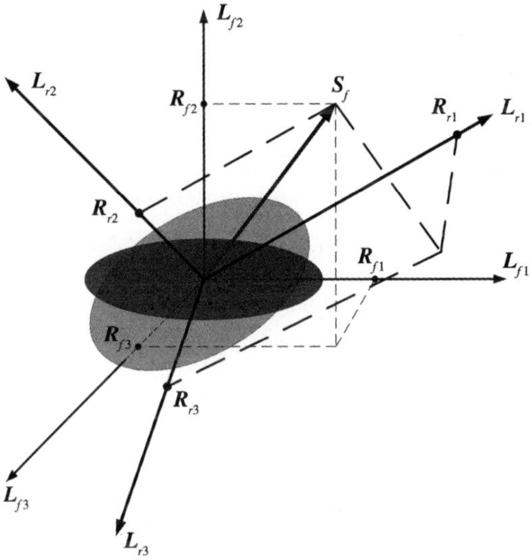

图4.6　故障相关方向的提取

Fig. 4.6　The illustration of extracting fault relevant direction

经过以上故障相关方向分析，得到故障相关独立元方向L^*，进而得到在独立元主空间和次空间中的故障特征方向$\hat{\mathfrak{J}}$和$\tilde{\mathfrak{J}}$：

$$\left.\begin{aligned} L^* &= \mathfrak{J} = \hat{\mathfrak{J}} + \tilde{\mathfrak{J}} \\ \hat{\mathfrak{J}} &= \hat{C}\,\mathfrak{J} = \hat{L}\hat{L}^{\mathrm{T}} L^* \\ \tilde{\mathfrak{J}} &= \tilde{C}\,\mathfrak{J} = (I - \hat{L}\hat{L}^{\mathrm{T}}) L^* \end{aligned}\right\} \tag{4.20}$$

故障特征方向的提取步骤如下：

① 将已知故障类型的故障数据用正常数据的均值和方差中心化和标准化；

② 将故障数据$X_f \in \mathbf{R}^{N\times M}$映射到高维空间，得到故障数据核矩阵$K_f \in \mathbf{R}^{N\times N}$，其中，$k_{f,ij} = k(x_{f,i}, x_j)$，$x_j$是正常数据；

③ 中心化核矩阵：$\bar{K}_f = K_f - I_N K - K_f I_N + I_N K I_N$；

④ 方差标准化：$\bar{\boldsymbol{K}}_{f,scl}=\dfrac{\bar{\boldsymbol{K}}_f}{trace(\boldsymbol{K})/N}$；

⑤ 得到如式(4.10)所示的故障独立元公式：$\boldsymbol{S}_f=\sqrt{N}\,\bar{\boldsymbol{K}}_{f,scl}\boldsymbol{H}\boldsymbol{\Lambda}^{-1}\boldsymbol{D}_n^{\mathrm{T}}\boldsymbol{\Delta}^{1/2}$；

⑥ 将独立元空间分为主空间和次空间；

⑦ $\boldsymbol{E}\{\boldsymbol{S}_f^{\mathrm{T}}\boldsymbol{S}_f\}$ 经 SVD 分解得到得分矩阵 $\boldsymbol{R}_f$；

⑧ 故障相关矩阵 $\boldsymbol{Y}_r=\dfrac{\boldsymbol{S}_n\boldsymbol{S}_f^{\mathrm{T}}}{N}$ 经 SVD 分解得到得分矩阵 $\boldsymbol{R}_r$；

⑨ 计算故障相关比例 TR_i，并与 α 进行比较，得到相应的故障相关独立元方向 $\boldsymbol{L}^*=\{TR_i>\alpha\,|\,\boldsymbol{L}\}\,(i=1,\ \cdots,\ q)$；

⑩ 得到独立元主空间和次空间故障特征方向 $\hat{\mathfrak{F}}=\hat{\boldsymbol{L}}\hat{\boldsymbol{L}}^{\mathrm{T}}\boldsymbol{L}^*$ 和 $\tilde{\mathfrak{F}}=(\boldsymbol{I}-\hat{\boldsymbol{L}}\hat{\boldsymbol{L}}^{\mathrm{T}})\boldsymbol{L}^*$。

4.3.2 在线故障分离

假如一组新数据 $\boldsymbol{X}_{\mathrm{new}}$ 发生故障，故障会在各独立元空间中表现出来。直观的表现是独立元空间中的监测统计量 T^2 和 SPE 超限。T^2 统计量监测独立元主空间，SPE 统计量监测独立元次空间：

$$T^2=\boldsymbol{R}\hat{\boldsymbol{\Lambda}}^{-1/2}\boldsymbol{R}^{\mathrm{T}} \tag{4.21}$$

$$SPE=\boldsymbol{E}\tilde{\boldsymbol{\Lambda}}^{-1/2}\boldsymbol{E}^{\mathrm{T}} \tag{4.22}$$

其中，$\hat{\boldsymbol{\Lambda}}$ 和 $\tilde{\boldsymbol{\Lambda}}$ 是 $\boldsymbol{\Lambda}$ 中分别对应主空间和次空间的特征值矩阵。

由第 4.1 节中的传统故障重构知识可知，对于新故障数据 $\boldsymbol{X}_{\mathrm{new}}$，并有已知类型的故障特征方向 $\mathfrak{F}$，如果能够沿已知故障特征方向将新故障数据重构，并使其超限统计量 T^2 和 SPE 降低到控制限以下，则认为新发生的故障类型属于已知的故障类型，否则检验其他已知类型的故障方向能否将新故障重构回正常区域。最终将故障归类为已知故障类型的一种或定义为未知新故障类型。

故障重构中，由式(4.2)~式(4.5)可知，独立元主空间和次空间的故障重构幅度 $\hat{\boldsymbol{f}}$ 和 $\tilde{\boldsymbol{f}}$ 为

$$\hat{\boldsymbol{f}}=\boldsymbol{S}\,\hat{\mathfrak{F}}^{\mathrm{T}}(\hat{\mathfrak{F}}\hat{\mathfrak{F}}^{\mathrm{T}})^{-1} \tag{4.23}$$

$$\tilde{\boldsymbol{f}}=\boldsymbol{S}\,\tilde{\mathfrak{F}}^{\mathrm{T}}(\tilde{\mathfrak{F}}\tilde{\mathfrak{F}}^{\mathrm{T}})^{-1} \tag{4.24}$$

独立元主空间中故障重构后独立元为

$$\hat{\boldsymbol{S}}^*=\hat{\boldsymbol{S}}-\hat{\boldsymbol{f}}\,\hat{\mathfrak{F}} \tag{4.25}$$

独立元次空间中故障重构后独立元为

$$\tilde{\boldsymbol{S}}^*=\tilde{\boldsymbol{S}}-\tilde{\boldsymbol{f}}\,\tilde{\mathfrak{F}} \tag{4.26}$$

通过检测沿已知故障方向将新故障数据重构后得到的 T^2 和 SPE 统计量是否超限，从而判定新故障数据是否与已知故障特征方向的故障类型相同。故障分离的建模和在线故障类型检测流程如图 4.7 所示。

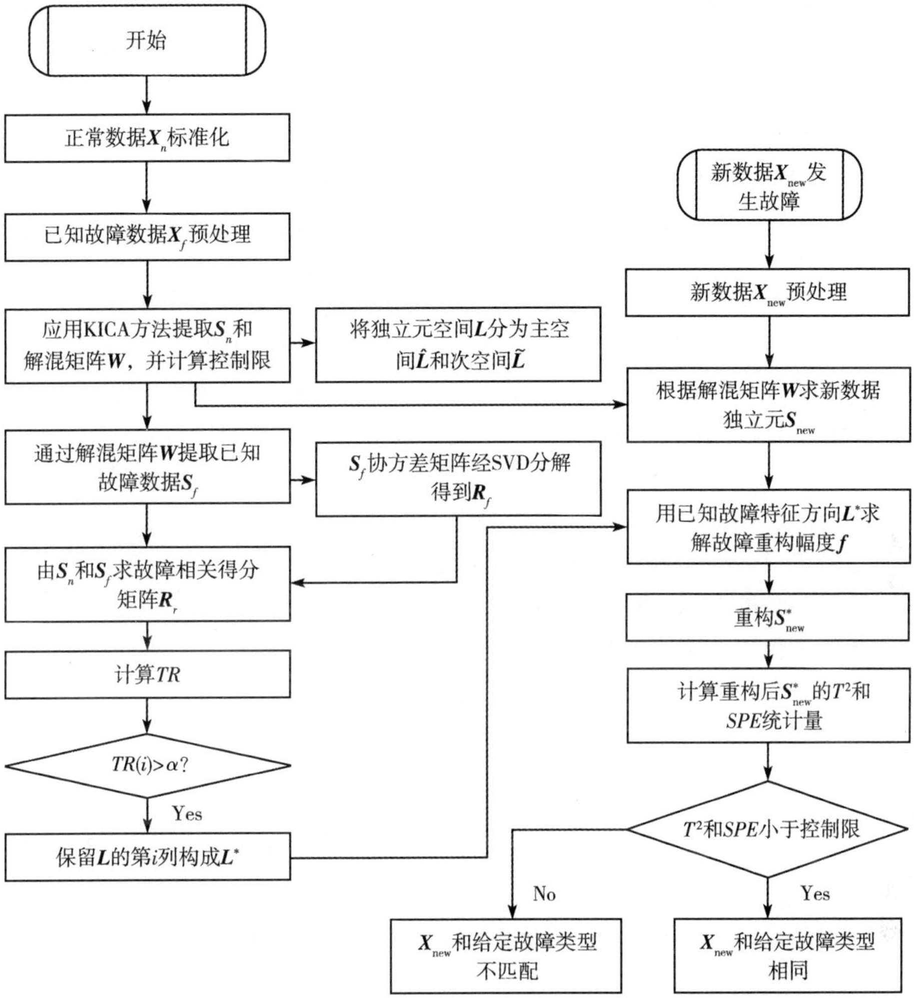

图 4.7 基于KICA方法的故障特征方向的提取和在线故障分离流程图

Fig. 4.7 Flowcharts of extracting fault feature direction and online fault isolation based on KICA

4.4 仿真和结果分析

4.4.1 电熔镁炉的生产过程描述

电熔镁炉是用于生产电熔镁砂的主要设备之一，是一种矿热电弧炉。随着熔炼技术的发展，电熔镁炉在镁砂生产行业中得到了广泛应用。电熔镁炉是一种以电弧为热源的熔炼炉，它热量集中，可以很好地熔炼镁砂。电熔镁炉的设备组成一般包括变压器、电路短网、电极升降装置、电极、炉体等。炉子边设有控制室，控制电极的升降。炉壳一般为圆形，稍有锥形，为便于熔砣脱壳，在炉壳壁上焊有吊环，炉下设有移动小车，其作用是使熔化完成的熔块移到固定工位，冷却出炉。

电熔镁炉通过电极引入大电流形成弧光产生高温来完成熔炼过程。目前我国多数电熔镁炉冶炼过程的自动化程度还比较低，往往导致故障频繁和异常情况时有发生，其中由于电极执行器故障等原因导致电极距离电熔镁炉的炉壁过近，使得炉温异常，可以导致电熔镁炉的炉体熔化，熔炉一旦发生故障，将会导致大量的财产损失以及危害人身安全。另外，由于炉体固定、执行器异常等原因导致电极长时间位置不变从而使得炉温不均，造成距离电极附近的温度高，而距离电极远的区域温度低，一旦电极附近区域的温度过高，容易造成"烧飞"炉料；而远离电极区域的温度过低会形成死料区，这将严重影响产品产量和质量。这就需要及时地检测过程中的异常和故障，因此，对电熔镁炉的工作过程进行过程监测是十分必要和有意义的。

电熔镁炉的熔炼过程中有多个变量需要监测。其中包括短网电流和电压值、电极的位置、熔炉各点的温度值。电熔镁炉的熔炼过程大概持续 3~8 小时。在本章中，电熔镁炉的过程数据由 9 个变量的 600 个采样构成。9 个变量中包括 3 个电极的电流值和熔炉的 6 个采样点的炉温值。正常工况中，9 个采样变量的密度分布如图 4. 8 所示。可见电熔镁炉的变量分布不满足高斯分布，

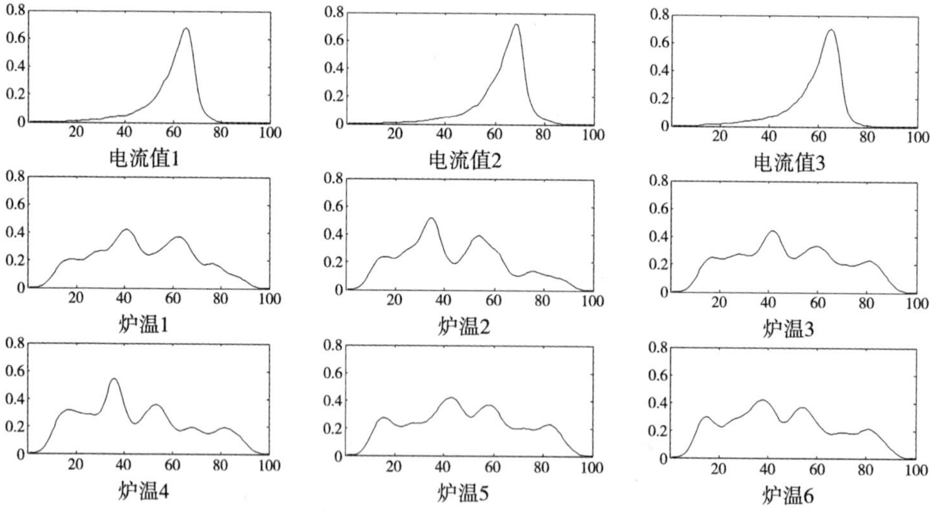

图 4. 8 电熔镁炉监测变量的概率密度分布

Fig. 4. 8 The probability distribution density of electro-fused magnesium furnace variables

属于非高斯过程。3 个电流值的分布接近高斯分布，且为三相变压器的二次侧相电流值，变压器采用 Y-Δ 接法，电流值相同。为满足独立元分析中对非高斯变量的要求，因此，只取第一相的电流值和其他 6 个温度值进行试验。

4.4.2 仿真结果分析

实验数据包括正常生产过程数据 $\boldsymbol{X}_n \in \mathbf{R}^{600\times 7}$ 以及两类故障数据 $\boldsymbol{X}_{f1} \in \mathbf{R}^{600\times 7}$ 和 $\boldsymbol{X}_{f2} \in \mathbf{R}^{600\times 7}$。故障一 $\boldsymbol{X}_{f1}$ 是电流值 1 在第 350 个采样点后发生阶跃变化。故障二 $\boldsymbol{X}_{f2}$ 是炉温 4 在第 350 个采样点发生异常，炉温随时间异常升高。这两类故障经本节故障特征方向提取方法处理，已经建立了相应的故障特征方向数据库。

在对 $\boldsymbol{X}_{f1}$ 和 $\boldsymbol{X}_{f2}$ 过程进行监测中，假设故障类型未知。首先，采用本节提出的 KICA 方法对过程进行监测，当监测统计量 T^2 和 SPE 超出控制限时，采用本节提出的故障分离方法对故障进行分离，检测本节提出的方法的分离效果。同时，采用传统的贡献图方法和基于 KPCA 方法的故障重构方法，对相同的故障过程进行故障分离，与本节提出的方法进行对比。

（1）传统贡献图的分析结果

在故障诊断中，贡献图的故障分析方法采用得较多。传统的贡献图方法为各个变量对 SPE 统计量超限的贡献量进行了如下定义：

$$c_j(SPE) = e_j^2 \tag{4.27}$$

其中，$c_j(SPE)$ 是第 $j(j=1,\ 2,\ \cdots,\ M)$ 个变量对 SPE 的贡献量。$\boldsymbol{e}=\boldsymbol{x}-\hat{\boldsymbol{x}}$。

贡献图的控制限的计算参照 Q-statistic 控制限的计算方法。

贡献图方法对两类故障数据在 370—380 个采样点的分析结果如图 4.9 所示。实验结果显示，两类故障中都是第 1，4，6 个变量超限。因此，贡献图方法对故障分离的效果并不明显。

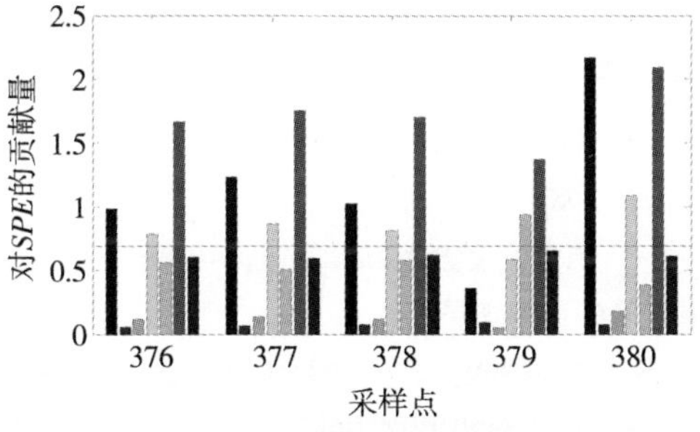

（a）故障1的分析结果

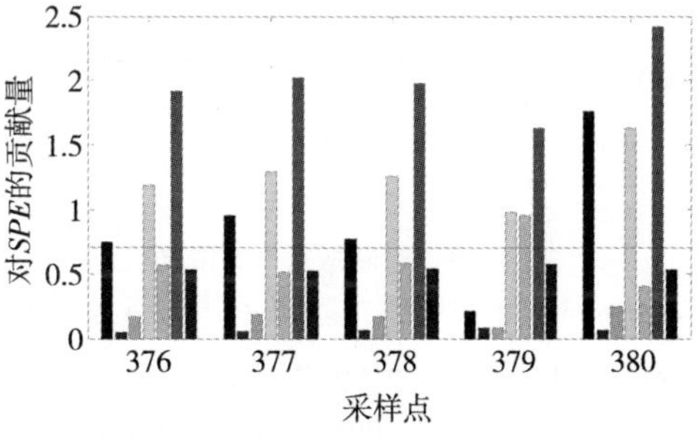

（b）故障2的分析结果

图 4.9 在 376—380 采样处各变量对 *SPE* 超限贡献图

Fig. 4.9 The contributions of each variables to the deviation of *SPE* at 376—380 samples

（2）本节所提方法的故障分离结果分析

为了检测本节所提方法的有效性，本节对所提的故障分离方法采用两种实验进行验证。第一种实验是故障分离方法对新故障数据进行检测，能否将其与已知同类故障正确匹配，简称为同故障检测。第二种实验是故障分离方法中的其他已知故障类型，是否会错误地与新故障匹配，简称为交叉故障检测。为了体现本节所提方法对非高斯数据故障分离效果的优越性，同时采用基于 KPCA 的故障重构方法对相同的数据进行故障分离。

首先对新的故障 1 的数据进行故障分离。根据第 4. 3. 2 节所介绍的方法，用已知的电流突变故障的故障特征方向和炉温异常的故障特征方向与新的故障 1 的数据进行匹配，结果如图 4. 10 所示。结果显示，电流突变故障的故障方向可以将新故障 1 重构回正常，而炉温异常故障方向不能，所以本章所提的基于故障特征方向的分离方法正确地分离了新故障的类型。

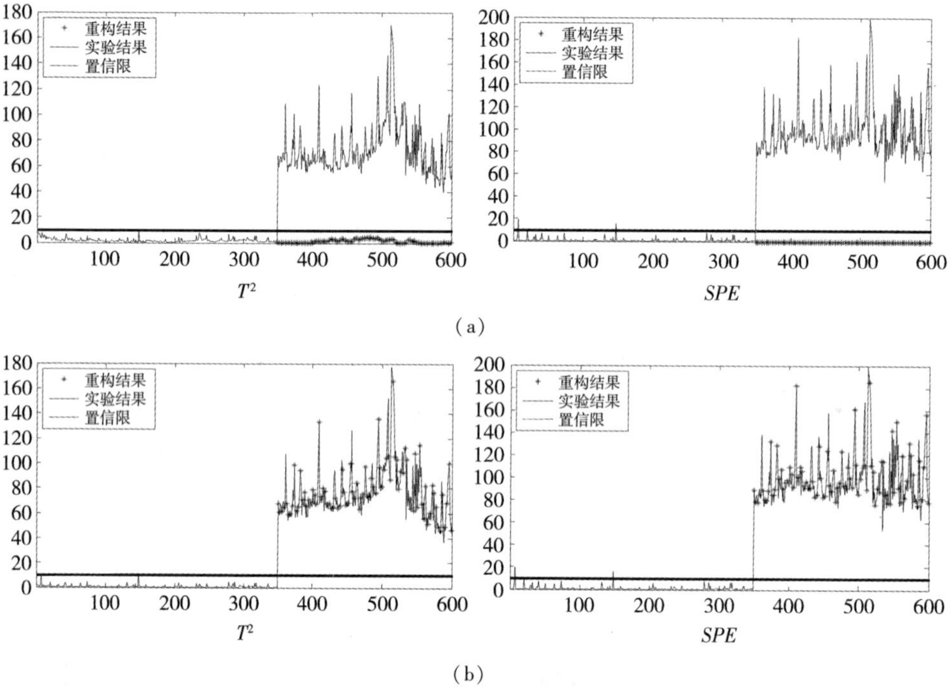

图 4. 10　对新故障 1 的故障分离结果：（a）电流突变故障方向的重构结果；（b）炉温异常故障方向的重构结果

Fig. 4. 10　Isolation result of new fault 1：（a） reconstruction along current fault direction；（b） reconstruction along temperature fault direction

对新的故障 2 的数据进行故障分离。采用两种故障的故障特征方向对新故障 2 的数据进行重构，结果如图 4. 11 所示。结果显示，电流突变的故障特征方向不能将新故障 2 的数据重构回正常数据，而炉温突变的故障特征方向可以，所以新故障的故障类型被正确地分离。

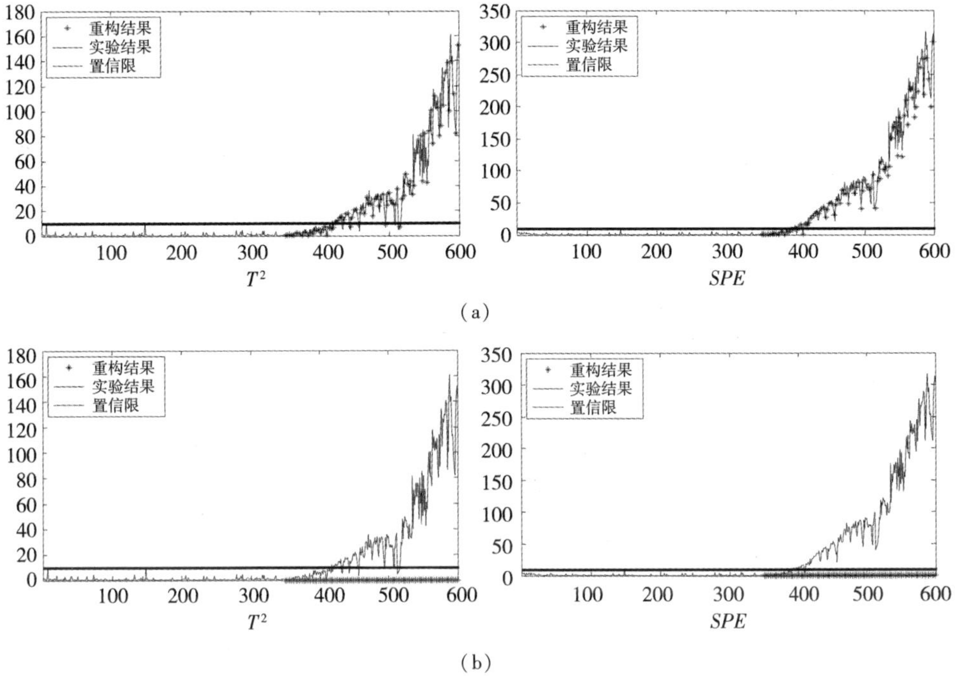

图 4.11　对新故障 2 的故障分离结果：(a) 电流突变故障方向的重构结果；(b) 炉温异常故障方向的重构结果

Fig. 4.11　Isolation result of new fault 2: (a) reconstruction along current fault direction; (b) reconstruction along temperature fault direction

作为对比，本节采用基于 KPCA 的故障重构方法对两组新故障数据进行了故障分离。故障分离结果如图 4.12 和图 4.13 所示。对新故障 1 数据重构的结果显示，虽然用电流突变的故障特征方向可以重构回正常值，但不能完全排除可能发生炉温异常故障；对故障 2 的重构显示不能判定新故障是电流突变还是炉温异常，因为两种类型的故障特征方向都可以将新故障重构回正常值。两组实验结果显示，基于 KPCA 的故障重构方法虽然可以提取出历史故障特征方向用于将新故障数据重构回正常数据，但所提取的故障特征方向在不同故障类型间的差异不明显，使得新故障数据的故障类别的分离不明确。

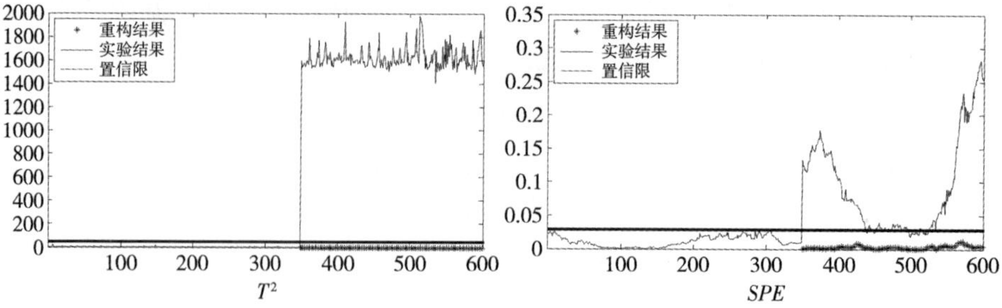

(a)

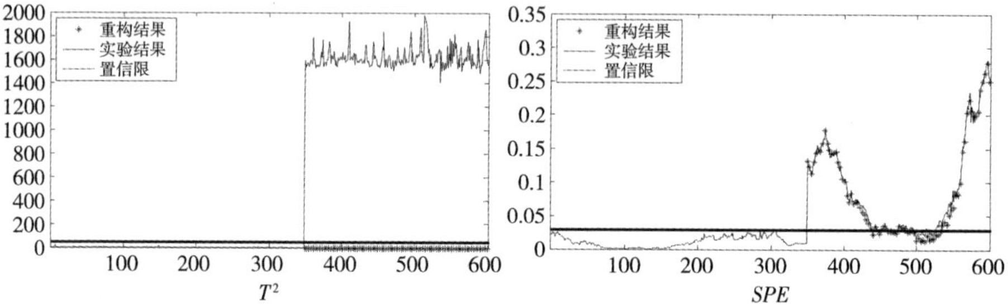

(b)

图 4.12 KPCA 的新故障 1 的分离结果：(a) 电流突变故障的重构结果；(b) 炉温变化的重构结果
Fig. 4.12 Isolation result of new fault 1 based on KPCA: (a) reconstruction along current fault direction; (b) reconstruction along temperature fault direction

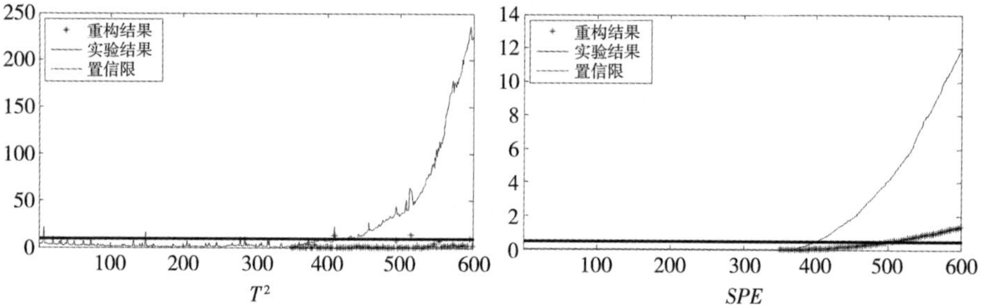

(a)

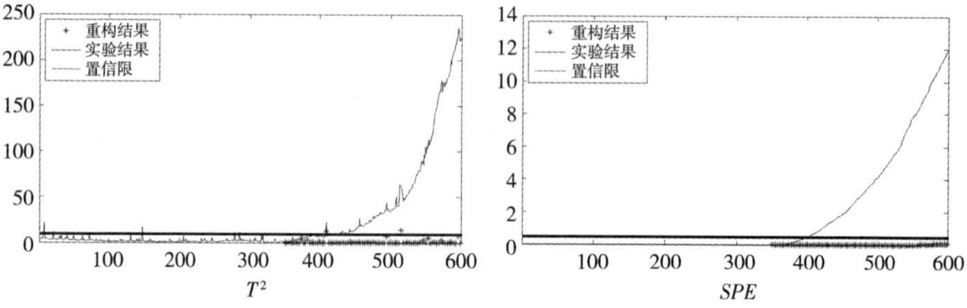

(b)

图 4.13 KPCA 的新故障 2 的分离结果：(a) 电流突变故障的重构结果；(b) 炉温变化的重构结果
Fig. 4.13 Isolation result of new fault 2 based on KPCA: (a) reconstruction along current fault direction; (b) reconstruction along temperature fault direction

4.5 多模式核独立元分析方法

传统的多元统计监测技术(MSPM)应用的前提条件是生产过程维持在一个标准条件下运行。然而在工业过程中，运行模式经常由于许多因素而进行转换，比如生产原料的成分不同、外部环境的变化以及产品多样性的需求。尤其是为了适应快速变化的市场需求，生产策略和运行条件需要频繁地进行调整。这些都使得多模式问题频繁发生，并越来越受到人们的重视。在传统的建模监测方法中，多模式问题经常会遇到模型不匹配的问题，也就是工作模式同建模模式不同。这些不匹配问题经常会导致误报警，即过程工作状态处于另一种模式的平稳状态，但检测结果却出现故障报警。目前，对多模式过程的建模和监测是一项很具挑战性的工作，引起了许多学者的关注。

一般来说，不同的稳态模式具有一些共有的特性，而每一个模式又具有其他模式没有的特殊特性。基于这种思想，为了充分深入地分析多模式生产过程，需要分别提取数据的公共信息部分和特殊信息部分用于过程建模监测。另外，每一个模式的数据变量间往往存在非线性，利用线性方法研究则会影响检测的准确率。

本节针对具有非线性非高斯特性的多模式过程监测中遇到的公共信息和特殊信息部分的建模问题，将核独立元分析建模方法进行改进，对多模式过程的公共模型和特殊模型分别进行建模监测。首先，提取多模式过程中的一个模式作为参考模式，然后，通过对比参考模式和全模式之间独立元空间和残差空间的差异，提取公共和特殊独立元监测模型，以及公共和特殊残差监测模型。这样就可以从建模角度出发，对所监测的多模式过程进行公共信息和特殊信息的提取和建模。本节首先介绍多模式故障监测的发展，然后介绍 KICA 算法对公共模型和特殊模型的离线建模方法和在线监测的步骤，最后将本节所提出的方法应用于田纳西过程的在线监测中。

4.5.1 公共模型和特殊模型分析

近年来，为了解决工业过程监测的多模式问题，局部邻域标准策略、模式识别、模型库、多块偏最小二乘、局部判别分析、高斯混合模型、局部费舍尔判别分析、多模式统计分析、子空间分离等方法的研究已经取得了一定的进展。多模式过程数据包括的样本来自不同的操作区域，传统的方法是建立多个局部模型分别监测各个模式，首先，针对如何将多个历史数据过程的数据分割成对应的不同模式，一些自动聚类技术得到了使用，其中 Ge 等使用模糊 c-均值聚类方法将原始数据分成各模式数据子集。全局模型策略的关键是如何使模型适合各个操作区域，Ma 等人提出了基于局部邻域标准策略的多模式数据预处理方法，解决了许多基于数据的多元统计过程监控方法因单峰分布的假设在多模式工业过程中不成立的不足。Liu 提出了一种基于数据驱动的多模式过程故障检测与分离方法，使用贝叶斯规则的高斯混合模型从多模式过程历史数据中提取多个模式，为了减轻计算负载，使用 PCA 对变量维数进行降维，使用核密度估计确定聚类的数量。Choi 等联合高斯混合模型、主成分分析、判别分析监控了非线性多模式过程，然而，这种方法对每个在线采样点只利用一个局部模型，忽略了其他模型的信息，导致监控结果出现了偏差。Yu 提出了高斯混合模型的非线性版本用以监测污水处理多模式过程。Xie 等提出了应用多模式时变过程的统计监控模型即移动窗口高斯混合模型解决多模式过程中的动态性问题。Zhang 等提出了降低快速过程分析复杂度的多模式统计方法，用以监测每个模式过程变化的主要部分。对于多模式过程，随着模式的改变，过程监测的动态性影响是一个令人关注的问题。Zhang 等提出了基于子空间分离的时变多模式过程监测方法，将反映不同模式的相似性和非相似性的每个模式的公共变化和特殊变化的部分分离，考虑了各模式之间的相关关系，改进了传统多模式监测方法将各个模式分别监测的不足。Ge 等提出了概率主成分分析的混合贝叶斯规则方法用以监测多模式过程，与传统的概率主成分分析方法比较，其主要的优点是每个局部空间的潜变量的维数可以自动确定，而且提出了一种新的基于联合概率密度的模型定位方法。

传统的多模式过程监测方法有全局建模方法、多模式分别建模方法等。全局建模即把多个模式采集到的数据融合在一起建立一个统一的模型，如图 4. 14 所示。这种建模方法包含了各个模式的信息，可以对不同的模式进行监测，但是没有对不同的模式进行区分，因此往往无法很好地检测出不同模式的故障。另一种常见的方法是多模式分别建模方法，如图 4. 15 所示。多模式分别建模方法针对不同的模式分别建模监测，但是没有考虑到模式之间的相似性，对于每种模式都建立各自的检测模型，建模和模型切换工作量大。因此，针对上述问题，本节采用提取公共和特殊信息的多模式过程监控方法，如图 4. 16 所示，通过提取各个模式的公共变化信息，将各个模式区分为公共部分和特殊部分，这样既考虑到模式间的公共特性，同时也针对每个模式的特殊部分进行监测。

此外，现有的方法对多模式公共部分和特殊部分的划分多采用的是对采样数据自身公共信息和特殊信息的提取。但是，在多模式监测中，真正关心的是什么样的模式间的相对变化导致多模式公共部分和特殊部分的区别。在本章中，从监测统计量变化的角度出发，选取多模式中的一个模式作为参考模式，其他作为差异模式同参考模式进行比较。通过对监测统计量的影响分析，每个差异模式的监测模型都被分为了以下几部分：对独立元空间监测模型所得统计量 T^2 是否有影响；对残差空间监测模型所得统计量 SPE 是否有影响。其根据是：其他模式相对参考模式的变化会使得采用参考模式的模型监测时会产生报警，将独立元空间中和残差空间中对误报警没有贡献的数据定义为模式间的公共信息部分，而有贡献的部分定义为各模式的特殊信息部分。

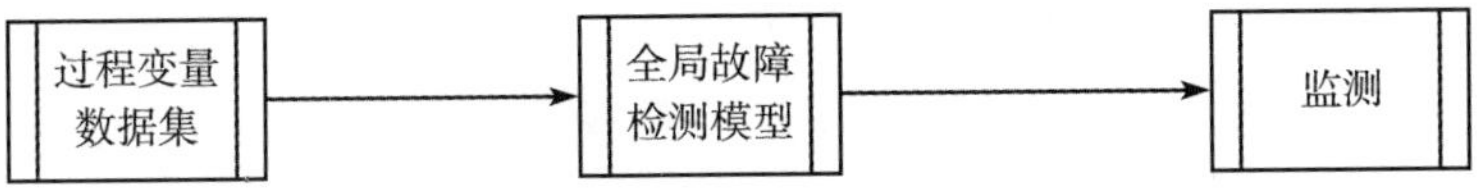

图 4.14　传统的多模式全局建模监测方法

Fig. 4.14　Conventional global model multimode process monitoring

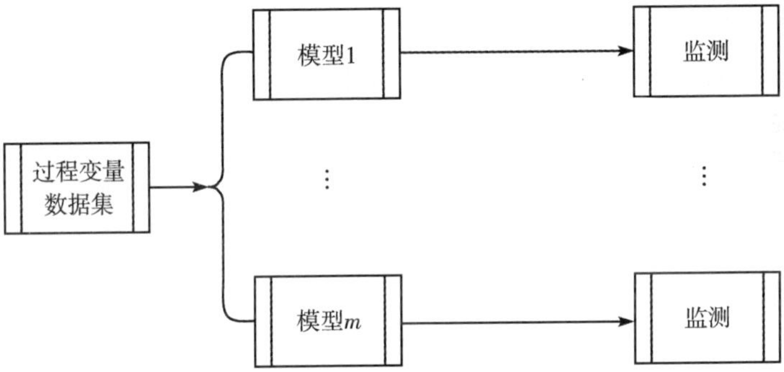

图 4.15　传统的多模式分别建模监测方法

Fig. 4.15　Conventional multimode multimode process monitoring

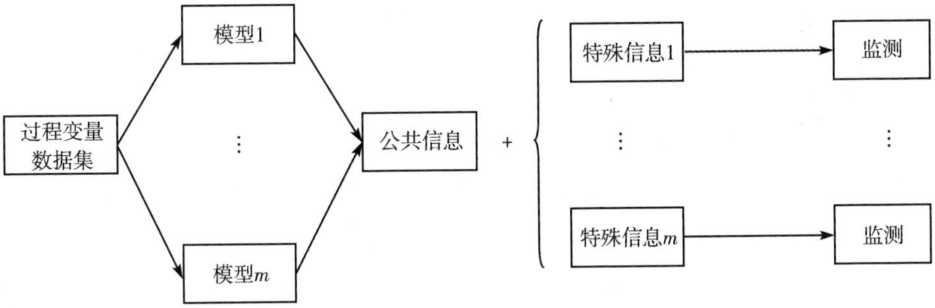

图 4.16　本节采用的提取公共和特殊信息的多模式监控方法

Fig. 4.16　New multimode process monitoring method based on common and special modeling

4.5.2　独立元空间公共模型和特殊模型的建立

从正常的多模式过程中采集到的数据集为 $\boldsymbol{X} \in \mathbf{R}^{N \times M}$，其中，$N$ 为采样数，M 为变量数。假设多模式数据共被分为 h 个模式，取其中数据长度最长的一个模式作为参考模式数据 $\boldsymbol{X}_r \in \mathbf{R}^{N_r \times M}$，剩下的 $h-1$ 个模式作为差异模式数据 $\boldsymbol{X}_a \in \mathbf{R}^{N_a \times M}$，$N_r \geqslant N_a$，$a=1, 2, \cdots, h-1$。

首先，应用参考模式数据建立模型。考虑到采样数据的非线性关系，将参考模式数据映射到高维空间 $\boldsymbol{x}_r \in \mathbf{R}^{1\times M} \to \boldsymbol{\Phi}(\boldsymbol{x}_r) \in \mathbf{R}^{1\times L}$，其中，$L$ 是映射到高维空间的维数，为未知量。通过核函数方法，数据可分解为如下形式：

$$\left.\begin{aligned} \boldsymbol{T}_r &= \boldsymbol{\Theta}_r \boldsymbol{L}_r = \boldsymbol{\Theta}_r \boldsymbol{\Theta}_r^{\mathrm{T}} \boldsymbol{P}_r \\ \boldsymbol{E}_r &= \boldsymbol{T}_r^e \boldsymbol{L}_r^e = \boldsymbol{\Theta}_r \boldsymbol{L}_r^e \boldsymbol{L}_r^{e\mathrm{T}} = \boldsymbol{\Theta}_r \boldsymbol{\Theta}_r^{\mathrm{T}} \boldsymbol{P}_r^e \boldsymbol{P}_r^{e\mathrm{T}} \boldsymbol{\Theta}_r \end{aligned}\right\} \tag{4.28}$$

式中，$\boldsymbol{\Theta}_r = [\boldsymbol{\Phi}(\boldsymbol{x}_{r1}), \boldsymbol{\Phi}(\boldsymbol{x}_{r2}), \cdots, \boldsymbol{\Phi}(\boldsymbol{x}_{rN})]^{\mathrm{T}} \in \mathbf{R}^{N\times L}$是映射到高维空间的参考模式的采样数据；$\boldsymbol{T}_r \in \mathbf{R}^{N\times R_r}$和 $\boldsymbol{L}_r = \boldsymbol{\Theta}_r^{\mathrm{T}} \boldsymbol{P}_r = \sqrt{N}\boldsymbol{\Theta}_r^{\mathrm{T}} \boldsymbol{H} \boldsymbol{\Lambda}^{-1/2} \in \mathbf{R}^{L\times R_r}$为对应于主元分析中的主元得分矩阵和投影矩阵，其中，$\boldsymbol{H} \in \mathbf{R}^{N\times R_r}$，$\boldsymbol{\Lambda} = \mathrm{diag}(\lambda_1, \lambda_2, \cdots, \lambda_{R_r})$是核矩阵 $\boldsymbol{K}_r = \boldsymbol{\Theta}_r \boldsymbol{\Theta}_r^{\mathrm{T}}$ 的特征向量矩阵，λ_1，λ_2，$\cdots$，λ_{R_r}是其特征值；R_r 是将数据中 85%的方差变化保留在主元空间中的主元数目。

根据 KICA 建模方法，白化矩阵的表示形式如下：

$$\boldsymbol{Z}_r = \boldsymbol{\Theta}_r \boldsymbol{L}_r \boldsymbol{\Lambda}^{-1/2} = \sqrt{N}\boldsymbol{\Theta}_r \boldsymbol{\Theta}_r^{\mathrm{T}} \boldsymbol{H}_r \boldsymbol{\Lambda}^{-1} = \sqrt{N}\boldsymbol{K}_r \boldsymbol{H}_r \boldsymbol{\Lambda}^{-1} \tag{4.29}$$

由负熵最大化方法，训练出变换矩阵 $\boldsymbol{B} \in \mathbf{R}^{R_r \times p}$，其中，$p$ 为保留的独立元个数。参考模式的独立元提取公式如下：

$$\boldsymbol{S}_r = \boldsymbol{Z}_r \boldsymbol{B} \boldsymbol{D}^{1/2} = \sqrt{N}\boldsymbol{\Theta}_r \boldsymbol{\Theta}_r^{\mathrm{T}} \boldsymbol{H} \boldsymbol{\Lambda}^{-1} \boldsymbol{B} \boldsymbol{D}^{1/2} = \boldsymbol{\Theta}_r \boldsymbol{W}_r \tag{4.30}$$

其中，$\boldsymbol{D} = \mathrm{diag}(\lambda_1, \lambda_2, \cdots, \lambda_p)$，$\boldsymbol{W}_r$ 为参考模式的解混矩阵，也是参考模式数据的监测模型。根据独立元分析算法，由独立元数据恢复采样数据的混合矩阵为

$$\boldsymbol{A}_r = \boldsymbol{N}^{-1/2} \boldsymbol{D}^{-1/2} \boldsymbol{B}^{\mathrm{T}} \boldsymbol{\Lambda} \boldsymbol{H}^{\mathrm{T}} \boldsymbol{\Theta}_r \tag{4.31}$$

用参考模式的监测模型 $\boldsymbol{W}_r$，提取所有模式正常数据的独立元数据。所有模式数据映射到高维空间的表达形式为

$$\boldsymbol{\Theta}_A = [\boldsymbol{\Phi}(\boldsymbol{x}_1), \boldsymbol{\Phi}(\boldsymbol{x}_2), \cdots, \boldsymbol{\Phi}(\boldsymbol{x}_N)]^{\mathrm{T}} \in \mathbf{R}^{N\times L}$$

则提取出的包含所有模式数据的独立元为

$$\boldsymbol{S}_A = \boldsymbol{\Theta}_A \boldsymbol{W}_r = \sqrt{N}\boldsymbol{\Theta}_A \boldsymbol{\Theta}_r^{\mathrm{T}} \boldsymbol{H} \boldsymbol{\Lambda}^{-1} \boldsymbol{B} \boldsymbol{D}^{1/2} = \sqrt{N}\boldsymbol{K}_A \boldsymbol{H} \boldsymbol{\Lambda}^{-1} \boldsymbol{B} \boldsymbol{D}^{1/2} \tag{4.32}$$

其中，$\boldsymbol{K}_A \in \mathbf{R}^{N\times N_r}$，$k_{A,ij} = k(\boldsymbol{x}_i, x_{rj})$ $(i=1, 2, \cdots, N;\ j=1, 2, \cdots, N_r)$为包含所有模式的核矩阵，并且已经被中心化和标准化。

j 时刻 T_j^2 统计量的计算方法为

$$T_j^2 = \boldsymbol{S}_j \boldsymbol{\Lambda}^{-1} \boldsymbol{S}_j^{\mathrm{T}} = [S_{1j}, S_{2j}, \cdots, S_{pj}] \begin{bmatrix} \lambda_1^{-1} & & & \\ & \lambda_2^{-1} & & \\ & & \ddots & \\ & & & \lambda_p^{-1} \end{bmatrix} \begin{bmatrix} S_{1j} \\ S_{2j} \\ \vdots \\ S_{pj} \end{bmatrix} \tag{4.33}$$

式(4.33)中，j时刻的T_j^2统计量是由该时刻每一个独立元S_{ij}对T_j^2的贡献$T_j^2=S_{ij}\lambda_i^{-1}S_{ij}(i=1, 2, \cdots, R)$的总和。当采用参考模式的监测模型监测所有模式时，为了找到哪些独立元对于统计量T^2的超限起作用，哪些没有，将参考模式数据的独立元同所有模式数据中提取的独立元进行比较，如下所示：

$$\begin{aligned}&\sum_{j=1}^{N} S_{\boldsymbol{A},ij}\lambda_i^{-1}S_{\boldsymbol{A},ij}\leqslant\sum_{j=1}^{N} S_{r,ij}\lambda_i^{-1}S_{r,ij}\\&\Rightarrow\sum_{j=1}^{N}(S_{\boldsymbol{A},ij})^2\leqslant\sum_{j=1}^{N}(S_{r,ij})^2\\&\Rightarrow Var(S_{\boldsymbol{A}}(:, i))\leqslant Var(S_r(:, i))\quad(i=1, 2, \cdots, R)\end{aligned}\tag{4.34}$$

比较所有模式数据的独立元和参考模式的独立元，如果第i个不等式$Var(S_{\boldsymbol{A}}(:, i))\leqslant Var(S_r(:, i))$成立，则将$\boldsymbol{W}_r$的第$i$列保留。最终将所有满足不等式的相应的$\boldsymbol{W}_r$的列组成$\boldsymbol{W}_{\boldsymbol{A}}^n$。根据提取过程可知，由$\boldsymbol{W}_{\boldsymbol{A}}^n$提取出的独立元在参考模式的监测模型监测时，对监测统计量T^2的超限没有影响。因此，此部分模型即为所有模式的公共监测模型，由此监测模型提取出的独立元数据，即为各个模式间的公共信息部分。

这种比较方式从监测角度出发，比较出当采用参考模式的监测模型对所有的模式数据进行监测时，所提取的独立元数据哪些对监测数据T^2的超限起作用，哪些没有。而没有起作用的即被认为是所有模式数据中公共的独立元数据，相应地提取这部分独立元数据的模型，作为所有模式的公共模型。

对于单独的各个模式的数据，通过公共模型$\boldsymbol{W}_{\boldsymbol{A}}^n$可以提取出各个单独模式数据中的公共独立元部分：

$$\boldsymbol{S}_{a,c}=\boldsymbol{\Theta}_a\boldsymbol{W}_{\boldsymbol{A}}^n=\Theta_a\Theta_r^{\mathrm{T}}\overline{\boldsymbol{W}}_{\boldsymbol{A}}^n=\boldsymbol{K}_a\overline{\boldsymbol{W}}_{\boldsymbol{A}}^n\quad(a=1, 2, \cdots, h)\tag{4.35}$$

其中，$\boldsymbol{K}_a\in\mathbf{R}^{N_a\times N_r}$是第$a$个模式的核矩阵，$k_{a,ij}=k(x_{a,i}, x_{r,j})$并且已经经过参考模式数据中心化和标准化。

将提取出的公共独立元信息恢复到原采样空间并从各模式的数据中去除，则剩余部分为各模式的特殊信息部分。首先，将重构数据假设为$\boldsymbol{\Theta}=\boldsymbol{SU}\in\mathbf{R}^{N\times L}$。因此，$\boldsymbol{U}$是以下方程的最优解：

$$\min\sum_{i=1}^{N}[\boldsymbol{\Phi}_i(\boldsymbol{x})-\hat{\boldsymbol{\Phi}}_i(\boldsymbol{x})][\boldsymbol{\Phi}_i(\boldsymbol{x})-\hat{\boldsymbol{\Phi}}_i(\boldsymbol{x})]^{\mathrm{T}}\tag{4.36}$$

令函数$\boldsymbol{F}(\boldsymbol{U})=\sum_{i=1}^{N}[\boldsymbol{\Phi}_i(\boldsymbol{x})\hat{\boldsymbol{\Phi}}_i(\boldsymbol{x})][\boldsymbol{\Phi}_i(\boldsymbol{x})-\hat{\boldsymbol{\Phi}}_i(\boldsymbol{x})]^{\mathrm{T}}$，则有

$$\begin{aligned}\boldsymbol{F}(\boldsymbol{U})&=trace(\boldsymbol{\Theta}-\hat{\boldsymbol{\Theta}})(\boldsymbol{\Theta}-\hat{\boldsymbol{\Theta}})^{\mathrm{T}}\\&=trace(\boldsymbol{\Theta}-\boldsymbol{SU})(\boldsymbol{\Theta}-\boldsymbol{SU})^{\mathrm{T}}\\&=trace(\boldsymbol{\Theta}\boldsymbol{\Theta}^{\mathrm{T}}-\boldsymbol{\Theta}\boldsymbol{U}^{\mathrm{T}}\boldsymbol{S}^{\mathrm{T}}-\boldsymbol{SU}\boldsymbol{\Theta}^{\mathrm{T}}+\boldsymbol{SU}\boldsymbol{U}^{\mathrm{T}}\boldsymbol{S}^{\mathrm{T}})\end{aligned}\tag{4.37}$$

$\boldsymbol{F}(\boldsymbol{U})$对$\boldsymbol{U}$求导数，并等于零矩阵，可以得到

$$S^{\mathrm{T}}SU-S^{\mathrm{T}}\Theta=O \tag{4.38}$$

整理得

$$U=(S^{\mathrm{T}}S)^{-1}S^{\mathrm{T}}\Theta \tag{4.39}$$

重构数据为

$$\hat{\Theta}=SU=S(S^{\mathrm{T}}S)^{-1}S^{\mathrm{T}}\Theta \tag{4.40}$$

因此，公共模型提取出的各模式数据中的公共信息可通过下式重构：

$$\hat{\Theta}_{a,c}=S_{a,c}(S_{a,c}^{\mathrm{T}}S_{a,c})^{-1}S_{a,c}^{\mathrm{T}}\Theta_a \tag{4.41}$$

将独立元高维空间中各个模式数据信息去除全模式公共信息部分，则剩余的数据信息为各个模式的特殊信息部分。对此部分应用核独立元分析方法单独建模，即可得到独立元空间中各模式特殊部分的监测模型。

特殊部分的核矩阵为

$$\begin{aligned}K_{a,d}&=\hat{\Theta}_{a,d}\hat{\Theta}_{a,d}^{\mathrm{T}}\\&=(\hat{\Theta}_a-\hat{\Theta}_{a,c})(\hat{\Theta}_a-\hat{\Theta}_{a,c})^{\mathrm{T}}\\&=\hat{\Theta}_a\hat{\Theta}_a^{\mathrm{T}}-\hat{\Theta}_a\hat{\Theta}_{a,c}^{\mathrm{T}}-\hat{\Theta}_{a,c}\hat{\Theta}_a^{\mathrm{T}}+\hat{\Theta}_{a,c}^{\mathrm{T}}\hat{\Theta}_{a,c}^{\mathrm{T}}\\&=K_{aa}-K_{aca}-K_{aca}^{\mathrm{T}}+K_{acac}\end{aligned} \tag{4.42}$$

其中，$\hat{\Theta}_a=\Theta_a W_r A_r=\Theta_a\Theta_r^{\mathrm{T}}\overline{W}_r\overline{A}_r\Theta_r=K_a\overline{W}_r\overline{A}_r\Theta_r$ 为 a 模式数据由所有独立元的恢复数据，其中包含了公共部分的信息和特殊部分的信息。

式(4.42)中的核矩阵具体表示如下：

$$\begin{aligned}K_{aa}&=\hat{\Theta}_a\hat{\Theta}_a^{\mathrm{T}}\\&=K_a\overline{W}_r\overline{A}_r\Theta_r\Theta_r^{\mathrm{T}}\overline{A}_r^{\mathrm{T}}\overline{W}_r^{\mathrm{T}}K_a^{\mathrm{T}}\\&=K_a\overline{W}_r\overline{A}_rK_r\overline{W}_r\overline{A}_rK_a^{\mathrm{T}}\end{aligned} \tag{4.43}$$

$$\begin{aligned}K_{aca}&=\hat{\Theta}_a\hat{\Theta}_{a,c}^{\mathrm{T}}\\&=K_a\overline{W}_r\overline{A}_r\Theta_r\Theta_a^{\mathrm{T}}S_{a,c}(S_{a,c}^{\mathrm{T}}S_{a,c})^{-1}S_{a,c}^{\mathrm{T}}\\&=K_a\overline{W}_r\overline{A}_r\Theta_rK_a^{\mathrm{T}}S_{a,c}(S_{a,c}^{\mathrm{T}}S_{a,c})^{-1}S_{a,c}^{\mathrm{T}}\end{aligned} \tag{4.44}$$

$$\begin{aligned}K_{acac}&=\hat{\Theta}_{a,c}\hat{\Theta}_{a,c}^{\mathrm{T}}\\&=S_{a,c}(S_{a,c}^{\mathrm{T}}S_{a,c})^{-1}S_{a,c}^{\mathrm{T}}\Theta_a\Theta_a^{\mathrm{T}}S_{a,c}(S_{a,c}^{\mathrm{T}}S_{a,c})^{-1}S_{a,c}^{\mathrm{T}}\\&=S_{a,c}(S_{a,c}^{\mathrm{T}}S_{a,c})^{-1}S_{a,c}^{\mathrm{T}}\overline{K}_{aa}S_{a,c}(S_{a,c}^{\mathrm{T}}S_{a,c})^{-1}S_{a,c}^{\mathrm{T}}\end{aligned} \tag{4.45}$$

其中，$\overline{K}_{aa}\in\mathbf{R}^{N_a\times N_a}$是第 a 个模式的核矩阵，$\bar{k}_{aa,ij}=k(x_{a,i},\ x_{a,j})$并且已中心化和标准化。

通过 SVD 分解，特殊部分的白化矩阵可以如下表示：

$$\begin{aligned}Z_{a,d}&=\sqrt{N_a}\,\hat{\Theta}_{a,d}\hat{\Theta}_{a,d}^{\mathrm{T}}H_{a,d}\Lambda_{a,d}^{-1}\\&=\sqrt{N_a}\,K_{a,d}H_{a,d}\Lambda_{a,d}^{-1}\end{aligned} \tag{4.46}$$

其中，$H_{a,d}$和 $\Lambda_{a,d}$是特殊部分核矩阵的特征向量和特征值。

采用独立元分析方法，最终可得到特殊部分的独立元信息和此部分的监测模型：

$$\begin{aligned}\boldsymbol{S}_{a,d}&=\boldsymbol{Z}_{a,d}\boldsymbol{B}_{a,d}\boldsymbol{D}_{a,d}^{1/2}\\&=\sqrt{N_a}\,\hat{\boldsymbol{\Theta}}_{a,d}\hat{\boldsymbol{\Theta}}_{a,d}^{\mathrm{T}}\boldsymbol{H}_{a,d}\boldsymbol{\Lambda}_{a,d}^{-1}\boldsymbol{B}_{a,d}\boldsymbol{D}_{a,d}^{1/2}\\&=\hat{\boldsymbol{\Theta}}_{a,d}\underbrace{(\hat{\boldsymbol{\Theta}}_{a}-\hat{\boldsymbol{\Theta}}_{a,c})^{\mathrm{T}}\boldsymbol{H}_{a,d}\boldsymbol{\Lambda}_{a,d}^{-1}\boldsymbol{B}_{a,d}\boldsymbol{D}_{a,d}^{1/2}\sqrt{N_a}}_{\boldsymbol{W}_{a,d}}=\hat{\boldsymbol{\Theta}}_{a,d}\boldsymbol{W}_{a,d}\end{aligned}\tag{4.47}$$

其中，$\boldsymbol{B}_{a,d}$为高斯最大化矩阵，$\boldsymbol{W}_{a,d}$即为所求的特殊部分的信息监测模型。公共部分监测模型的 $\boldsymbol{W}_{\boldsymbol{A}}^{n}$ 简化表示为 $\boldsymbol{W}_c$。

4.5.3 残差空间的公共模型和特殊模型的建立

独立元监测模型之外的数据，即为残差空间数据。根据独立元空间监测模型的建立过程，可知独立元系统空间的数据为

$$\hat{\boldsymbol{\Theta}}=\boldsymbol{S}\boldsymbol{A}=\boldsymbol{\Theta}\boldsymbol{W}\boldsymbol{A}$$

其中，$\boldsymbol{W}$ 和 $\boldsymbol{A}$ 是解混矩阵和混合矩阵。

当主要的独立元数据被提取出后，高维空间中剩余的残差数据为

$$\boldsymbol{E}_r'=\boldsymbol{\Theta}_r-\hat{\boldsymbol{\Theta}}_r$$

假设大多数的非高斯数据已经被提取出的独立元数据包含，则残差数据满足高斯分布。

为了监测残差部分数据的变化，可以采用KPCA方法，投影得 $\boldsymbol{T}_r^e=\boldsymbol{E}_r'\boldsymbol{Q}_r^e$，得到残差空间的得分矩阵 $\boldsymbol{T}_r^e$ 和负载矩阵 $\boldsymbol{Q}_r^e$。但是对每一个模式的残差数据进行KPCA分析，不利于建立一个统一的模型。通过分析，从理论上可以证明：提取独立元过程中得到的残差方向 $\boldsymbol{L}_r^e(\boldsymbol{L}\times\boldsymbol{R}_r^e)$，可以很好地替代 $\boldsymbol{Q}_r^e$，即 $\frac{1}{N}\boldsymbol{E}'^{\mathrm{T}}_r\boldsymbol{E}_r'\boldsymbol{L}_r^e=\boldsymbol{L}_r^e\boldsymbol{\Lambda}_r^e$。并且能够证明 $\boldsymbol{L}_r^e$ 可以直接从高维空间中的采样数据中提取出残差数据：$\boldsymbol{E}_r'\boldsymbol{L}_r^e=\boldsymbol{\Theta}_r\boldsymbol{L}_r^e$，这一性质可以方便建立后面的统一模型。

首先证明：

$$\frac{1}{N}\boldsymbol{E}'^{\mathrm{T}}_r\boldsymbol{E}_r'\boldsymbol{L}_r^e=\boldsymbol{L}_r^e\boldsymbol{\Lambda}_r^e$$

$$\begin{aligned}\frac{1}{N}\boldsymbol{E}'^{\mathrm{T}}_r\boldsymbol{E}_r'\boldsymbol{L}_r^e&=\frac{1}{N}(\boldsymbol{\Theta}_r-\hat{\boldsymbol{\Theta}}_r)^{\mathrm{T}}(\boldsymbol{\Theta}_r-\hat{\boldsymbol{\Theta}}_r)\boldsymbol{L}_r^e\\&=\frac{1}{N}\boldsymbol{\Theta}_r^{\mathrm{T}}\boldsymbol{\Theta}_r\boldsymbol{L}_r^e-\frac{1}{N}\boldsymbol{\Theta}_r^{\mathrm{T}}\hat{\boldsymbol{\Theta}}_r\boldsymbol{L}_r^e-\frac{1}{N}\hat{\boldsymbol{\Theta}}_r^{\mathrm{T}}\boldsymbol{\Theta}_r\boldsymbol{L}_r^e+\frac{1}{N}\hat{\boldsymbol{\Theta}}_r^{\mathrm{T}}\hat{\boldsymbol{\Theta}}_r\boldsymbol{L}_r^e\\&=\boldsymbol{L}_r^e\boldsymbol{\Lambda}_r^e-\frac{1}{N}\boldsymbol{\Theta}_r^{\mathrm{T}}\boldsymbol{\Theta}_r\boldsymbol{W}_r\boldsymbol{A}_r\boldsymbol{L}_r^e-\frac{1}{N}(\boldsymbol{\Theta}_r\boldsymbol{W}_r\boldsymbol{A}_r)^{\mathrm{T}}\boldsymbol{\Theta}_r\boldsymbol{L}_r^e+\frac{1}{N}\hat{\boldsymbol{\Theta}}_r^{\mathrm{T}}\boldsymbol{\Theta}_r\boldsymbol{W}_r\boldsymbol{A}_r\boldsymbol{L}_r^e\end{aligned}\tag{4.48}$$

根据KICA建模过程，可知：解混矩阵 $\boldsymbol{W}_r=\sqrt{N_r}\,\boldsymbol{\Theta}_r^{\mathrm{T}}\boldsymbol{H}\boldsymbol{\Lambda}^{-1}\boldsymbol{B}\boldsymbol{D}^{1/2}$，混合矩阵

$\boldsymbol{A}_r = \boldsymbol{N}^{-1/2}\boldsymbol{D}^{-1/2}\boldsymbol{B}^{\mathrm{T}}\boldsymbol{\Lambda}\boldsymbol{H}^{\mathrm{T}}\boldsymbol{\Theta}_r$，从而

$$\boldsymbol{A}_r\boldsymbol{L}_r^e = \boldsymbol{N}^{-1/2}\boldsymbol{D}^{-1/2}\boldsymbol{B}^{\mathrm{T}}\boldsymbol{\Lambda}\boldsymbol{H}_r^{\mathrm{T}}\boldsymbol{\Theta}_r\boldsymbol{\Theta}_r^{\mathrm{T}}\boldsymbol{H}_r^e\widetilde{\boldsymbol{\Lambda}}^{-1/2}\sqrt{N} \tag{4.49}$$

因为 $\boldsymbol{H}_r$ 和 $\boldsymbol{H}_r^e$ 是与核矩阵 $\boldsymbol{K}_r = \boldsymbol{\Theta}_r\boldsymbol{\Theta}_r^{\mathrm{T}}$ 的特征向量矩阵相互垂直的两部分，所以 $\boldsymbol{H}_r^{\mathrm{T}}\boldsymbol{\Theta}\boldsymbol{\Theta}^{\mathrm{T}}\boldsymbol{H}_r^e = \boldsymbol{O}$，从而 $\boldsymbol{A}_r\boldsymbol{L}_r^e = \boldsymbol{O}$，说明 $\boldsymbol{A}_r$ 和 $\boldsymbol{L}_r^e$ 是相互垂直的两个矩阵。代入式(4.48)中的第二项和第四项，则其等于零矩阵。

式(4.48)的第三项可整理为

$$\begin{aligned}\frac{1}{N}(\boldsymbol{X}_r\boldsymbol{W}_r\boldsymbol{A}_r)^{\mathrm{T}}\boldsymbol{\Theta}_r\boldsymbol{L}_r^e &= \frac{1}{N}\boldsymbol{W}_r\boldsymbol{A}_r\boldsymbol{\Theta}_r^{\mathrm{T}}\boldsymbol{\Theta}_r\boldsymbol{L}_r^e \\ &= \boldsymbol{W}_r\boldsymbol{A}_r\boldsymbol{L}_r^e\boldsymbol{\Lambda}_r^e = \boldsymbol{O}\end{aligned} \tag{4.50}$$

带入式(4.48)，则

$$\frac{1}{N}\boldsymbol{E}'^{\mathrm{T}}_r\boldsymbol{E}_r'\boldsymbol{L}_r^e = \boldsymbol{L}_r^e\boldsymbol{\Lambda}_r^e$$

然后证明：

$$\boldsymbol{E}_r'\boldsymbol{L}_r^e = \boldsymbol{\Theta}_r\boldsymbol{L}_r^e$$

根据 $\boldsymbol{E}_r' = \boldsymbol{\Theta}_r - \hat{\boldsymbol{\Theta}}_r$ 可得

$$\boldsymbol{\Theta}_r\boldsymbol{L}_r^e = (\hat{\boldsymbol{\Theta}}_r + \boldsymbol{E}_r')\boldsymbol{L}_r^e = (\boldsymbol{\Theta}_r\boldsymbol{W}_r\boldsymbol{A}_r + \boldsymbol{E}_r')\boldsymbol{L}_r^e$$

并且已经证明了 $\boldsymbol{A}_r$ 和 $\boldsymbol{L}_r^e$ 是相互垂直的两个矩阵，因此整理后可得

$$\boldsymbol{E}_r'\boldsymbol{L}_r^e = \boldsymbol{\Theta}_r\boldsymbol{L}_r^e$$

下面对所有模式的残差数据进行分析。首先将高维空间中的所有模式数据 $\boldsymbol{\Theta}_A$ 投影到残差方向 $\boldsymbol{L}_r^e = \boldsymbol{\Theta}_r^{\mathrm{T}}\boldsymbol{P}_r^e$ 上，得到残差得分矩阵：

$$\boldsymbol{T}_A^e = \boldsymbol{\Theta}_A\boldsymbol{\Theta}_r^{\mathrm{T}}\boldsymbol{P}_r^e = \sqrt{N}\boldsymbol{\Theta}_A\boldsymbol{\Theta}_r^{\mathrm{T}}\boldsymbol{H}_r^e\widetilde{\boldsymbol{\Lambda}}^{-1/2} = \sqrt{N}\boldsymbol{K}_A\boldsymbol{H}_r^e\widetilde{\boldsymbol{\Lambda}}^{-1/2} \tag{4.51}$$

比较所有模式数据同参考模式数据在各个残差方向上的得分大小是否满足如下不等式：

$$Var(\boldsymbol{T}_A^e(:,i)) \leqslant Var(\boldsymbol{T}_r^e(:,i)) \quad (i = R_r+1, R_r+2, \cdots, N_r) \tag{4.52}$$

如果第 i 个残差方向上的得分满足不等式(4.52)，则认为残差第 i 个方向的各个模式具有公共信息，将其保留在残差空间公共模型 $\boldsymbol{L}_c^e = \boldsymbol{\Theta}_r^{\mathrm{T}}\boldsymbol{P}_c^e$ 中。其中，$\boldsymbol{P}_c^e$ 根据不等式(4.52)从 $\boldsymbol{P}_r^e$ 中提取相应列得到。残差空间的公共部分表示如下：

$$\begin{aligned}\boldsymbol{\Theta}_{a,c}^e &= \boldsymbol{\Theta}_a\boldsymbol{L}_c^e\boldsymbol{L}_c^{e\mathrm{T}} \\ &= \boldsymbol{\Theta}_a\boldsymbol{\Theta}_r^{\mathrm{T}}\boldsymbol{P}_c^e\boldsymbol{P}_c^{e\mathrm{T}}\boldsymbol{\Theta}_r^{\mathrm{T}}\end{aligned} \tag{4.53}$$

残差空间中各个模式数据中的特殊部分信息，可以通过将各个模式残差空间中的公共部分去除得到：

$$\boldsymbol{\Theta}_{a,d}^e = \boldsymbol{\Theta}_a^e - \boldsymbol{\Theta}_{a,c}^e \tag{4.54}$$

对特殊部分的信息应用 KPCA 方法建模，得到各个模式残差空间中特殊部

分的监测模型。具体方法如下：

首先由式(4.53)得到特殊信息部分的核矩阵：

$$\begin{aligned}\boldsymbol{K}^{e}_{a,d}&=\boldsymbol{\Theta}^{e}_{a,d}\boldsymbol{\Theta}^{e\mathrm{T}}_{a,d}\\&=(\boldsymbol{\Theta}^{e}_{a}-\boldsymbol{\Theta}^{e}_{a,c})(\boldsymbol{\Theta}^{e}_{a}-\boldsymbol{\Theta}^{e}_{a,c})^{\mathrm{T}}\\&=\boldsymbol{\Theta}^{e}_{a}\boldsymbol{\Theta}^{e\mathrm{T}}_{a}-\boldsymbol{\Theta}^{e}_{a}\boldsymbol{\Theta}^{e\mathrm{T}}_{a,c}-\boldsymbol{\Theta}^{e}_{a,c}\boldsymbol{\Theta}^{e\mathrm{T}}_{a}+\boldsymbol{\Theta}^{e}_{a,c}\boldsymbol{\Theta}^{e\mathrm{T}}_{a,c}\end{aligned}\tag{4.55}$$

其中各部分的具体形式如下：

$$\begin{aligned}\boldsymbol{\Theta}^{e}_{a}\boldsymbol{\Theta}^{e\mathrm{T}}_{a}&=\boldsymbol{\Theta}_{a}\boldsymbol{\Theta}_{r}\boldsymbol{P}^{e}_{r}\boldsymbol{P}^{e\mathrm{T}}_{r}\boldsymbol{\Theta}_{r}\boldsymbol{\Theta}_{r}\boldsymbol{P}^{e}_{r}\boldsymbol{P}^{e\mathrm{T}}_{r}\boldsymbol{\Theta}_{r}\boldsymbol{\Theta}^{\mathrm{T}}_{a}\\&=\boldsymbol{K}_{a}\boldsymbol{P}^{e}_{r}\boldsymbol{P}^{e\mathrm{T}}_{r}\boldsymbol{K}_{r}\boldsymbol{P}^{e}_{r}\boldsymbol{P}^{e\mathrm{T}}_{r}\boldsymbol{K}^{\mathrm{T}}_{a}\\&=\boldsymbol{K}_{a}\boldsymbol{P}^{e}_{r}\widetilde{\boldsymbol{\Lambda}}\boldsymbol{P}^{e\mathrm{T}}_{r}\boldsymbol{K}^{\mathrm{T}}_{a}\end{aligned}\tag{4.56}$$

$$\begin{aligned}\boldsymbol{\Theta}^{e}_{a}\boldsymbol{\Theta}^{e\mathrm{T}}_{a,c}&=\boldsymbol{\Theta}_{a}\boldsymbol{\Theta}_{r}\boldsymbol{P}^{e}_{r}\boldsymbol{P}^{e\mathrm{T}}_{r}\boldsymbol{\Theta}_{r}\boldsymbol{\Theta}_{r}\boldsymbol{P}^{e}_{c}\boldsymbol{P}^{e\mathrm{T}}_{c}\boldsymbol{\Theta}_{r}\boldsymbol{\Theta}^{\mathrm{T}}_{a}\\&=\boldsymbol{K}_{a}\boldsymbol{P}^{e}_{r}\boldsymbol{P}^{e\mathrm{T}}_{r}\boldsymbol{K}_{r}\boldsymbol{P}^{e}_{c}\boldsymbol{P}^{e\mathrm{T}}_{c}\boldsymbol{K}^{\mathrm{T}}_{a}\end{aligned}\tag{4.57}$$

$$\begin{aligned}\boldsymbol{\Theta}^{e}_{a,c}\boldsymbol{\Theta}^{e\mathrm{T}}_{a}&=\boldsymbol{\Theta}_{a}\boldsymbol{\Theta}_{r}\boldsymbol{P}^{e}_{c}\boldsymbol{P}^{e\mathrm{T}}_{c}\boldsymbol{\Theta}_{r}\boldsymbol{\Theta}_{r}\boldsymbol{P}^{e}_{r}\boldsymbol{P}^{e\mathrm{T}}_{r}\boldsymbol{\Theta}_{r}\boldsymbol{\Theta}^{\mathrm{T}}_{a}\\&=\boldsymbol{K}_{a}\boldsymbol{P}^{e}_{c}\boldsymbol{P}^{e\mathrm{T}}_{c}\boldsymbol{K}_{r}\boldsymbol{P}^{e}_{r}\boldsymbol{P}^{e\mathrm{T}}_{r}\boldsymbol{K}^{\mathrm{T}}_{a}\end{aligned}\tag{4.58}$$

$$\begin{aligned}\boldsymbol{\Theta}^{e}_{a,c}\boldsymbol{\Theta}^{e\mathrm{T}}_{a,c}&=\boldsymbol{\Theta}_{a}\boldsymbol{\Theta}_{r}\boldsymbol{P}^{e}_{c}\boldsymbol{P}^{e\mathrm{T}}_{c}\boldsymbol{\Theta}_{r}\boldsymbol{\Theta}_{r}\boldsymbol{P}^{e}_{c}\boldsymbol{P}^{e\mathrm{T}}_{c}\boldsymbol{\Theta}_{r}\boldsymbol{\Theta}^{\mathrm{T}}_{a}\\&=\boldsymbol{K}_{a}\boldsymbol{P}^{e}_{c}\boldsymbol{P}^{e\mathrm{T}}_{c}\boldsymbol{K}_{r}\boldsymbol{P}^{e}_{c}\boldsymbol{P}^{e\mathrm{T}}_{c}\boldsymbol{K}^{\mathrm{T}}_{a}\end{aligned}\tag{4.59}$$

通过SVD分解，并保留85%的方差变化于主元信息之中，最终可得到第a种模式数据在残差空间中特殊信息部分的KPCA分解结果：

$$\boldsymbol{T}^{e}_{a,d}=\boldsymbol{\Theta}^{e}_{a,d}\boldsymbol{\Theta}^{e\mathrm{T}}_{a,d}\boldsymbol{H}^{e}_{a,d}\widetilde{\boldsymbol{\Lambda}}^{-1/2}_{a,d}\sqrt{N_a}\tag{4.60}$$

从而，残差空间中特殊信息部分的监测模型可以得到，形式如下：

$$\boldsymbol{L}^{e}_{a,d}=\boldsymbol{\Theta}^{e\mathrm{T}}_{a,d}\boldsymbol{H}^{e}_{a,d}\widetilde{\boldsymbol{\Lambda}}^{-1/2}_{a,d}\sqrt{N_a}=\boldsymbol{\Theta}^{e\mathrm{T}}_{a,d}\boldsymbol{P}^{e}_{a,d}\tag{4.61}$$

残差空间中公共信息部分的监测模型为

$$\boldsymbol{L}^{e}_{c}=\boldsymbol{\Theta}^{\mathrm{T}}_{r}\boldsymbol{P}^{e}_{c}\tag{4.62}$$

4.5.4 MKICA在线监测

当对一个新的采样数据$\boldsymbol{X}_{\mathrm{new}}\in\mathbf{R}^{N_n\times M}$进行分析时，MKICA的处理过程大致分为两部分：首先，采样数据在独立元空间和残差空间的公共部分信息分别由$\boldsymbol{W}_c$和$\boldsymbol{L}^{e}_{c}$提取出来进行监测；然后，用相应模式的特殊部分模型$\boldsymbol{W}_{a,d}$和$\boldsymbol{L}^{e}_{a,d}$进行监测。

公共部分T^2_c的计算方法如下：

$$\begin{aligned}T^2_{c,\mathrm{new}}&=\boldsymbol{s}_{c,\mathrm{new}}\boldsymbol{\Lambda}^{-1}\boldsymbol{s}^{\mathrm{T}}_{c,\mathrm{new}}\\&=\boldsymbol{\Phi}(\boldsymbol{x}_{\mathrm{new}})\boldsymbol{W}_{c}\boldsymbol{\Lambda}^{-1}\boldsymbol{W}^{\mathrm{T}}_{c}\boldsymbol{\Phi}(\boldsymbol{x}_{\mathrm{new}})^{\mathrm{T}}\\&=\boldsymbol{\Phi}(\boldsymbol{x}_{\mathrm{new}})\boldsymbol{\Theta}^{\mathrm{T}}_{r}\overline{\boldsymbol{W}}^{n}_{\boldsymbol{A}}\boldsymbol{\Lambda}^{-1}\overline{\boldsymbol{W}}^{n\mathrm{T}}_{\boldsymbol{A}}\boldsymbol{\Theta}_{r}\boldsymbol{\Phi}(\boldsymbol{x}_{\mathrm{new}})^{\mathrm{T}}\\&=\boldsymbol{k}_{\mathrm{new}}\overline{\boldsymbol{W}}^{n}_{\boldsymbol{A}}\boldsymbol{\Lambda}^{-1}\overline{\boldsymbol{W}}^{n\mathrm{T}}_{\boldsymbol{A}}\boldsymbol{k}_{\mathrm{new}}\end{aligned}\tag{4.63}$$

公共部分 SPE_c 的计算方法如下：

$$\begin{aligned}SPE_{c,\text{new}}&=\boldsymbol{t}_{c,\text{new}}\widetilde{\boldsymbol{\Lambda}}_c^{-1}\boldsymbol{t}_{c,\text{new}}\\&=\boldsymbol{\Phi}(\boldsymbol{x}_{\text{new}})\boldsymbol{L}_c^e\widetilde{\boldsymbol{\Lambda}}_c^{-1}\boldsymbol{L}_c^{e\text{T}}\boldsymbol{\Phi}(\boldsymbol{x}_{\text{new}})^{\text{T}}\\&=\boldsymbol{\Phi}(\boldsymbol{x}_{\text{new}})\boldsymbol{\Theta}_r^{\text{T}}\boldsymbol{P}_c^e\boldsymbol{\Lambda}_c^{-1}\boldsymbol{P}_c^{e\text{T}}\boldsymbol{\Theta}_r\boldsymbol{\Phi}(\boldsymbol{x}_{\text{new}})^{\text{T}}\\&=\boldsymbol{k}_{\text{new}}\boldsymbol{P}_c^e\widetilde{\boldsymbol{\Lambda}}_c^{-1}\boldsymbol{P}_c^{e\text{T}}\boldsymbol{k}_{\text{new}}\end{aligned}\tag{4.64}$$

特殊部分 $T^2_{a,\text{new}}$ 的计算方法如下：

$$\begin{aligned}T^2_{a,\text{new}}&=\boldsymbol{s}_{a,\text{new}}\widetilde{\boldsymbol{\Lambda}}_{a,d}^{-1}\boldsymbol{s}_{a,\text{new}}^{\text{T}}\\&=\boldsymbol{\Phi}(\boldsymbol{x}_{\text{new}})\boldsymbol{W}_{a,d}\widetilde{\boldsymbol{\Lambda}}_{a,d}^{-1}\boldsymbol{W}_{a,d}^{\text{T}}\boldsymbol{\Phi}(\boldsymbol{x}_{\text{new}})^{\text{T}}\\&=\boldsymbol{\Phi}(\boldsymbol{x}_{\text{new}})(\hat{\boldsymbol{\Theta}}_a-\hat{\boldsymbol{\Theta}}_{a,c})^{\text{T}}\overline{\boldsymbol{W}}_{a,d}\widetilde{\boldsymbol{\Lambda}}_{a,d}^{-1}\overline{\boldsymbol{W}}_{a,d}^{\text{T}}(\hat{\boldsymbol{\Theta}}_a-\hat{\boldsymbol{\Theta}}_{a,c})\boldsymbol{\Phi}(\boldsymbol{x}_{\text{new}})^{\text{T}}\\&=[\boldsymbol{\Phi}(\boldsymbol{x}_{\text{new}})\boldsymbol{\Theta}_r^{\text{T}}\overline{\boldsymbol{A}}_r^{\text{T}}\overline{\boldsymbol{W}}_r^{\text{T}}\boldsymbol{K}_a^{\text{T}}-\boldsymbol{\Phi}(\boldsymbol{x}_{\text{new}})\boldsymbol{\Theta}_r^{a\text{T}}\boldsymbol{S}_{a,c}(\boldsymbol{S}_{a,c}^{\text{T}}\boldsymbol{S}_{a,c})^{-1}\boldsymbol{S}_{a,c}^{\text{T}}]\overline{\boldsymbol{W}}_{a,d}\boldsymbol{\Lambda}_{a,d}^{-1}\overline{\boldsymbol{W}}_{a,d}^{\text{T}}\cdot\\&\quad[\boldsymbol{\Phi}(\boldsymbol{x}_{\text{new}})\boldsymbol{\Theta}_r^{\text{T}}\overline{\boldsymbol{A}}_r^{\text{T}}\overline{\boldsymbol{W}}_r^{\text{T}}\boldsymbol{K}_a^{\text{T}}-\boldsymbol{\Phi}(\boldsymbol{x}_{\text{new}})\boldsymbol{\Theta}_r^{a\text{T}}\boldsymbol{S}_{a,c}(\boldsymbol{S}_{a,c}^{\text{T}}\boldsymbol{S}_{a,c})^{-1}\boldsymbol{S}_{a,c}^{\text{T}}]^{\text{T}}\\&=[\boldsymbol{k}_{\text{new}}\overline{\boldsymbol{A}}_r^{\text{T}}\overline{\boldsymbol{W}}_r^{\text{T}}\boldsymbol{K}_a^{\text{T}}-\boldsymbol{k}_{\text{new}}^a\boldsymbol{S}_{a,c}(\boldsymbol{S}_{a,c}^{\text{T}}\boldsymbol{S}_{a,c})^{-1}\boldsymbol{S}_{a,c}^{\text{T}}]\overline{\boldsymbol{W}}_{a,d}\boldsymbol{\Lambda}_{a,d}^{-1}\overline{\boldsymbol{W}}_{a,d}^{\text{T}}\cdot\\&\quad[\boldsymbol{k}_{\text{new}}\overline{\boldsymbol{A}}_r^{\text{T}}\overline{\boldsymbol{W}}_r^{\text{T}}\boldsymbol{K}_a^{\text{T}}-\boldsymbol{k}_{\text{new}}^a\boldsymbol{S}_{a,c}(\boldsymbol{S}_{a,c}^{\text{T}}\boldsymbol{S}_{a,c})^{-1}\boldsymbol{S}_{a,c}^{\text{T}}]^{\text{T}}\end{aligned}\tag{4.65}$$

在式(4.65)中，$\boldsymbol{\Theta}_r^a\in\mathbf{R}^{N_a\times L}$ 为参考模式中前 N_a 个映射到高维空间中的采样数据。根据之前的定义，$\hat{\boldsymbol{\Theta}}_{a,c}=\boldsymbol{S}_{a,c}(\boldsymbol{S}_{a,c}^{\text{T}}\boldsymbol{S}_{a,c})^{-1}\boldsymbol{S}_{a,c}^{\text{T}}\boldsymbol{\Theta}_a$ 可以用公共部分独立元信息恢复模式 a 采样数据中的公共部分信息。而参考模式和各个模式中的公共部分信息相同，因此为简化计算，公共部分信息等价恢复到参考模式中，公式简化为

$$\hat{\boldsymbol{\Theta}}_{a,c}=\boldsymbol{S}_{a,c}(\boldsymbol{S}_{a,c}^{\text{T}}\boldsymbol{S}_{a,c})^{-1}\boldsymbol{S}_{a,c}^{\text{T}}\boldsymbol{\Theta}_r^a$$

相应地，核矩阵 $\boldsymbol{k}_{\text{new}}^a\in\mathbf{R}^{1\times N_a}$ 的计算方法为

$$k_{\text{new},i}^a=k(\boldsymbol{x}_{\text{new}},\ \boldsymbol{x}_{r,i})\quad(i=1,\ 2,\ \cdots,\ N_a)$$

可以通过提取 $\boldsymbol{k}_{\text{new}}\in\mathbf{R}^{1\times N_r}$ 的前 N_a 个元素得到。

特殊部分 $SPE_{a,\text{new}}$ 的计算方法如下：

$$\begin{aligned}SPE_{a,\text{new}}&=\boldsymbol{t}_{a,\text{new}}\widetilde{\boldsymbol{\Lambda}}_{a,d}^{-1}\boldsymbol{t}_{a,\text{new}}\\&=\boldsymbol{\Phi}(\boldsymbol{x}_{\text{new}})\boldsymbol{L}_{a,d}^e\widetilde{\boldsymbol{\Lambda}}_{a,d}^{-1}\boldsymbol{L}_{a,d}^{e\text{T}}\boldsymbol{\Phi}(\boldsymbol{x}_{\text{new}})^{\text{T}}\\&=\boldsymbol{\Phi}(\boldsymbol{x}_{\text{new}})\boldsymbol{\Theta}_{a,d}^{e\text{T}}\boldsymbol{P}_{a,d}^e\widetilde{\boldsymbol{\Lambda}}_{a,d}^{-1}\boldsymbol{P}_{a,d}^e\boldsymbol{\Theta}_{a,d}^e\boldsymbol{\Phi}(\boldsymbol{x}_{\text{new}})^{\text{T}}\\&=\boldsymbol{\Phi}(\boldsymbol{x}_{\text{new}})(\boldsymbol{\Theta}_a^e-\boldsymbol{\Theta}_{a,c}^e)^{\text{T}}\boldsymbol{P}_{a,d}^e\widetilde{\boldsymbol{\Lambda}}_{a,d}^{-1}\boldsymbol{P}_{a,d}^e(\boldsymbol{\Theta}_a^e-\boldsymbol{\Theta}_{a,c}^e)\boldsymbol{\Phi}(\boldsymbol{x}_{\text{new}})^{\text{T}}\\&=\boldsymbol{\Phi}(\boldsymbol{x}_{\text{new}})(\boldsymbol{\Theta}_a\boldsymbol{L}_r^e\boldsymbol{L}_r^{e\text{T}}-\boldsymbol{\Theta}_a\boldsymbol{L}_c^e\boldsymbol{L}_c^{e\text{T}})^{\text{T}}\boldsymbol{P}_{a,d}^e\widetilde{\boldsymbol{\Lambda}}_{a,d}^{-1}\boldsymbol{P}_{a,d}^e\cdot\\&\quad(\boldsymbol{\Theta}_a\boldsymbol{L}_r^e\boldsymbol{L}_r^{e\text{T}}-\boldsymbol{\Theta}_a\boldsymbol{L}_c^e\boldsymbol{L}_c^{e\text{T}})\boldsymbol{\Phi}(\boldsymbol{x}_{\text{new}})^{\text{T}}\\&=[\boldsymbol{\Phi}(\boldsymbol{x}_{\text{new}})(\boldsymbol{\Theta}_r^{\text{T}}\boldsymbol{P}_r^e\boldsymbol{P}_r^{e\text{T}}\boldsymbol{\Theta}_r\boldsymbol{\Theta}_a^{\text{T}}-\boldsymbol{\Phi}(\boldsymbol{x}_{\text{new}})\boldsymbol{\Theta}_r^{\text{T}}\boldsymbol{P}_c^e\boldsymbol{P}_c^{e\text{T}}\boldsymbol{\Theta}_r\boldsymbol{\Theta}_a^{\text{T}}]\boldsymbol{P}_{a,d}^e\widetilde{\boldsymbol{\Lambda}}_{a,d}^{-1}\boldsymbol{P}_{a,d}^e\cdot\\&\quad[\boldsymbol{\Phi}(\boldsymbol{x}_{\text{new}})\boldsymbol{\Theta}_r^{\text{T}}\boldsymbol{P}_r^e\boldsymbol{P}_r^{e\text{T}}\boldsymbol{\Theta}_r\boldsymbol{\Theta}_a^{\text{T}}-\boldsymbol{\Phi}(\boldsymbol{x}_{\text{new}})\boldsymbol{\Theta}_r^{\text{T}}\boldsymbol{P}_c^e\boldsymbol{P}_c^{e\text{T}}\boldsymbol{\Theta}_r\boldsymbol{\Theta}_a^{\text{T}}]^{\text{T}}\\&=[\boldsymbol{k}_{\text{new}}\boldsymbol{P}_r^e\boldsymbol{P}_r^{e\text{T}}\boldsymbol{K}_a^{\text{T}}-\boldsymbol{k}_{\text{new}}\boldsymbol{P}_c^e\boldsymbol{P}_c^{e\text{T}}\boldsymbol{K}_a^{\text{T}}]\boldsymbol{P}_{a,d}^e\widetilde{\boldsymbol{\Lambda}}_{a,d}^{-1}\boldsymbol{P}_{a,d}^e\cdot\\&\quad[\boldsymbol{k}_{\text{new}}\boldsymbol{P}_r^e\boldsymbol{P}_r^{e\text{T}}\boldsymbol{K}_a^{\text{T}}-\boldsymbol{k}_{\text{new}}\boldsymbol{P}_c^e\boldsymbol{P}_c^{e\text{T}}\boldsymbol{K}_a^{\text{T}}]\end{aligned}\tag{4.66}$$

当统计量有超出历史数据统计量控制限的情况发生时，则认为有故障发生。

多模式过程在线故障检测的步骤如下：

① 对新的样本点 $\boldsymbol{x}_{\text{new}}$ 进行标准化，构造新的核函数 $\boldsymbol{K}_{\text{new}} \in \mathbf{R}^{1\times N_r}$，$k_{\text{new},j} = k(\boldsymbol{x}_{\text{new}}, \boldsymbol{x}_{r,j})$ 并且已经标准化；

② 利用式(4.37)和式(4.38)计算公共部分的监测统计量，如果有故障发生，则说明此数据有故障，或属于某一不属于历史建模数据的新模式；

③ 利用式(4.39)和式(4.40)计算特殊部分的监测统计量，如果所有模式的特殊部分模型都超限，则说明新采样数据存在不属于历史建模数据的故障。

应用本节提出的基于 MKICA 的多模式故障检测方法将监测数据分为公共信息部分和特殊信息部分分别进行监测，其流程图如图 4.17 所示。

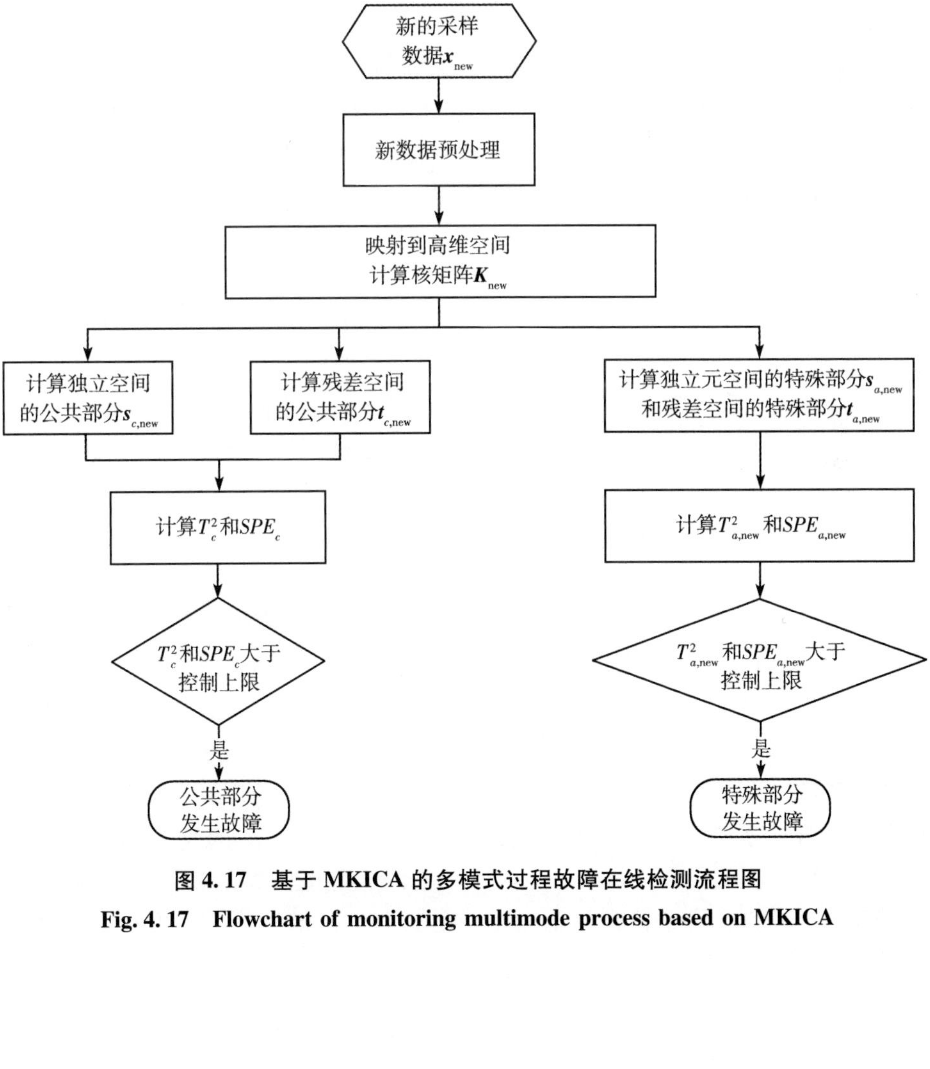

图 4.17　基于 MKICA 的多模式过程故障在线检测流程图

Fig. 4.17　Flowchart of monitoring multimode process based on MKICA

4.6 仿真研究与结果分析

4.6.1 田纳西过程介绍

田纳西过程(Tennessee Eastman Process, TE Process)是由 J. J. Downs 和 E. F. Vogel 提出的一个标准过程，很适合用于研究过程控制技术。大量的文献引用其作为数据源来进行过程监测和故障诊断的研究。

田纳西过程的原型是一个真实的化工过程，图 4.18 是该过程的工艺流程图。图 4.18 中，1，2，3，4，5，6，7，8，9，10，11，12，13 分别为流 1，流 2，流 3，流 4，流 5，流 6，流 7，流 8，流 9，流 10，流 11，流 12，流 13；FC 为流量控制；FI 为流量指示器；PI 为压力指示器；PHL 为压力控制；SC 为同步回旋加速器；TC 为温度控制；TI 为温度指示器；LI 为液位指示器；LC 为液位控制；XC 为成分控制；XA，XB，XD，XE 分别为成分 A 分析，成分 B 分析，成分 D 分析，成分 E 分析。这个过程的 5 个主要操作单元为反应器、冷凝器、循环压缩机、气/液分离器和汽提塔。田纳西过程是一个复杂的非线性过程，整个流程从 4 种反应物中生产 2 种产品，同时存在的还有一种副产物和一种惰性物质。所以反应成分共有 8 种：A，C，D，E 为原料(气体)；B 为惰性物质；F 为反应副产品(液体)；G，H 为反应产品(液体)。化学反应式如下：

$$A(\mathrm{g})+C(\mathrm{g})+D(\mathrm{g})\rightarrow G(\mathrm{liq}),\ \text{产品 1}$$
$$A(\mathrm{g})+C(\mathrm{g})+E(\mathrm{g})\rightarrow H(\mathrm{liq}),\ \text{产品 2}$$
$$A(\mathrm{g})+E(\mathrm{g})\rightarrow F(\mathrm{liq}),\ \text{副产品}$$
$$3D(\mathrm{g})\rightarrow 2F(\mathrm{liq}),\ \text{副产品}$$

其中，(g)表示气体，(liq)表示液体。

进料气体 A，C，D 和 E 以及惰性成分 B 被送进反应器，在催化剂的作用下，生成产物 G 和 H。物质 F 是副产品。反应是一个不可逆、放热的过程。反应器有一个内部的冷凝器，用来传导反应产生的热量，反应后产品经过冷凝器冷却，进入分离器进行气液分离。分离出的蒸汽经离心式压缩机循环回到反应器的进料口。为了防止惰性气体和反应副产品的积聚，会排放部分气体进入循环流。分离器分离的液体被送到汽提塔，以主要含 A，C 的流股作为气提流股，将残存的未反应组分分离，并从汽提塔的底部进入界区之外的精制工段。从塔底部出来的产品 G 和 H 被送到下游的过程中，惰性物质和副产品组要在气/液分离器中以气体的形式从系统中释放出来。

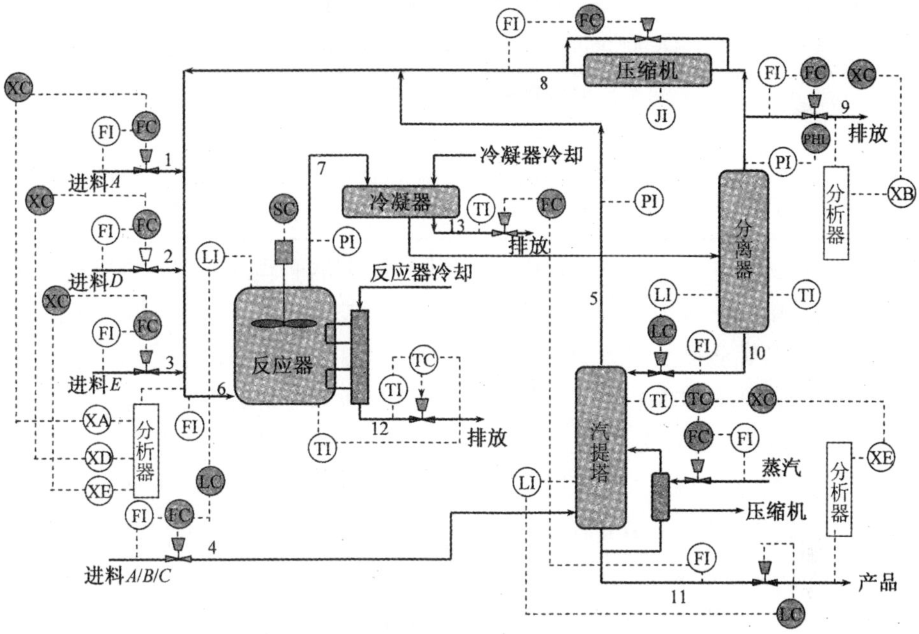

图 4.18 田纳西过程流程图

Fig. 4.18 The flowchart of Tennessee Eastman Process

田纳西过程共包含 41 个测量变量和 12 个控制变量。在 41 个测量变量中，22 个为连续测量变量，另外 19 个为对各种浓度的成分测量值。所有的过程都包含高斯噪声，具体变量名称及过程 Chiang 等人做了详细介绍。田纳西过程仿真系统的故障诊断所用的数据来源于 http://brahms. scs. uiuc. edu，仿真数据包中包含 41 个测量数据和 11 个控制变量(不包含反应器的搅拌速率)，共 52 个观测变量。在数据包中，每种故障数据包含一组正常的训练数据和一组含故障的测试数据，分别为 480 个采样和 960 个采样，并且不同故障的训练数据一般不可互换，否则会影响建模准确度，甚至不能检测到故障。数据包的训练数据不可互换这一特性与多模式过程不同模式的建模数据不可互换的特性相同，因此在本节中，田纳西数据差异较大的几组正常建模数据被用为多模式过程，用于本节提出的多模式故障监测方法的实验研究。

4.6.2 田纳西数据仿真结果分析

为验证本节提出的多模式过程监测方法的可靠性，选取了田纳西训练数据差异较大的三组数据，作为多模式过程在三种正常工况下的采样数据，相对应的三组测试数据作为三种模式下发生的故障数据，用于检验对多模式故障检测的效果。三种模式下的故障描述及特点如表 4.1 所示。

表 4.1 三种模式下的故障描述及特点

Table 4.1 Description and fault feature of three modes

模式	对应模式下发生的故障描述	故障特点
1	反应动力	缓慢漂移
2	冷凝器冷却水的入口温度	阶跃变化
3	*B* 的成分变化，*A/C* 的比率不变	阶跃变化

三种模式下正常工况下的建模数据不同，并且各种模式又有各自模式运行下发生的故障数据。其中，每种模式下正常工作状态的训练数据为 480 个采样，每种模式下的故障测试数据为 960 个采样。模式 1 的故障在第 400 个采样点发生，模式 2 的故障在第 200 个采样点发生，模式 3 的故障在第 160 个采样点发生。

利用 MKICA 方法监测模式 1 下的故障，其公共模型监测结果和相应的模式 1 的特殊模型监测结果如图 4.19 所示。公共模型监测的 T^2 统计量在第 500 个采样点检测出故障，*SPE* 统计量在第 450 个采样点左右检测出故障。模式 1 的特殊模型监测结果中，T^2 统计量和 *SPE* 统计量都大约在第 500 个采样点时检测到故障。公共模型和特殊模型对模式 1 下的故障检测效果相近，都能有效地检测到故障，但都有近 100 个采样的报警延时。

利用 MKICA 检测模式 2 下的故障，其公共模型监测结果和模式 2 的特殊模型监测结果如图 4.20 所示。公共模型监测的 T^2 统计量在第 400 个统计量左右发出有效报警，*SPE* 统计量同样在第 400 个采样之后发出报警。模式 2 的特殊模型的监测统计量 T^2 较灵敏，在第 210 个采样点便检测到了故障，统计量 *SPE* 在稍晚于 T^2 统计量报警之后也发出了故障警报。

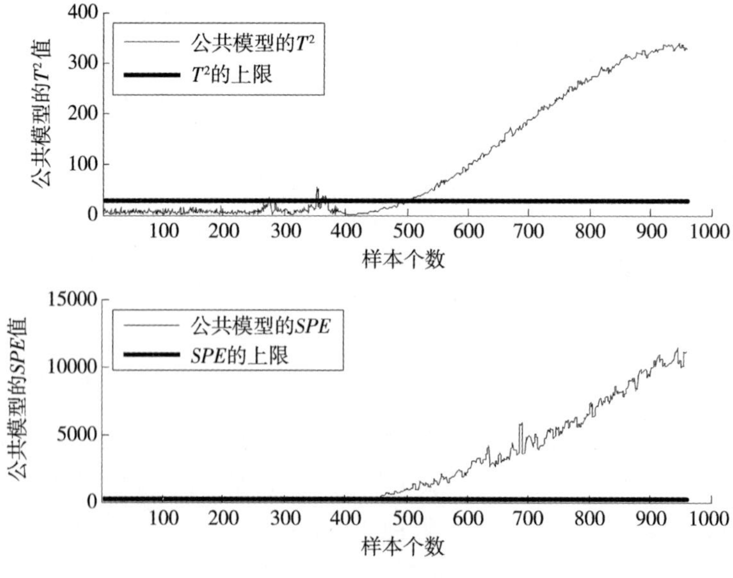

(a)

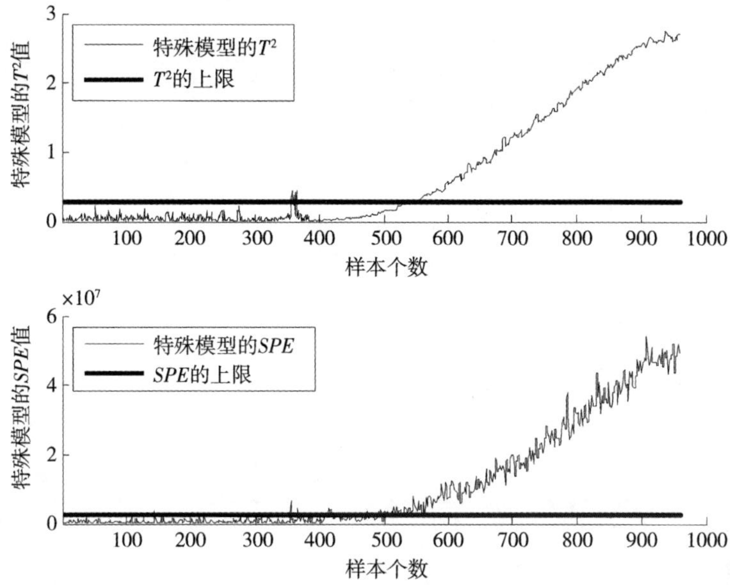

（b）

图 4.19　模式 1 下的故障监测结果：（a）公共模型对模式 1 下的故障监测结果；（b）模式 1 的特殊模型对特殊部分的故障监测结果

Fig. 4.19　Fault detection results of mode 1：（a） common model results;（b） different model results

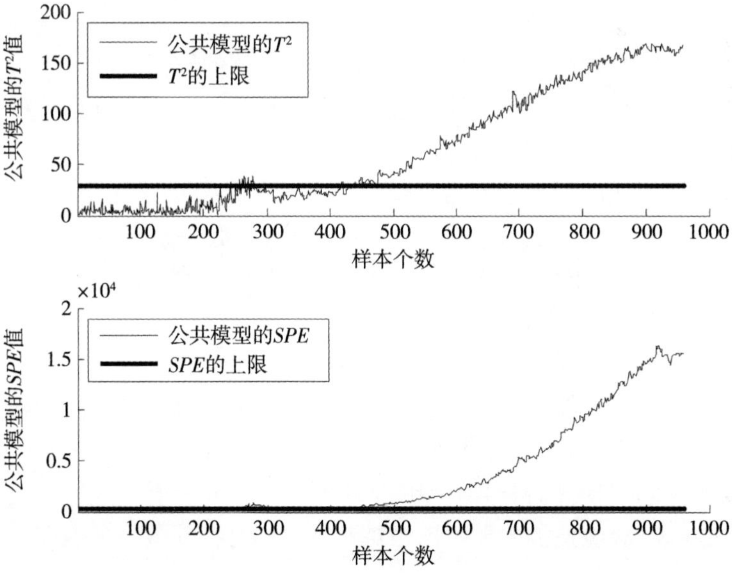

（a）

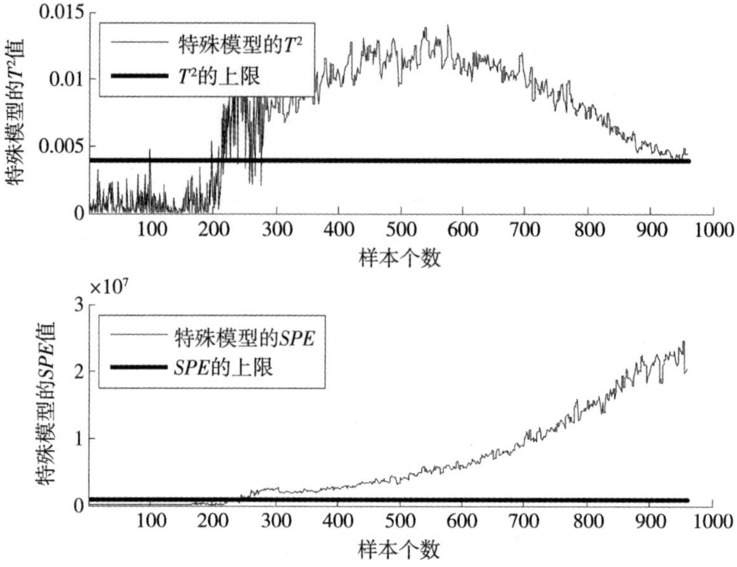

(b)

图 4.20 模式 2 下的故障监测结果：(a) 公共模型对模式 2 下的故障监测结果；(b) 模式 2 的特殊模型对特殊部分的故障监测结果

Fig. 4.20 Fault detection results of mode 2: (a) common model results; (b) different model results

利用 MKICA 检测模式 3 下的故障，其公共模型监测结果和模式 2 的特殊模型监测结果如图 4.21 所示。公共模型监测的 T^2 统计量和 *SPE* 统计量都大约在第 210 个采样处检测出故障。模式 3 的特殊模型的监测统计量 T^2 在第 180 个采样处便检测出故障，*SPE* 统计量也早于公共模型，在第 200 个采样处检测出模式 3 的故障。

为体现各模式的特殊模型相互间的独立性，本节中采用交叉验证的方法，利用模式 2 的特殊模型，检测模式 1 下的故障数据(故障 1)，检测结果如图 4.22 所示。模式 2 的特殊模型监测的 T^2 统计量在第 300—400 个采样之间出现严重误报，只在第 550—800 处检测出故障，因此存在较大的漏报率。*SPE* 统计量在第 550 个采样处才明显报警，延时较大。

通过实验分析比较，在一般情况下，各模式的特殊模型对故障检测的灵敏性相对于公共模型更高一些，但特殊模型间存在较大差异，模式不匹配会造成较大的误报和漏报率。而公共模型的通用性更好，对所有模式下的故障都能够有效监测，但对故障检测的灵敏性相对较差，相对特殊模型来说存在较大的时延。

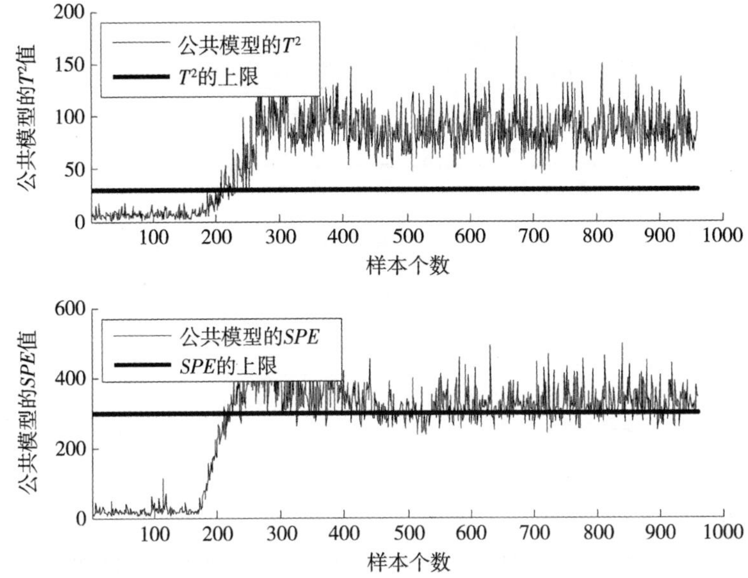

（a）

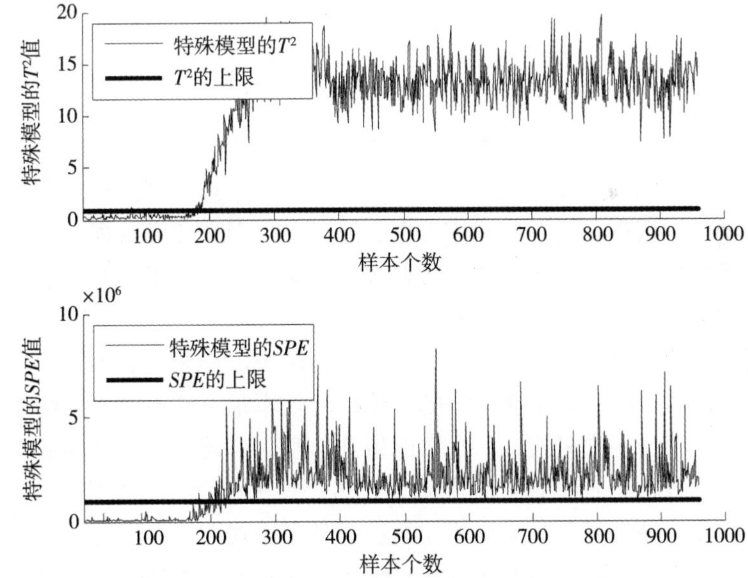

（b）

图 4.21　模式 3 下的故障监测结果：（a）公共模型对模式 3 下的故障监测结果；（b）模式 3 的特殊模型对特殊部分的故障监测结果

Fig. 4.21　Fault detection results of mode 3:（a）common model results;（b）different model results

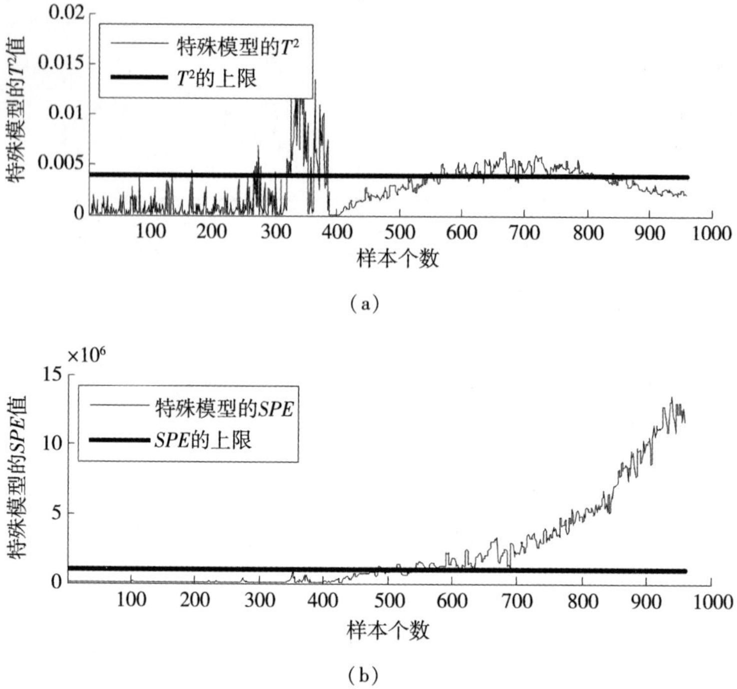

图 4. 22　采用模式 2 的特殊模型监测模式 1 下的故障 1

Fig. 4. 22　Monitoring result of fault 1 using the different model of mode 2

作为对比，采用第 4. 1 节中提到的传统的多模式全局建模方法对以上三种模式数据进行建模和故障检测。全局公共模型的基本思想是：利用多模式所有模式下的正常数据作为统一的建模数据，通过对此混合建模数据进行分析，建立一个统一的模型对所有的模式进行监控。本节中采用 KICA 方法对混合后的三种模式的训练数据进行建模，并用此全局公共模型对三种模式下的故障数据进行监测，监测结果如图 4. 23 所示。从全局建模故障检测的结果可以看出，此方法对多模式过程中各个模式下的故障检测效率很不理想。正如第 4. 1 节中解释的，这是因为各个模式都有自己的特殊信息，而此种方法简单地将各个模式的正常数据混合然后建立统一模型，必然会增大模型对各个模式的冗余度。因此，此种传统的全局公共模型建立方法对各个模式下的故障检测率较低。传统的全局公共模型故障检测方法的检测结果，从侧面也体现了本章提出的多模式公共模型和特殊模型建模方法的优越性。

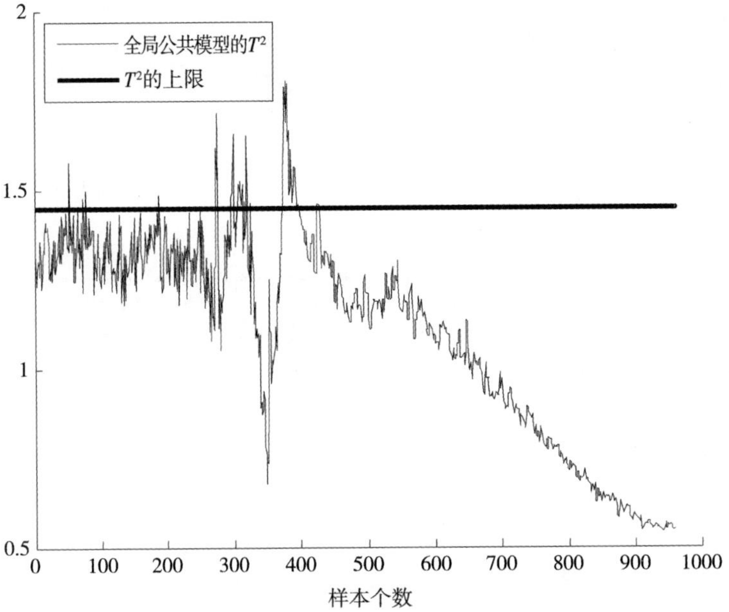
全局公共模型的T^2
T^2的上限
2
1.5
1
0.5
0
100
200
300
400
500
600
700
800
900
1000
样本个数

(a)

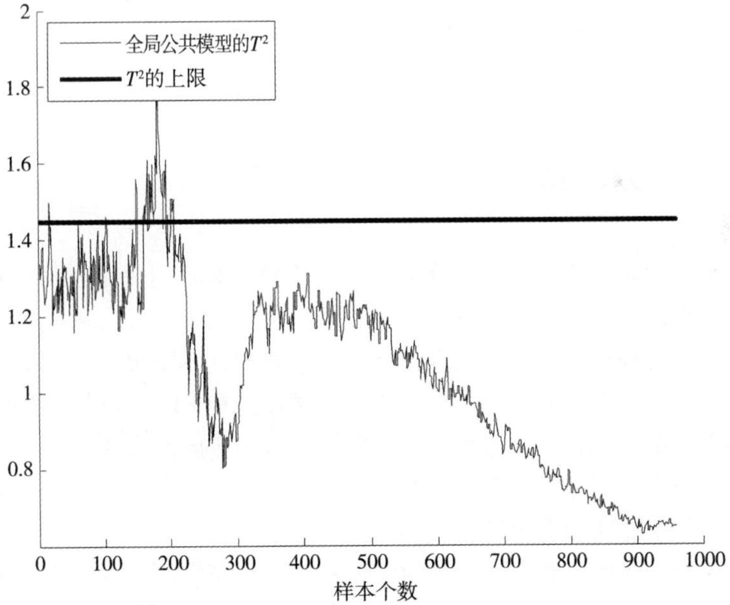
全局公共模型的T^2
T^2的上限
2
1.8
1.6
1.4
1.2
1
0.8
0
100
200
300
400
500
600
700
800
900
1000
样本个数

(b)

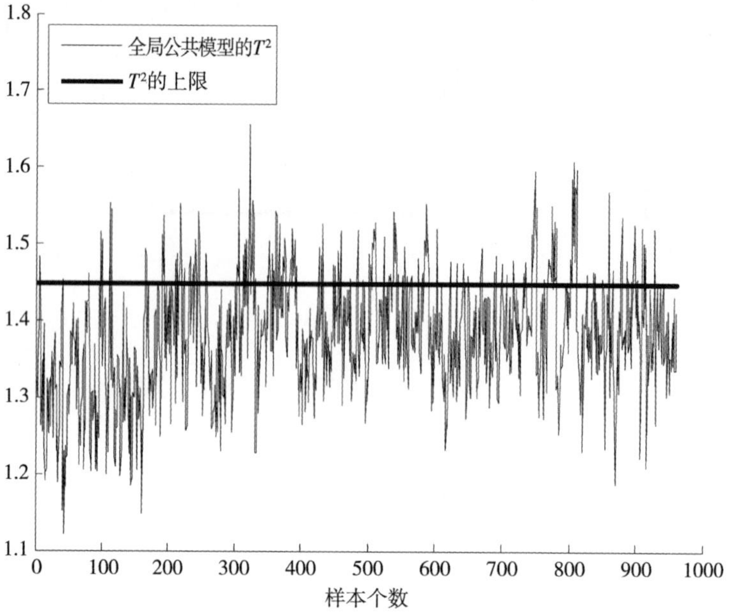

(c)

图 4.23　全局监测模型故障检测结果：(a) 故障 1；(b) 故障 2；(c) 故障 3

Fig. 4.23　The monitor results of global model: (a) fault 1 in mode 1; (b) fault 2 in mode 2; (3) fault 3 in mode 3

4.7　本章小结

针对非线性非高斯过程故障分离问题的研究，本章提出了在 KICA 方法基础上基于故障特征方向的故障分离方法。基于独立元分析方法在独立元空间中故障信息丰富的特点，提出了本章新方法的思路和具体实现方法；将此方法应用于电熔镁炉实验数据的研究，并应用传统贡献图和 KPCA 重构方法作为对比实验。结果显示，新方法在非高斯过程的故障特征方向的提取和基于故障特征方向的故障分离有较好的效果，能准确分离出新的故障数据的故障类型。证明了本章方法的正确性和有效性。

针对具有非线性、非高斯特性的多模式过程监测问题，本章从监测统计量角度提取公共和特殊信息，提出了一种基于改进 KICA 的多模式核独立元分析方法(MKICA)，将其用于多模式过程监测；并用此方法对田纳西(Tennessee Eastman Process)多模式过程进行了实验研究。结果表明，此方法建立的公共模型能有效检测各模式下的故障，通用性较好；此方法建立的各模式的特殊模型对各模式下的故障检测的灵敏性和有效性较好。此方法的提出，对非高斯多模式过程的故障检测领域的研究具有一定的创新意义。

本章参考文献

[1] 郭辉. 基于ICA的工业过程监控研究[D]. 北京:北京化工大学,2006.

[2] 李钢. 工业过程质量相关故障的诊断与预测方法[D]. 北京:清华大学,2010.

[3] 赵旭. 基于统计学方法的过程监控与质量控制研究[D]. 上海:上海交通大学,2006.

[4] 祝志博,宋执环. 故障分离:一种基于FDA-SVDD的模式分类算法[J]. 化工学报,2009,60(8):2010-2017.

[5] FRANK P M. Fault diagnosis in the dynamic system using analytical acknowledge-based fault redundancy: a survey and some new results [J]. Automatic,1990,26(6):459-474.

[6] PATTON R,FRANK P M, CLARK R. Fault diagnosis in dynamic systems [M]. New Jersey:Englewood Cliffs,1989:166-189.

[7] 葛建华,孙优贤. 容错控制系统的分析与综合[M]. 杭州:浙江大学出版社,1994:15-30.

[8] 陈耀,王文海,孙优贤. 基于动态主元分析的统计过程监视[J]. 化工学报,2000,51(5):666-670.

[9] 刘世成. 面向间歇发酵过程的多元统计监测方法的研究[D]. 杭州:浙江大学,2008.

[10] 谢磊. 间歇过程统计性能监控研究[D]. 杭州:浙江大学,2005.

[11] 王海清,宋执环,王慧,等. 小波阈值密度估计器的设计与应用[J]. 仪器仪表学报,2002,23(1):12-15.

[12] KANO M, NAGAO K, HASEBE H, et al. Comparison of multivariate statistical process monitoring methods with applications to the Eastman challenge problem[J]. Computers & Chemical Engineering,2002,26(2):161-174.

[13] LEE J M,YOO C K,LEE B. Statistical process monitoring with independent component analysis [J]. Journal of process control,2004,14(5):467-485.

[14] LEE J M, YOO C K, LEE B. Statistical monitoring of dynamic processes based on dynamic independent component analysis [J]. Chemical Engineering Science,2004,59(14):2995-3006 .

[15] KIM D S,YOO C K,KIM Y L. Calibration,prediction and process monitoring

model based on factor analysis for incomplete process data [J]. Journal of Chemical Engineering of Japan, 2005,38(12):1025-1034.
[16] 葛志强. 复杂工况过程统计监测方法研究[D]. 杭州:浙江大学,2009.
[17] 刘世成. 面向间歇发酵过程中的多元统计监测方法研究[D]. 杭州:浙江大学,2008.
[18] 许韦里宁,卡尔胡宁. 独立成分分析[M]. 北京:电子工业出版社,2007.
[19] KANO M, TANAKA S, HASEBE S, et al. Monitoring independent components for fault detection [J]. AIChE Journal, 2003,49(4): 969-976.
[20] LEE J M,YOO C K,LEE I B. New monitoring technique with ICA algorithm in wastewater treatment process [J]. Water Science and Technology,2003,47(12): 49-56.
[21] KANO M, HASEBE S, HASHIMOTO I, et al. Evolution of multivariate statistical process control: independent component analysis and external analysis[J]. Computers & Chemical Engineering, 2004,28(6/7): 1157-1166.
[22] YOO C K,LEE J M,VANROLLEGHEM P A,et al. On-line Monitoring of Batch Processes Using Multiway Independent Component Analysis [J]. Chemometrics and Intelligent Laboratory Systems,2004,71(2):151-163.
[23] LEE T. Independent Component Analysis: Theory and Applications [M]. Boston:Kluwer Academic Publishers,1998.
[24] LI R F,WANG X Z. Dimension reduction of process dynamic trends using independent component analysis [J]. Computers & Chemical Engineering, 2002,26(3): 467-473.
[25] HYVäRINEN A. Fast and robust fixed-point algorithms for independent component analysis [J]. IEEE TRANSACTIONS ON NEURAL NETWORKS,1999,10(3):626-634.
[26] HYVäRINEN A, OJA E. Independent component analysis: Algorithm and applications [J]. Neural Networks,2000,13(4/5):411-430.
[27] HYVäRINEN A. New approximations of differential entropy for independent component analysis and projection pursuit [J]. Advances in Neural Information Processing Systems,1998(10):273-279.
[28] VALLE S,LI W,QIN S J. Selection of the number of principal components: the variance of the reconstruction error criterion with a comparison to other methods [J]. Industrial and Engineering Chemistry Research, 1999, 38(11):4389-4401.

[29] MARTIN E B, MORRIS A J. Non-parametric confidence bounds for process performance monitoring charts [J]. Journal Process Control, 1996, 6(6): 349-358.

[30] LEE J M, YOO C K, LEE I B. Statistical process monitoring with independent component analysis [J]. Journal Process Control, 2004, 14(5): 467-485.

[31] WANG Z J, WU Q D, CHAI T Y. Optimal-setting control for complicated industrial processes and its application study [J]. Control Engineering Practice, 2004, 12(1): 64-74.

[32] LEE J M, QIN S J, LEE I B. Fault detection and diagnosis of multivariate process based on modified independent component analysis [J]. AIChE Journal, 2006, 52(10): 3501-3514.

[33] 李巍华,廖广兰,史铁林. 核函数主元分析及其在齿轮故障诊断中的应用[J]. 机械工程学报, 2003, 39(8): 65-70.

[34] ZHANG Y W, QIN S J. Fault compensation of nonlinear processes using improved Kernel Principal Analysis [J]. AIChE Journal, 2008, 54(12): 3207-3220.

[35] 陈玉山,席斌. 基于核独立成分分析和 BP 网络的人脸识别[J]. 计算机工程与应用, 2007, 43(26): 230-232.

[36] WANG W F, LIANG J M. Human gait recognition based on kernel independent component [J]. Digital Image Computing Techniques and Application, 2007(9): 537-578.

[37] SHAO R, JIA F, MARTIN E B, et al. Wavelets and nonlinear principal components analysis for process monitoring[J]. Control Eng. Pract, 1999, 7(7): 865-879.

[38] CHOI S W, LEE C, LEE J M, et al. Fault detection and identification of nonlinear processes based on kernel PCA[J]. Chemometrics and Intelligent Laboratory Systems, 2004, 75(1): 55-67.

[39] KOURTI T, MACGREGOR J F. Multivariate SPC methods for process and product monitoring[J]. Journal of Quality Technology, 1996, 28(4): 409-428.

[40] ALCALA C, QIN S J. Reconstruction-based contribution for process monitoring[J]. Automatica, 2009, 45(7): 1593-1600.

[41] ALCALA C, QIN S J. Reconstruction-based contribution for process monitoring with kernel principal component analysis [J]. Industrial & Engineering Chemistry Research, 2010, 49(17): 7849-7857.

[42] DUNIA R, QIN S. Subspace approach to multidimensional fault identification and reconstruction[J]. AIChE, 1998, 44(8): 1813-1831.

[43] YUE H, QIN S J. Reconstruction-based Fault Identification Using a combined index[J]. Industrial & Engineering Chemistry Research, 2001, 40(20): 4403-4414.

[44] CARLOS F A, QIN S J. Reconstruction-based contribution for process monitoring [J]. Automatica, 2009, 45(7): 1593-1600.

[45] COMON P. Independent component analysis, a new concept? [J]. Signal Processing, 1994, 36(3): 287-314.

[46] BELL A J, SEJNOWSKI T J. An information-maximization approach to blind separation and blind deconvolution [J]. Neural Computation, 1995, 7(6): 1129-1159.

[47] LIU X Q, XIE L, KRUGER U, et al. Statistical-based monitoring of multivariate non-Gaussian systems [J]. AIChE Journal, 2008, 54(9): 2379-2391.

[48] WESTERHUIS J A, GURDEN S P, SMILDE A K. Generalized contribution plots in multivariate statistical process monitoring [J]. Chemometrics and Intelligent Laboratory Systems, 2000, 51(1): 95-114.

[49] CHANG K Y, KRIS V, LEE I B, et al. Multi-model statistical process monitoring and diagnosis of a sequencing batch reactor [J]. Biotechnology and Bioengineering, 2007, 96(4): 687-701.

[50] ZHAO S J, ZHANG J, XU Y M. Performance monitoring of process with multiple operating modes through multiple PLS models [J]. Process Control, 2006, 16(7): 763-772.

[51] ZHAO S J, ZHANG J, XU Y M. Monitoring of process with multiple operating-modes through multiple principle component analysis models [J]. Industrial & Engineering Chemistry Research, 2004, 43(22): 7025-7035.

[52] HWANG D H, HAN C. Real-time monitoring for a process with multiple operating modes [J]. Control Engineering Practice, 1999, 7(7): 891-902.

[53] LANE S, MARTIN E B, KOOIJMANS R K, et al. Performance monitoring of a multiproduct semi-batch process [J]. Journal of Process Control, 2001, 11(1): 1-11.

[54] GE Z Q, SONG Z H. Multimode process monitoring based on Bayesian method [J]. Journal of Chemometrics, 2009, 23(12): 636-650.

[55] MA H H, HU Y, SHI H B. A novel local neighborhood standardization

strategy and its application in fault detection of multimode processes [J]. Chemometrics and Intelligent Laboratory Systems, 2012,118(7): 287-300.

[56] LIU J L. Data-driven fault detection and isolation for multimode processes [J]. Asia-Pacific Journal of Chemical Engineering,2010,6(3):470-483.

[57] CHOI S W, PARK J H, LEE I B. Process monitoring using a Gaussian mixture model via principal component analysis and discriminant analysis [J]. Computers & Chemical Engineering,2004,28(8):1377-1387.

[58] YU J. A nonlinear kernel Gaussian mixture model based inferential monitoring approach for fault detection and diagnosis of chemical processes [J]. Chemical Engineering Science,2012,68(1):506-519.

[59] XIE X,SHI H B. Dynamic multimode process modeling and monitoring using adaptive Gaussian mixture models [J]. Industrial & Engineering Chemistry Research,2012,51(15):5497-5505.

[60] ZHANG Y W, CHAI T Y, LI Z M. Modeling and monitoring of dynamic processes [J]. IEEE Transactions on Neural Networks and Learning System, 2012,23(2):277-284.

[61] ZHANG Y W, AN J Y, ZHANG H L. Monitoring of time-varying processes using kernel independent component analysis [J]. Chemical Engineering Science,2013,88(2):23-32.

[62] GE Z Q, SONG Z H. Mixture Bayesian regularization method of PCA for multimode process monitoring [J]. AIChE Journal,2010,56(11):2838-2849.

[63] CHIANG L H, RUSSELL E L, BRAATZ R D. Fault detection and diagnosis in industrial systems [M]. London:Springer-Verlag,2001.

[64] XIANG SHIMING, NIE FEIPING, PAN CHUNHONG, et al. Regression reformulations of LLE and LTSA with locally linear transformation[J]. IEEE Transactions on Systems, Man and Cybernetics—Part B:Cybernetics,2011,41(5):1250-1262.

第5章 基于数据的过程监测及故障分离方法

Zhao Chunhui 提出了基于比例的故障诊断方法。运用工业生产过程中得到的数据进行建模并对生产过程中出现的故障进行检测与诊断是一个很有挑战性的问题，近些年来受到了广泛关注。许多学者研究了利用 PCA、PLS 等多变量统计方法进行生产过程中故障的检测与诊断。这些方法能够提取测量数据的潜在特征，并且根据这些特征利用统计学原理定义检测统计量以及其在正常生产情况下的控制限。进行在线监测时，通过新的采样数据计算相应的统计量，若结果超限报警，则认为有故障发生。故障被检测出来之后，还需快速诊断出故障发生的原因，以便能够在较短时间内将生产过程恢复到正常情况。

故障重构是故障诊断的一种重要手段，该方法在生产过程发生故障时，结合已知的故障特征方向从故障数据中恢复其正常值。其目的在于，通过利用不同类型的故障特征方向对故障数据进行恢复，找出能够使故障数据成功恢复至正常值的故障特征方向，最终经过故障特征方向与实际故障的匹配找到故障产生的原因。

传统的基于 PCA 方法的故障重构技术将故障数据空间分解为两个相互垂直的子空间，即主元子空间和残差子空间，并将这两个子空间的负载方向分别作为重构统计量 T^2和 SPE 的故障特征方向。通过 PCA 方法得到的负载方向能够反映故障数据的分布方向，将其作为故障特征方向有一定的合理性。但是，传统的故障重构方法属于线性建模方法，不能反映出数据的非线性特征；并且该方法只关注故障数据的内部关系，不能有效地区别数据中的故障信息与正常信息，直接使用该方法提取的故障特征方向进行故障重构会导致重构过度的情况。因此，基于 PCA 的故障重构方法需要进一步分析与改进，从而获得能够正确分离故障信息与正常信息的故障特征方向，改善故障重构的效果。

针对上述问题，本章首先考虑到实际工业过程中变量之间通常呈现非线性关系，使用传统的线性方法进行检测与重构不能达到满意的效果，因此将核函数方法运用到非线性过程的故障检测与重构中。其次，在传统方法的基础上，进一步分析了故障数据与正常数据的关系，进而提取出与故障相关的故障特征方向。最后，提出了基于 KPCA 的故障重构方法。该方法首先采用 KPCA 方法将故障数据空间分解为主元子空间和残差子空间，利用所得的负载方向对正常数据进行投影。为了尽可能精简地提取故障特征方向，利用 PCA 方法在高维特征空间中对投影的数据进行分析，并且通过比较各个方向上故障数据与正常数据的得分提取出引起统计量超限的故障方向，建立重构模型。通过得到的故障特征方向对故障测试数据进行重构，消除统计量超限的现象。另外，利用提出的方法对电熔镁熔炼过程的故障进行了检测及故障诊断，验证了所提方法的有效性。

5.1　基于 KPCA 的子空间划分方法

本节提出的方法的目的在于提取与故障相关的故障特征方向分别用于重构统计量 T^2 和 SPE。为了区分这两种统计量的监测目标，需要在特征空间内对正常训练数据进行子空间划分。同时，作为对传统方法的改进，也需要对故障数据进行子空间分解，以便提取故障相关方向。

采用 KPCA 方法对正常训练数据进行子空间划分，一般来说，需要先对正常训练数据 $\boldsymbol{X}\in\mathbf{R}^{n\times m}$ 进行中心化处理，经非线性映射 F：$\boldsymbol{X}\to\boldsymbol{\Phi}(\boldsymbol{X})$ 将其映射到高维特征空间，其中 $\boldsymbol{\Phi}(\boldsymbol{X})=[\boldsymbol{\Phi}(\boldsymbol{X}_1), \boldsymbol{\Phi}(\boldsymbol{X}_2), \cdots, \boldsymbol{\Phi}(\boldsymbol{X}_n)]$。在高维空间中对 $\boldsymbol{\Phi}(\boldsymbol{X})$ 进行 PCA 分解，将其划分为主元子空间(PCS)和残差子空间(RS)。得到特征空间的表达式为

$$\boldsymbol{\Phi}(\boldsymbol{X})=\hat{\boldsymbol{\Phi}}(\boldsymbol{X})+\widetilde{\boldsymbol{\Phi}}(\boldsymbol{X}) \tag{5.1}$$

其中，$\hat{\boldsymbol{\Phi}}(\boldsymbol{X})$ 为 $\boldsymbol{\Phi}(\boldsymbol{X})$ 的主元部分，$\widetilde{\boldsymbol{\Phi}}(\boldsymbol{X})$ 为 $\boldsymbol{\Phi}(\boldsymbol{X})$ 的残差部分。定义核矩阵 $\boldsymbol{K}$，其中，$[\boldsymbol{K}]_{i,j}=\langle\boldsymbol{\Phi}(\boldsymbol{X}_i), \boldsymbol{\Phi}(\boldsymbol{X}_j)\rangle$，可知 $\boldsymbol{K}\in\mathbf{R}^{n\times n}$。$\boldsymbol{\Phi}(\boldsymbol{X})$ 在主元子空间的负载方向可表示为 $\boldsymbol{P}=\boldsymbol{\Phi}(\boldsymbol{X})\boldsymbol{A}$，$\boldsymbol{A}\in\mathbf{R}^{n\times d}$ 对应核矩阵 $\boldsymbol{K}$ 的前 d 个主元负载，其在残差子空间的负载方向可同理表示为 $\boldsymbol{P}^*=\boldsymbol{\Phi}(\boldsymbol{X})\boldsymbol{A}^*$，$\boldsymbol{A}_e\in\mathbf{R}^{n\times(n-d)}$。式(5.1)可表示如下：

$$\boldsymbol{\Phi}^{\mathrm{T}}(\boldsymbol{X})=\hat{\boldsymbol{\Phi}}^{\mathrm{T}}(\boldsymbol{X})+\widetilde{\boldsymbol{\Phi}}^{\mathrm{T}}(\boldsymbol{X})=\boldsymbol{\Phi}^{\mathrm{T}}(\boldsymbol{X})\boldsymbol{P}\boldsymbol{P}^{\mathrm{T}}+\boldsymbol{\Phi}^{\mathrm{T}}(\boldsymbol{X})\boldsymbol{P}^*\boldsymbol{P}^{*\mathrm{T}} \tag{5.2}$$

同理，采用 KPCA 方法对故障数据进行子空间分解，在对故障数据 $\boldsymbol{X}_f\in\mathbf{R}^{n\times m}$ 进行中心化处理后将其映射到高维特征空间 $\boldsymbol{\Phi}(\mathrm{X}_f)$。在特征空间对 $\boldsymbol{\Phi}(\boldsymbol{X}_f)$ 进行 PCA 分解，得到其对应主元子空间和残差子空间的负载方向分别为

$$\boldsymbol{P}_f=\boldsymbol{\Phi}(\boldsymbol{X}_f)\boldsymbol{A}_f \tag{5.3}$$

$$\boldsymbol{P}_f^*=\boldsymbol{\Phi}(\boldsymbol{X}_f)\boldsymbol{A}_f^* \tag{5.4}$$

其中，$\boldsymbol{A}_f$，$\boldsymbol{A}_f^*$ 分别对应矩阵 $\boldsymbol{K}_f$ 的主元子空间和残差子空间的负载矩阵。定义核矩阵 $[\boldsymbol{K}_f]_{i,j}=\langle\boldsymbol{\Phi}(\boldsymbol{x}_{f,i}), \boldsymbol{\Phi}(\boldsymbol{x}_{f,j})\rangle$。

5.2 基于 KPCA 的故障重构方法

5.2.1 基于 T^2 统计量重构的故障特征方向的提取

由第 4 章的介绍可知，在故障检测过程中，T^2统计量用于检测数据的主元子空间是否发生异常。因此，为了提取用于重构该统计量的故障特征方向，首先需分析故障数据 $\boldsymbol{\Phi}(\boldsymbol{X}_f)$ 与主元子空间 $\hat{\boldsymbol{\Phi}}(\boldsymbol{X})$ 之间的关系，然后分别从故障数据的主元子空间和残差子空间中提取与故障相关的特征方向，这些特征方向可有效地分离故障数据中的正常信息与故障信息。故障数据主元子空间中的故障特征方向的提取步骤如下。

步骤一：在故障数据的主元子空间中对正常数据的主元部分 $\hat{\boldsymbol{\Phi}}(\boldsymbol{X})$ 进行 PCA 分解。

首先，将正常数据的主元部分 $\hat{\boldsymbol{\Phi}}(\boldsymbol{X})$ 映射到故障主元子空间：

$$\begin{aligned}\hat{\boldsymbol{\Phi}}_{nf}^{\mathrm{T}}(\boldsymbol{X}) &= \hat{\boldsymbol{\Phi}}^{\mathrm{T}}(\boldsymbol{X})\boldsymbol{P}_f\boldsymbol{P}_f^{\mathrm{T}} \\ &= \boldsymbol{\Phi}^{\mathrm{T}}(\boldsymbol{X})\boldsymbol{\Phi}(\boldsymbol{X})\boldsymbol{A}\boldsymbol{A}^{\mathrm{T}}\boldsymbol{\Phi}^{\mathrm{T}}(\boldsymbol{X})\boldsymbol{\Phi}(\boldsymbol{X}_f)\boldsymbol{A}_f\boldsymbol{A}_f^{\mathrm{T}}\boldsymbol{\Phi}^{\mathrm{T}}(\boldsymbol{X}_f) \\ &= \boldsymbol{K}\boldsymbol{A}\boldsymbol{A}^{\mathrm{T}}\boldsymbol{K}_m\boldsymbol{A}_f\boldsymbol{A}_f^{\mathrm{T}}\boldsymbol{\Phi}^{\mathrm{T}}(\boldsymbol{X}_f)\end{aligned} \tag{5.5}$$

其中，矩阵 $\boldsymbol{K}_m$ 定义为

$$[\boldsymbol{K}_m]_{i,j} = \langle \boldsymbol{\Phi}(\boldsymbol{X}_i),\ \boldsymbol{\Phi}(\boldsymbol{X}_{f,j}) \rangle$$

在高维特征空间内对 $\hat{\boldsymbol{\Phi}}_{nf}^{\mathrm{T}}(\boldsymbol{X})$ 进行 PCA 分解，可得 $\hat{\boldsymbol{\Phi}}_{nf}^{\mathrm{T}}(\boldsymbol{X})$ 在特征空间中的负载方向为

$$\boldsymbol{P}_r = \hat{\boldsymbol{\Phi}}_{nf}(\boldsymbol{X})\boldsymbol{A}_r \tag{5.6}$$

其中，$\boldsymbol{A}_r$ 为 $\hat{\boldsymbol{\Phi}}_{nf}(\boldsymbol{X})$ 所对应的核矩阵的主元方向，可由式(5.5)求得。由式(5.6)可得到 $\hat{\boldsymbol{\Phi}}_{nf}^{\mathrm{T}}(\boldsymbol{X})$ 在特征空间中的一组主元方向，空间内的数据在这些负载方向上的得分是相互不相关的。

步骤二：提取与故障相关的故障特征方向。

分别计算 $\hat{\boldsymbol{\Phi}}_{nf}(\boldsymbol{X})$ 与故障数据主元子空间 $\hat{\boldsymbol{\Phi}}(\boldsymbol{X}_f)$ 在负载方向 $\boldsymbol{P}_r$ 上的得分，可得

$$\boldsymbol{T}_r = \hat{\boldsymbol{\Phi}}_{nf}^{\mathrm{T}}(\boldsymbol{X})\boldsymbol{P}_r = \boldsymbol{K}_{nf}\boldsymbol{A}_r \tag{5.7}$$

$$\boldsymbol{T}_{fr} = \hat{\boldsymbol{\Phi}}^{\mathrm{T}}(\boldsymbol{X}_f)\boldsymbol{P}_r \tag{5.8}$$

为了考查故障数据主元子空间 $\hat{\boldsymbol{\Phi}}(\boldsymbol{X}_f)$ 沿各负载方向对 T^2统计量的贡献的大小，此处定义故障数据与正常数据的得分比 $\boldsymbol{RT}$：

$$\boldsymbol{RT}_i = \frac{Var(\boldsymbol{T}_{fr}(:,\ i))}{Var(\boldsymbol{T}_r(:,\ i))} \quad (i=1,\ 2,\ \cdots,\ R) \tag{5.9}$$

其中，$Var(\cdot)$表示方差运算，$(:, i)$表示矩阵的第 i 列。

由式(5.9)可知，向量 $\boldsymbol{RT}$ 的第 i 个元素表示沿第 i 个负载方向 $\boldsymbol{p}_{r,i}$ 的故障数据与正常数据的得分比。由于 T^2 统计量是通过得分计算的，因此该比率的大小可以反映出各个负载方向上故障子空间的投影对统计量超限的贡献。$\boldsymbol{RT}$ 元素中的最大值代表了在其所对应的负载方向上故障数据投影相对于正常情况有最大的变化，即该负载方向为与故障相关的故障特征方向，故障数据在该方向上的投影即为导致 T^2 统计量超限的原因。定义比率阈值 $\eta(\eta\geq 1)$，由 $\boldsymbol{RT}_i>\eta$，从 $\boldsymbol{P}_r$ 中提取与之对应的负载方向，可得到故障数据主元子空间中一组与故障相关的特征方向，记为

$$\boldsymbol{P}_{fr}=\hat{\boldsymbol{\Phi}}_{nf}(\boldsymbol{X})\boldsymbol{A}_{fr} \tag{5.10}$$

结合式(5.9)和式(5.10)可知，对故障相关方向 $\boldsymbol{P}_{fr}$ 的提取过程，可转化为从矩阵 $\boldsymbol{A}_r$ 的列向量中提取与 $\boldsymbol{RT}_i>\eta$ 对应的列向量组成 $\boldsymbol{A}_{fr}$。

以上步骤详细介绍了在故障主元子空间内针对 T^2 统计量重构提取故障特征方向的方法，该方法的示意图如图5.1所示。

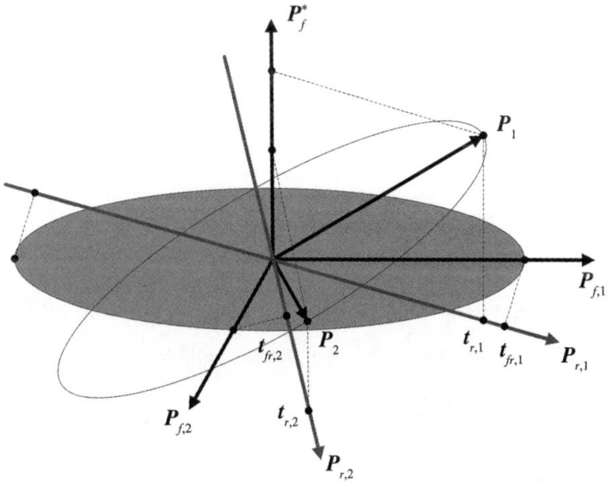

图5.1 故障特征方向示意图

Fig. 5.1 Sketch map of fault directions

如图5.1所示，透明的椭圆代表正常数据的主元部分，灰色的椭圆代表故障数据的主元子空间。先将正常数据的主元部分映射到故障主元子空间并做PCA分析，得到一组负载方向 $\boldsymbol{P}_r$，再根据得分比 $\boldsymbol{RT}_i$ 从中提取与故障相关的故障特征方向，此处取阈值 $\eta=1$。沿负载方向 $\boldsymbol{P}_{r,1}$，故障主元子空间的得分大于正常数据的得分，故该方向为所要提取的故障特征方向；相反，$\boldsymbol{P}_{r,2}$ 不是与故障相关的负载方向。

同理，在故障数据的残差子空间中对正常数据的主元部分 $\hat{\boldsymbol{\Phi}}(\boldsymbol{X})$ 进行PCA分解，根据上述步骤可从故障残差子空间中提取用于 T^2 统计量重构的故障特

征方向，记为

$$P_{fr}^{*}=\hat{\boldsymbol{\Phi}}_{fr}^{*}(\boldsymbol{X})\boldsymbol{A}_{fr}^{*} \tag{5.11}$$

其中，$\hat{\boldsymbol{\Phi}}_{fr}^{*}(\boldsymbol{X})$为正常数据的主元部分$\hat{\boldsymbol{\Phi}}(\boldsymbol{X})$在故障数据残差子空间的映射。

综上可得，针对T^2统计量重构的故障相关方向为

$$\boldsymbol{P}_{rec}=[\boldsymbol{P}_{fr},\ \boldsymbol{P}_{fr}^{*}]=[\hat{\boldsymbol{\Phi}}_{nf}(\boldsymbol{X})\boldsymbol{A}_{fr},\ \hat{\boldsymbol{\Phi}}_{nf}^{*}(\boldsymbol{X})\boldsymbol{A}_{fr}^{*}] \tag{5.12}$$

5.2.2 基于 *SPE* 统计量重构的故障特征方向的提取

SPE 统计量用于检测数据的主元子空间是否发生异常。因此，分析故障数据$\hat{\boldsymbol{\Phi}}(\boldsymbol{X}_f)$与残差子空间$\widetilde{\boldsymbol{\Phi}}(\boldsymbol{X})$之间的关系以提取用于重构该统计量的故障特征方向。故障特征方向在故障主元子空间中的提取步骤如下。

步骤一：在故障数据的主元子空间中对正常数据的残差部分$\widetilde{\boldsymbol{\Phi}}(\boldsymbol{X})$进行 PCA 分解。

将正常数据的残差部分$\widetilde{\boldsymbol{\Phi}}(\boldsymbol{X})$映射到故障主元子空间：

$$\begin{aligned}\widetilde{\boldsymbol{\Phi}}_{nf}^{\mathrm{T}}(\boldsymbol{X})&=\widetilde{\boldsymbol{\Phi}}^{\mathrm{T}}(\boldsymbol{X})\boldsymbol{P}_f\boldsymbol{P}_f^{\mathrm{T}}\\&=\boldsymbol{\Phi}^{\mathrm{T}}(\boldsymbol{X})\boldsymbol{\Phi}(\boldsymbol{X})\boldsymbol{A}^{*}\boldsymbol{A}^{*\mathrm{T}}\boldsymbol{\Phi}^{\mathrm{T}}(\boldsymbol{X})\boldsymbol{\Phi}(\boldsymbol{X}_f)\boldsymbol{A}_f\boldsymbol{A}_f^{\mathrm{T}}\boldsymbol{\Phi}^{\mathrm{T}}(\boldsymbol{X}_f)\\&=\boldsymbol{K}\boldsymbol{A}^{*}\boldsymbol{A}^{*\mathrm{T}}\boldsymbol{K}_m\boldsymbol{A}_f\boldsymbol{A}_f^{\mathrm{T}}\boldsymbol{\Phi}^{\mathrm{T}}(\boldsymbol{X}_f)\end{aligned} \tag{5.13}$$

在高维特征空间内对$\widetilde{\boldsymbol{\Phi}}_{nf}^{\mathrm{T}}(\boldsymbol{X})$进行 PCA 分解，可得$\widetilde{\boldsymbol{\Phi}}_{nf}^{\mathrm{T}}(\boldsymbol{X})$在特征空间中的负载方向为

$$\boldsymbol{V}_r=\widetilde{\boldsymbol{\Phi}}_{nf}(\boldsymbol{X})\boldsymbol{A}_e \tag{5.14}$$

步骤二：提取与故障相关的故障特征方向。

为了考查故障数据主元子空间$\hat{\boldsymbol{\Phi}}(\boldsymbol{X}_f)$沿各负载方向对 *SPE* 统计量的贡献的大小，此处定义故障数据与正常数据的平方误差比$\boldsymbol{RT}_e$：

$$\boldsymbol{RT}_{e,i}=\frac{\|\hat{\boldsymbol{\Phi}}^{\mathrm{T}}(\boldsymbol{X}_f)\boldsymbol{v}_{r,i}\boldsymbol{v}_{r,i}^{\mathrm{T}}\|^2}{\|\widetilde{\boldsymbol{\Phi}}_{nf}^{\mathrm{T}}(\boldsymbol{X})\boldsymbol{v}_{r,i}\boldsymbol{v}_{r,i}^{\mathrm{T}}\|^2}\quad(i=1,\ 2,\ \cdots,\ R_e) \tag{5.15}$$

其中，$\|\cdot\|$表示欧氏距离。由于 *SPE* 统计量可通过残差平方算得，因此该比率的大小可以反映出各个负载方向上故障子空间的投影对 *SPE* 统计量超限的贡献。$\boldsymbol{RT}_e$元素中的最大值代表了在其所对应的负载方向上故障数据误差平方相对于正常情况有最大的变化，即该负载方向为与故障相关的故障特征方向。定义比率阈值$\theta(\theta\geqslant1)$，由$\boldsymbol{RT}_{e,i}>0$，从$\boldsymbol{V}_r$中提取与之对应的负载方向，可得到故障数据主元子空间中一组与故障相关的特征方向，记为

$$\boldsymbol{V}_{fr}=\widetilde{\boldsymbol{\Phi}}_{nf}(\boldsymbol{X})\boldsymbol{A}_{e,fr} \tag{5.16}$$

同理，可在故障残差子空间中提取故障特征方向，针对 *SPE* 统计量重构的故障相关方向为

$$\boldsymbol{V}_{rec}=[\boldsymbol{V}_{fr},\ \boldsymbol{V}_{fr}^{*}]=[\widetilde{\boldsymbol{\Phi}}_{nf}(\boldsymbol{X})\boldsymbol{A}_{e,fr},\ \widetilde{\boldsymbol{\Phi}}_{nf}^{*}(\boldsymbol{X})\boldsymbol{A}_{e,fr}^{*}] \tag{5.17}$$

上述方法提取了与故障密切相关的故障特征方向 $\boldsymbol{W}_{rec}$ 和 $\boldsymbol{V}_{rec}$，分别用于重构故障数据的 T^2 统计量和 SPE 统计量，以消除统计量报警现象。整个提取过程的流程图如图5.2所示。

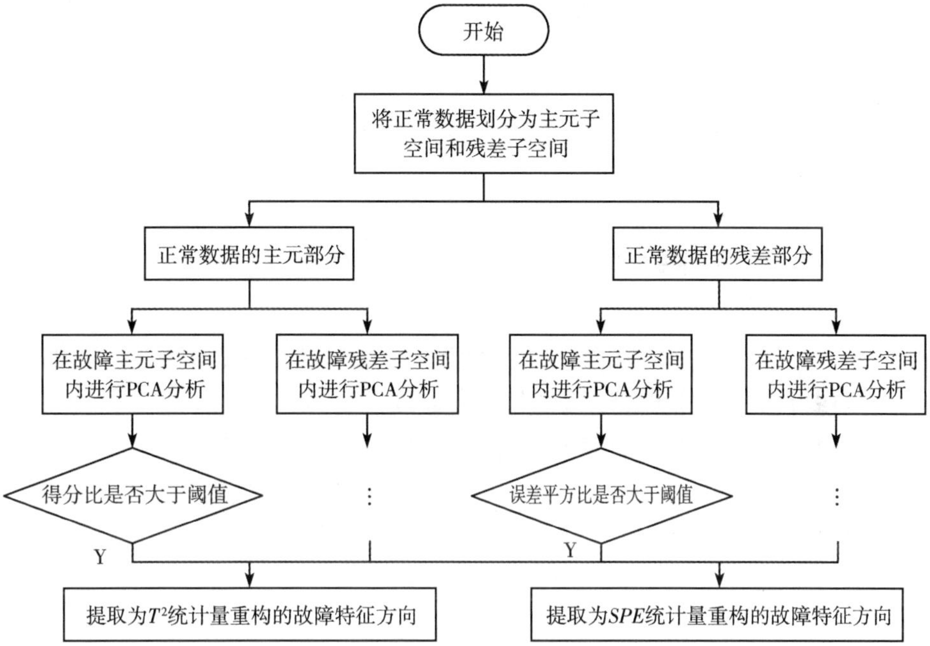

图5.2 故障特征方向提取流程图

Fig. 5.2 Flow chart of extraction process of fault characteristic direction

5.2.3 故障重构方法

在故障检测过程中，数据中所包含的故障信息是导致检测统计量超限的主要原因，按前面章节提取的故障特征方向能够有效地分离故障数据中导致统计量超限的故障信息和与故障无关的正常信息。对于上述建模中的故障数据 $\boldsymbol{\Phi}(\boldsymbol{X}_f)$，其中导致 T^2 统计量和 SPE 统计量超限的故障信息分别为

$$\boldsymbol{\Phi}_{T^2,fr}^{\mathrm{T}}(\boldsymbol{X}_f)=\boldsymbol{\Phi}^{\mathrm{T}}(\boldsymbol{X}_f)\boldsymbol{P}_{rec}\boldsymbol{P}_{rec}^{\mathrm{T}} \tag{5.18}$$

$$\boldsymbol{\Phi}_{SPE,fr}^{\mathrm{T}}(\boldsymbol{X}_f)=\boldsymbol{\Phi}^{\mathrm{T}}(\boldsymbol{X}_f)\boldsymbol{V}_{rec}\boldsymbol{V}_{rec}^{\mathrm{T}} \tag{5.19}$$

因此，对于 T^2 统计量和 SPE 统计量来说，存在检测统计量超限的故障数据 $\boldsymbol{\Phi}(\boldsymbol{x}_f)$ 均可视为由两部分信息组成：

$$\begin{aligned}\boldsymbol{\Phi}^{\mathrm{T}}(\boldsymbol{x}_f)&=\boldsymbol{\Phi}_{T^2,fr}^{\mathrm{T}}(\boldsymbol{x}_f)+\boldsymbol{\Phi}_{T^2,fo}^{\mathrm{T}}(\boldsymbol{x}_f)\\&=\boldsymbol{\Phi}^{\mathrm{T}}(\boldsymbol{x}_f)\boldsymbol{P}_{rec}\boldsymbol{P}_{rec}^{\mathrm{T}}+\boldsymbol{\Phi}^{\mathrm{T}}(\boldsymbol{x}_f)(\boldsymbol{I}-\boldsymbol{P}_{rec}\boldsymbol{P}_{rec}^{\mathrm{T}})\end{aligned} \tag{5.20}$$

$$\begin{aligned}\boldsymbol{\Phi}^{\mathrm{T}}(\boldsymbol{x}_f)&=\boldsymbol{\Phi}_{SPE,fr}^{\mathrm{T}}(\boldsymbol{x}_f)+\boldsymbol{\Phi}_{SPE,fo}^{\mathrm{T}}(\boldsymbol{x}_f)\\&=\boldsymbol{\Phi}^{\mathrm{T}}(\boldsymbol{x}_f)\boldsymbol{V}_{rec}\boldsymbol{V}_{rec}^{\mathrm{T}}+\boldsymbol{\Phi}^{\mathrm{T}}(\boldsymbol{x}_f)(\boldsymbol{I}-\boldsymbol{V}_{rec}\boldsymbol{V}_{rec}^{\mathrm{T}})\end{aligned} \tag{5.21}$$

其中，$\boldsymbol{\Phi}^{\mathrm{T}}_{\cdot,fr}(\boldsymbol{x}_f)$和$\boldsymbol{\Phi}^{\mathrm{T}}_{\cdot,fo}(\boldsymbol{x}_f)$分别对应故障数据中引起检测统计量超限的故障信息和与故障无关的正常信息。

故障过程中的检测统计量会产生超限报警现象是因为该过程数据中潜在的故障信息影响了正常的数据分布。如果能够去除数据中的故障信息而保留数据中的正常信息，则可以消除统计量超限报警的现象，即实现了故障数据的重构。在检测到有故障产生后，依次用已知的重构模型对故障数据进行重构，只有与当前故障对应的重构模型能够完全去除数据中的故障信息，消除统计量超限报警现象，据此便可实现故障的分离。

5.3 基于 KPCA 方法的在线故障分离

本节将利用第 5.2 节中提出的故障重构方法对过程故障进行在线检测和分离。根据历史数据可得到过程故障的集合$\{F_i,\ i=1,\ 2,\ \cdots,\ c\}$，其中，$c$表示故障类型数。对每一类故障建立其重构模型，可得重构模型集合为$\{\boldsymbol{P}_{rec,i},\ \boldsymbol{V}_{rec,i}\}$($i=1,\ 2,\ \cdots,\ c$)。

对新的测试数据$\boldsymbol{x}_{\mathrm{new}}\in\mathbf{R}^{1\times m}$进行标准化处理，并映射到高维空间得$\boldsymbol{\Phi}(\boldsymbol{x}_{\mathrm{new}})$，在高维空间中对$\boldsymbol{\Phi}(\boldsymbol{x}_{\mathrm{new}})$进行 PCA 分解：

$$\left.\begin{aligned}\boldsymbol{t}_{\mathrm{new}}&=\langle\boldsymbol{P},\ \boldsymbol{\Phi}(\boldsymbol{x}_{\mathrm{new}})\rangle=\boldsymbol{k}_{\mathrm{new}}\boldsymbol{A}\\ \boldsymbol{e}_{\mathrm{new}}&=(\boldsymbol{I}-\boldsymbol{P}\boldsymbol{P}^{\mathrm{T}})\boldsymbol{\Phi}(\boldsymbol{x}_{\mathrm{new}})\end{aligned}\right\}\tag{5.22}$$

其中，核向量计算方法为$[\boldsymbol{k}_{\mathrm{new}}]_j=\langle\boldsymbol{\Phi}(\boldsymbol{x}_{\mathrm{new}}),\ \boldsymbol{\Phi}(\boldsymbol{x}_j)\rangle$，$\boldsymbol{k}_{\mathrm{new}}\in\mathbf{R}^{1\times n}$，其中心化过程为

$$\boldsymbol{k}_{\mathrm{new}}=\boldsymbol{k}_{\mathrm{new}}-\mathbf{1}_{\mathrm{new}}\boldsymbol{K}-\boldsymbol{k}_{\mathrm{new}}\boldsymbol{I}_n+\mathbf{1}_{\mathrm{new}}\boldsymbol{K}\boldsymbol{I}_n,\ \mathbf{1}_{\mathrm{new}}=\frac{1}{n}[1,\ 1,\ \cdots,\ 1]\in\mathbf{R}^{n\times 1}$$

分别计算T^2统计量和SPE统计量，判断是否出现统计量超限报警现象：

$$T^2_{\mathrm{new}}=\boldsymbol{t}_{\mathrm{new}}\boldsymbol{\Lambda}^{-1}\boldsymbol{t}^{\mathrm{T}}_{\mathrm{new}}\tag{5.23}$$

$$SPE_{\mathrm{new}}=\boldsymbol{e}^{\mathrm{T}}_{\mathrm{new}}\boldsymbol{e}_{\mathrm{new}}\tag{5.24}$$

若统计量出现超限报警，则可判断过程有故障发生。为确定当前发生的故障的类型，依次利用重构模型集合$\{\boldsymbol{P}_{rec,i},\ \boldsymbol{V}_{rec,i}\}$($i=1,\ 2,\ \cdots,\ c$)中的模型对故障数据进行重构以去除数据中的故障信息，并计算重构后数据的检测统计量：

$$\boldsymbol{\Phi}^{\mathrm{T}}_{T^2,fo}(\boldsymbol{x}_{\mathrm{new}})=\boldsymbol{\Phi}^{\mathrm{T}}(\boldsymbol{x}_{\mathrm{new}})(\boldsymbol{I}-\boldsymbol{P}_{rec}\boldsymbol{P}^{\mathrm{T}}_{rec})\tag{5.25}$$

$$\boldsymbol{\Phi}^{\mathrm{T}}_{SPE,fo}(\boldsymbol{x}_{\mathrm{new}})=\boldsymbol{\Phi}^{\mathrm{T}}(\boldsymbol{x}_{\mathrm{new}})(\boldsymbol{I}-\boldsymbol{V}_{rec}\boldsymbol{V}^{\mathrm{T}}_{rec})\tag{5.26}$$

$$\left.\begin{aligned}\boldsymbol{t}_{fo}&=\langle\boldsymbol{P},\ \boldsymbol{\Phi}_{T^2,fo}(\boldsymbol{x}_{\mathrm{new}})\rangle=\boldsymbol{k}_{\mathrm{new},fo}\boldsymbol{A}\\ \boldsymbol{e}_{fo}&=(\boldsymbol{I}-\boldsymbol{P}\boldsymbol{P}^{\mathrm{T}})\boldsymbol{\Phi}_{SPE,fo}(\boldsymbol{x}_{\mathrm{new}})\end{aligned}\right\}\tag{5.27}$$

$$T_{fo}^2 = \boldsymbol{t}_{fo}\boldsymbol{\Lambda}^{-1}\boldsymbol{t}_{fo}^{\mathrm{T}} \tag{5.28}$$

$$SPE_{fo} = \boldsymbol{e}_{fo}^{\mathrm{T}}\boldsymbol{e}_{fo} \tag{5.29}$$

比较重构数据的检测统计量与正常情况下设定的控制限，只有与当前故障对应的故障重构模型能够完全去除数据中的故障信息，从而消除检测统计量超限报警现象。因此，当利用故障类型 F_i 的重构模型对数据进行重构时，如果重构后的检测统计量恢复到控制限以下，则认为当前故障属于故障 F_i。如果任何已有的重构模型都不能使重构后的检测统计量恢复正常，则认为当前的测试数据含有新的故障信息，不属于已有的任何一类故障。此时，需要对该类故障建立重构模型，并在故障集合中加入新的故障类型。在线故障分离流程图如图 5.3 所示。

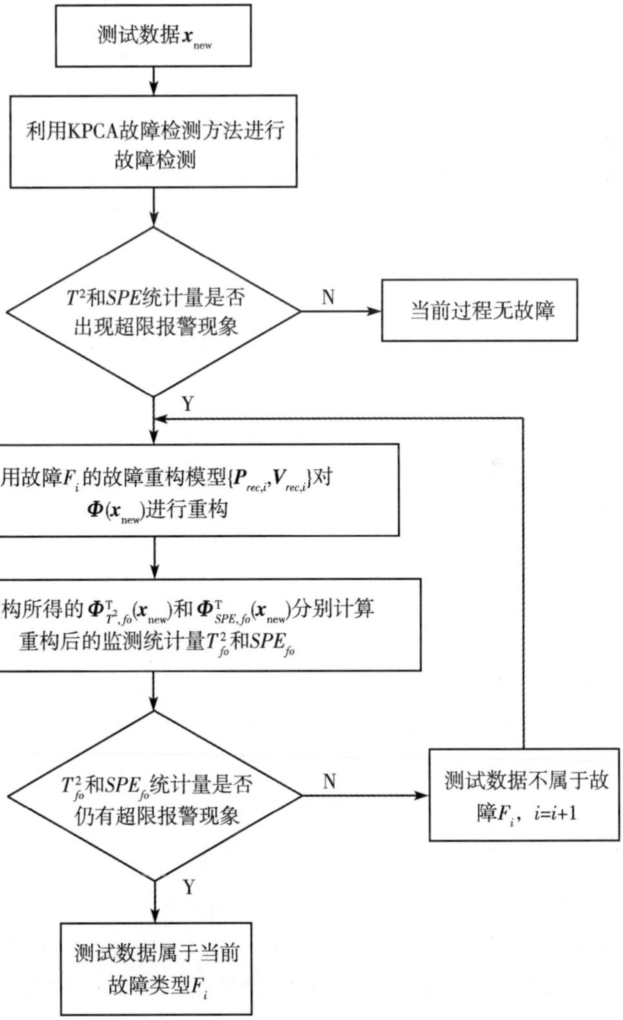

图 5.3　基于 KPCA 方法的在线故障分离流程图

Fig. 5.3　Flow chart of on line fault isolation process based on KPCA

5.4 仿真研究

5.4.1 电熔镁炉工作过程

电熔镁砂是一种广泛应用于化学、航天、冶金等领域的重要耐火材料，电熔镁炉是用于生产电熔镁砂的主要设备之一。电熔镁炉是一种以电弧为热源的熔炼炉，它的热量集中，有利于熔炼电熔镁砂。电熔镁炉的整体设备组成主要包括变压器、电路短网、电极、电极升降装置以及炉体等。炉边设有控制室，可控制电极的升降。炉壳一般为圆柱，稍带锥形，为便于熔砣脱壳，在炉壳壁上焊有吊环，炉下设有移动小车，便于将熔化完成的熔块移动到固定地点，冷却出炉。

电熔镁炉通过电极引入大电流形成弧光产生高温来完成熔炼过程。目前我国多数电熔镁炉冶炼过程的自动化程度还比较低，往往导致故障频繁和异常情况时有发生，其中由于电极执行器故障等原因导致电极距离电熔镁炉的炉壁过近，使得炉温异常，可以导致电熔镁炉的炉体熔化，熔炉一旦发生故障，将会导致大量的财产损失以及危害人身安全。另外，由于炉体固定，执行器异常等原因导致电极长时间位置不变从而使得炉温不均，造成距离电极附近的温度高，而距离电极远的区域温度低，一旦电极附近区域的温度过高，容易造成“烧飞”炉料；而远离电极区域的温度过低会形成死料区，这将严重影响产品产量和质量。这就需要及时地检测过程中的异常和故障，因此，对电熔镁炉的工作过程进行过程监测是十分必要和有意义的。

5.4.2 仿真结果分析

将本章提出的基于 KPCA 的故障重构方法应用到电熔镁的熔炼过程中，以改善对故障数据中正常信息与故障信息的分离效果。本实验所涉及的两种故障均是由执行器异常导致的电极电流大幅度改变，分别记为故障 F_1 和故障 F_2。

选取正常工况下的 200 个采样数据作为 KPCA 监测模型的建模数据，同时选取含有 F_1 和 F_2 故障信息的采样数据各 200 个，以建立两种故障的故障重构模型。所选取的两组测试数据中每组包含 400 个采样，分别包含过程的两种故障。

首先，利用本章所提出的方法分别提取故障 F_1 和 F_2 的故障特征方向，建立它们的故障重构模型。为验证基于 KPCA 的故障重构方法的有效性，分别用所建立的两类故障的故障模型对检测统计量超限的测试数据进行故障重构，以对当前发生的故障进行故障分离。

利用本章提出的故障重构方法对包含故障的测试数据进行故障分离，其效果如图5.4和图5.5所示。其中，图5.4(a)和图5.4(b)分别为对该测试数据进行KPCA故障检测所得的T^2和SPE统计量检测图，从图中可见，两种统计量都大约从第100个采样点开始出现了超限现象，并形成稳定的报警，提示故障发生。图5.5为利用所建立的故障F_1和F_2的故障重构模型分别对存在故障信息的测试数据进行故障重构后的统计量检测图。其中，图(a)和图(b)分别为利用故障F_1的重构模型$\{\boldsymbol{P}_{rec,1}, \boldsymbol{V}_{rec,1}\}$对测试数据进行重构后的$T^2$和$SPE$统计量图，从图中可见，通过重构去除测试数据中的故障信息之后，T^2和SPE统计量均没有出现超限现象；图(c)和图(d)分别为利用故障F_2的重构模型对测试数据进行重构后的T^2和SPE统计量图，显然，经故障F_2的重构模型重构后的测试数据并不能完全消除其T^2和SPE统计量的超限现象。

由上述实验结果可知，故障F_1的重构模型能够去除测试数据中的故障信息，消除统计量中的超限现象；而故障F_2的重构模型无法完全去除数据中的故障信息，因此也无法消除统计量超限的现象。据此，可判断该组测试数据中含有故障F_1的信息，当前发生的故障为故障F_1。

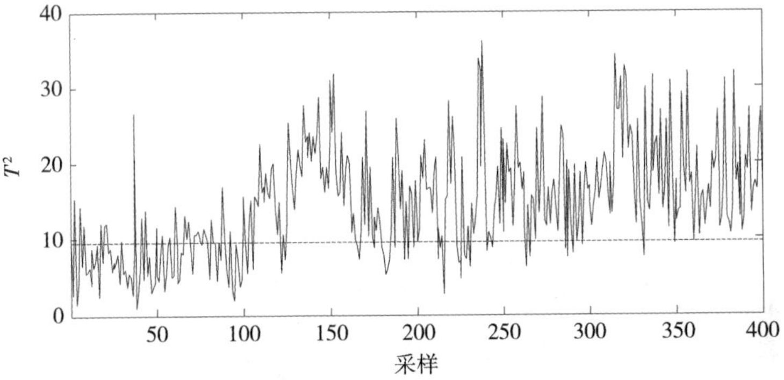

(a)

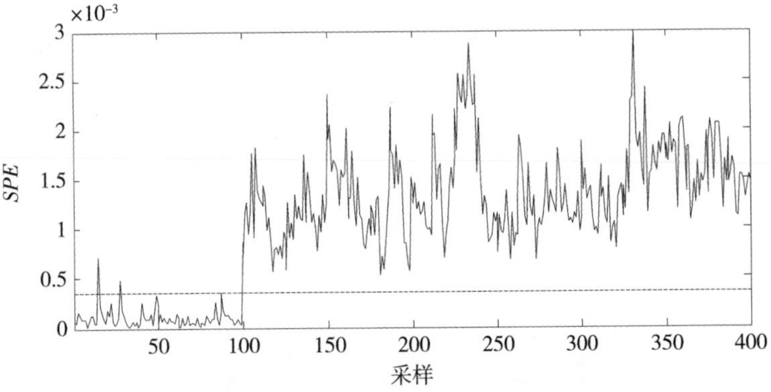

(b)

图5.4 对测试数据进行KPCA检测所得的（a）T^2统计量检测图；（b）SPE统计量检测图

Fig. 5.4 KPCA based control charts of test samples (a) T^2 statistics; (b) SPE statistics

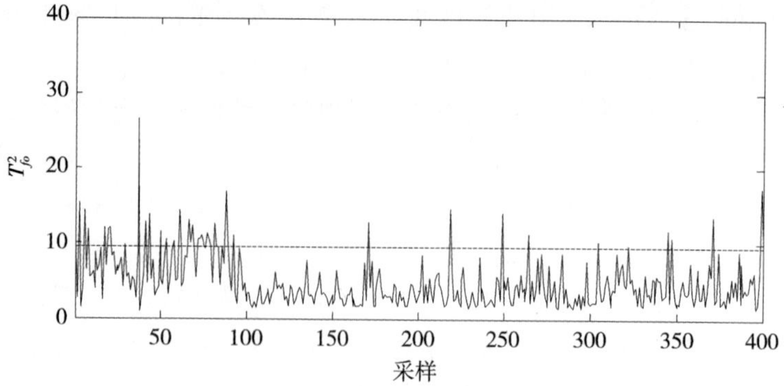

(a)

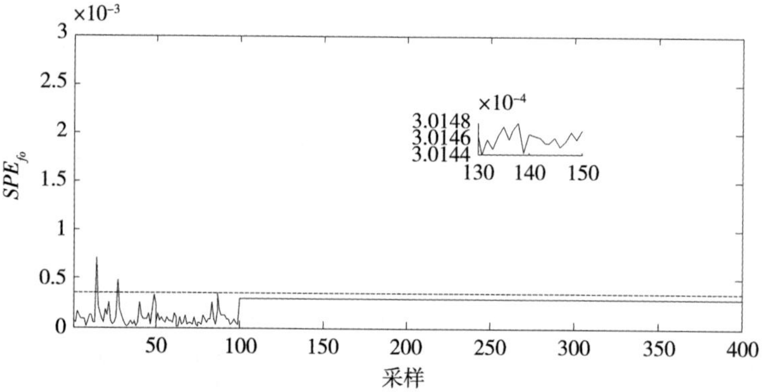

(b)

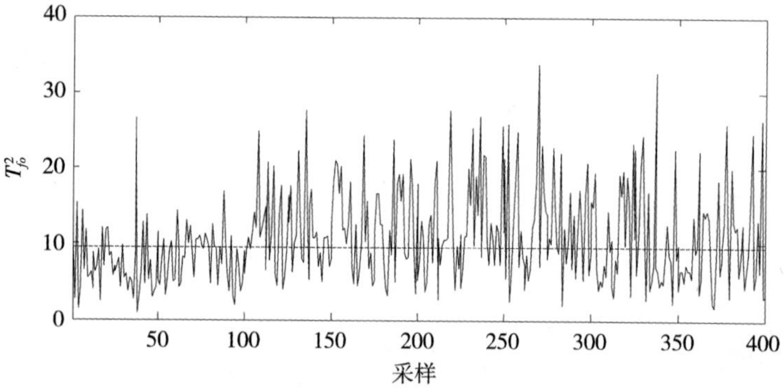

(c)

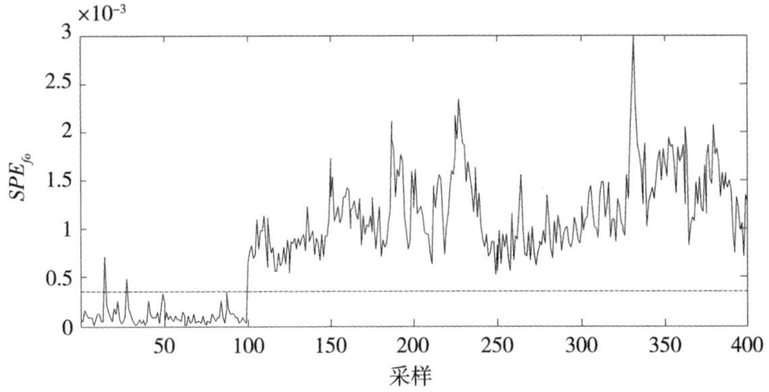

(d)

图 5.5 利用本节提出的重构方法对测试数据进行重构的结果：(a) 模型 1 重构的 T^2 统计量检测图；(b) 模型 1 重构的 *SPE* 统计量检测图；(c) 模型 2 重构的 T^2 统计量检测图；(d) 模型 2 重构的 *SPE* 统计量检测图

Fig. 5.5 The proposed method reconstruction results of test samples: (a) T^2 statistics using model 1; (b) *SPE* statistics using model 1; (c) T^2 statistics using model 2; (d) *SPE* statistics using model 2

如图 5.5(a)所示，其中前 100 个数据为过程在正常工况下的 T^2统计量值，后 300 个数据为利用重构模型$\{\boldsymbol{P}_{rec,1}, \boldsymbol{V}_{rec,2}\}$对故障 F_1 的数据进行重构后的 T^2 统计量值。可见经模型重构后的统计量值在整体上要略低于正常工况下的统计量值，因为在进行故障数据重构时，没有考虑对故障幅度进行求解，而是直接去除所提取故障方向上的所有信息。不同的故障其故障特征方向不同，因此，直接去除故障特征方向上的信息并不会影响故障分离的结果。

如图 5.6 所示，图(a)和图(b)分别为对测试数据进行 KPCA 故障检测所得的 T^2和 *SPE* 统计量检测图，从图中可见，两种统计量均从第 151 个采样附近开始出现了超限现象，并形成稳定的报警，提示故障发生。利用故障 F_1 和 F_2 的故障重构模型分别对存在故障信息的测试数据进行故障重构后的统计量检测图如图 5.7 所示，其中，图(a)和图(b)分别为利用故障 F_1 的重构模型对测试数据进行重构后的 T^2和 *SPE* 统计量图，从图中可见，测试数据在经过重构之后，其 T^2和 *SPE* 统计量仍存在超限报警现象；图(c)和图(d)分别为利用故障 F_2 的重构模型对测试数据进行重构后的 T^2和 *SPE* 统计量图，显然，经故障 F_2 的重构模型重构后的测试数据能够完全消除其 T^2和 *SPE* 统计量超限的现象。因此，判断该组测试数据中的故障属于故障 F_2。

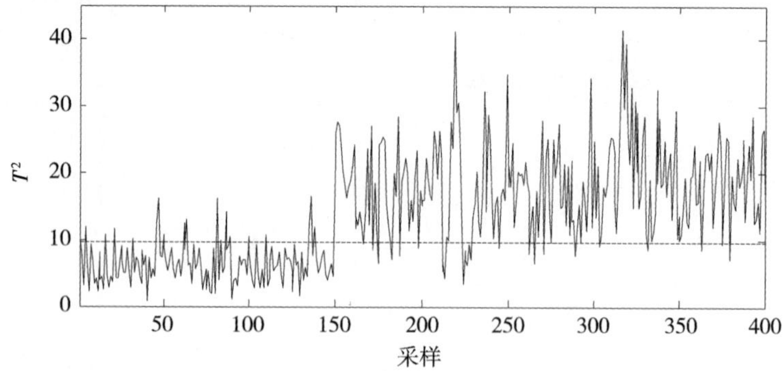

(a)

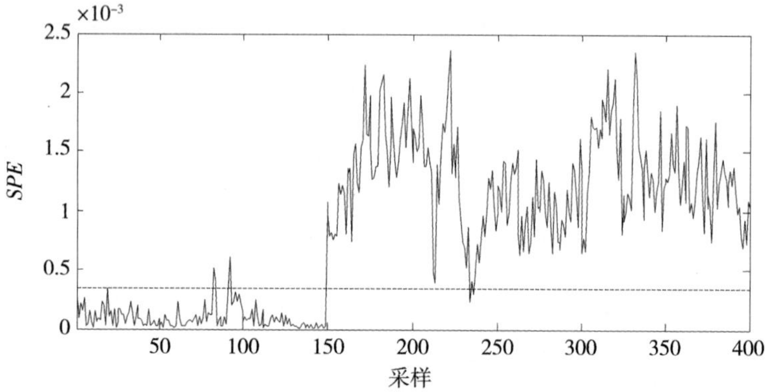

(b)

图 5.6 对测试数据进行 KPCA 检测所得的（a）T^2统计量检测图；（b）*SPE* 统计量检测图

Fig. 5.6 KPCA based control charts of test samples (a) T^2 statistics; (b) *SPE* statistics

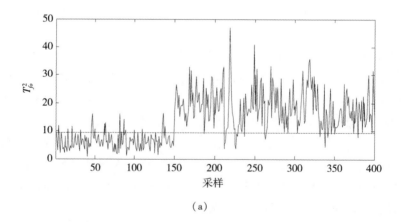

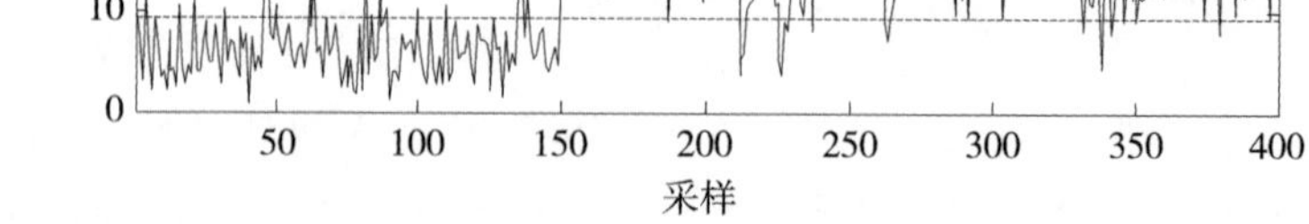

(a)

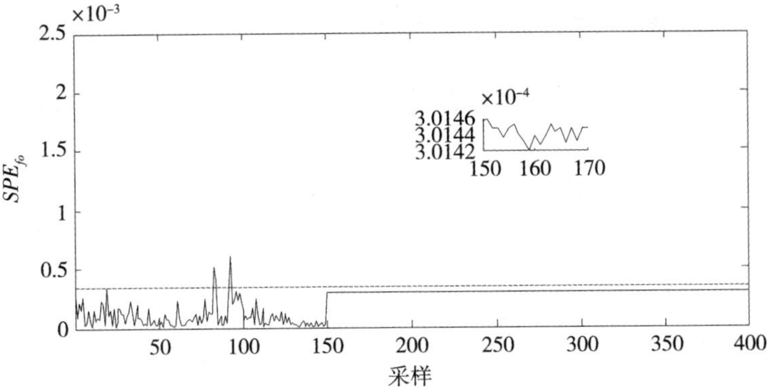

(b)

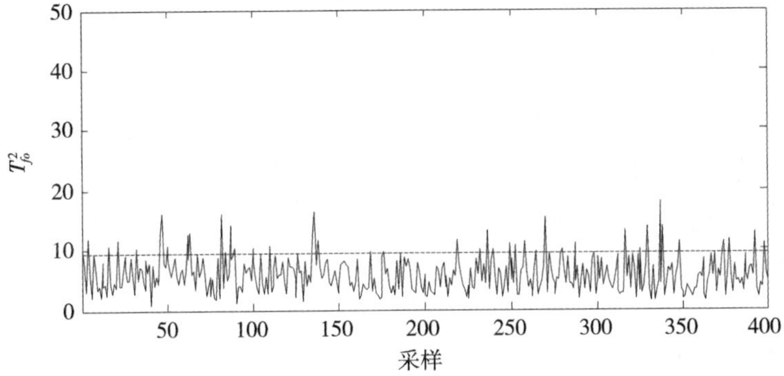

(c)

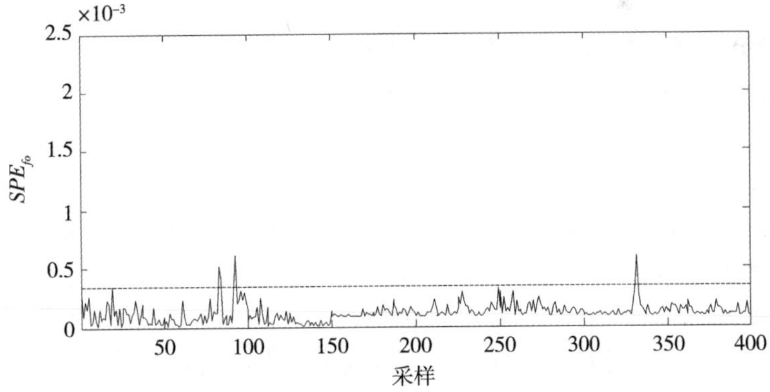

(d)

图 5.7　利用本节提出的重构方法对测试数据进行重构的结果（a）模型 1 重构的 T^2 统计量检测图；（b）模型 1 重构的 *SPE* 统计量检测图；（c）模型 2 重构的 T^2 统计量检测图；（d）模型 2 重构的 *SPE* 统计量检测图

Fig. 5.7　The proposed method reconstruction results of test samples (a) T^2 statistics using model 1; (b) *SPE* statistics using model 1; (c) T^2 statistics using model 2; (d) *SPE* statistics using model 2

5.4.3 故障特征方向的特性讨论

在本章所提出的故障特征方向的提取方法中，第一步是在故障数据空间中对正常数据的主元部分和残差部分分别进行 KPCA 分解，以得到正常数据在故障空间中的描述，记分解过程中所得负载方向分别为[$\boldsymbol{P}_r$，$\boldsymbol{P}_r^*$]和[$\boldsymbol{V}_r$，$\boldsymbol{V}_r^*$]；第二步是通过比较故障数据与正常数据在上述两组负载方向上得分的大小，从中分别提取导致 T^2 和 SPE 统计量超限的故障特征方向。将利用本章算法从负载方向[$\boldsymbol{P}_r$，$\boldsymbol{P}_r^*$]及[$\boldsymbol{V}_r$，$\boldsymbol{V}_r^*$]中选取出来的导致检测统计量超限的方向作为与故障相关的故障特征方向，记为 $\boldsymbol{P}_{rec}$ 和 $\boldsymbol{V}_{rec}$，则其余的负载分别记为 $\boldsymbol{P}_{fo}$ 和 $\boldsymbol{V}_{fo}$。

通过上述仿真实验可知，利用当前故障所对应的重构模型对故障数据进行重构时，能够准确去除数据中的故障信息，消除检测统计量的超限报警现象。而剩余的负载方向$\{\boldsymbol{P}_{fo,i}$，$\boldsymbol{V}_{fo,i}\}$中不含有导致统计量超限的故障信息，也就是说，如果利用模型$\{\boldsymbol{P}_{fo,i}$，$\boldsymbol{V}_{fo,i}\}$对故障 F_i 的故障数据进行重构，并不能消除检测统计量超限现象。此处，利用模型$\{\boldsymbol{P}_{fo,i}$，$\boldsymbol{V}_{fo,i}\}$（$i=1$，2）分别对故障 F_i 的数据进行重构，以间接验证本章所提方法的有效性。

利用模型$\{\boldsymbol{P}_{fo,1}$，$\boldsymbol{V}_{fo,1}\}$对包含故障 F_1 的测试数据进行重构，其仿真结果如图 5.8 所示，其中，图(a)、(b)分别为利用重构模型对故障数据进行重构后的 T^2 和 SPE 统计量。对比图 5.4 可知，该模型的重构并没有明显地去除故障数据中导致统计量超限的成分。

同理，对于故障 F_2 而言，负载$\{\boldsymbol{P}_{fo,2}$，$\boldsymbol{V}_{fo,2}\}$中不含有导致检测统计量超限的故障信息。因此，模型$\{\boldsymbol{P}_{fo,2}$，$\boldsymbol{V}_{fo,2}\}$对故障 F_2 的故障数据重构不会使得统计量中的超限部分消除。利用$\{\boldsymbol{P}_{fo,2}$，$\boldsymbol{V}_{fo,2}\}$对包含故障 F_2 的测试数据进行重构的仿真结果如图 5.9 所示，其中，图(a)、(b)分别为重构后的 T^2 和 SPE 统计量。对比图 5.6 可知，去除模型负载上的信息对检测统计量没有明显的影响。

结合图 5.5(a)、(b)，图 5.8，图 5.7(c)、(d)，图 5.9 可知，数据检测统计量实际上由两个部分组成，即正常信息部分与故障信息部分。本章所提出的故障特征方向提取方法就是通过分析过程正常数据与故障数据之间的关系，以提取出与故障相关的特征方向，包含该故障所有的故障信息，从而准确地隔离该故障数据中正常信息部分与故障信息部分。利用重构模型依次对故障数据进行重构，通过判断模型能否准确隔离这两部分信息，可到达故障分离的目的。

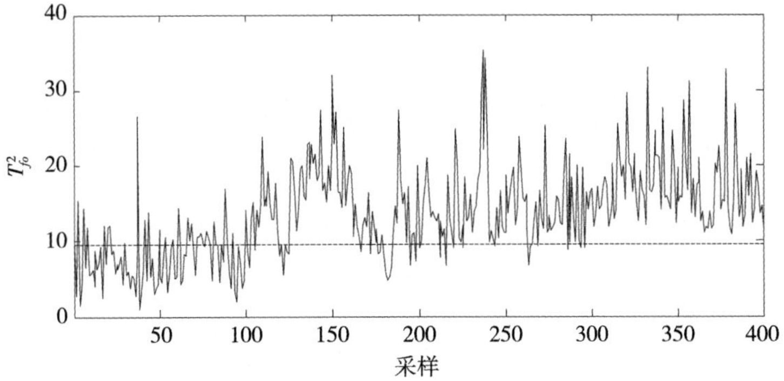

（a）

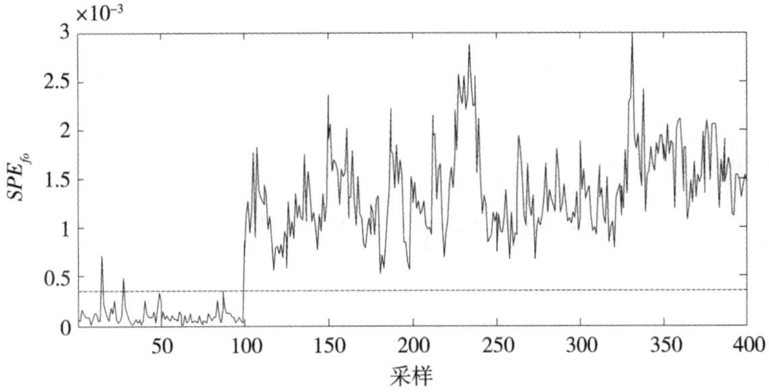

（b）

图 5.8　故障数据去除故障无关信息后的（a）T^2统计量检测图；（b）*SPE* 统计量检测图

Fig. 5.8　（a）T^2 statistics;（b）*SPE* statistics of faulty samples without fault-irrelevant information

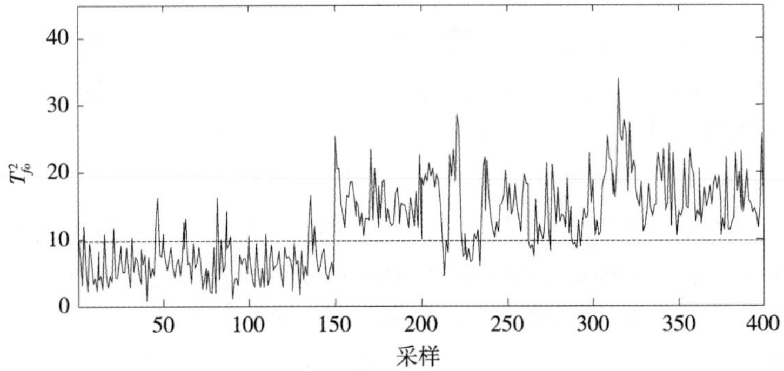

（a）

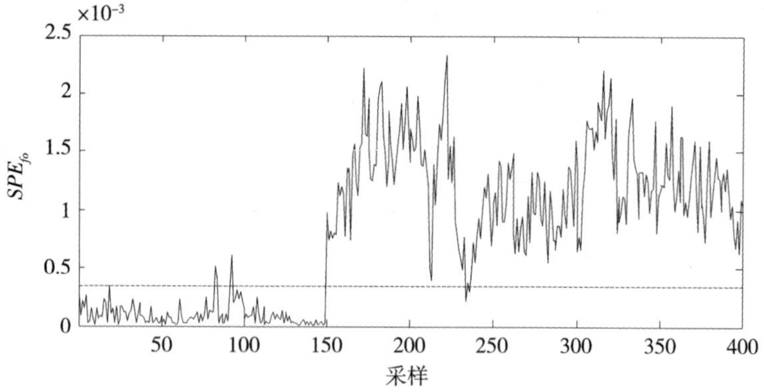

(b)

图 5.9 故障数据去除故障无关信息后的（a）T^2统计量检测图；（b）*SPE* 统计量检测图

Fig. 5.9 (a) T^2 statistics; (b) *SPE* statistics of faulty samples without fault-irrelevant information

5.5 基于 KLSR 的故障分离方法

运用数据重构方法能够准确地分离故障数据中的正常信息与故障信息，通过重构模型与故障类别的对应关系实现故障分离。然而运用数据重构方法需要对故障库中所有的故障建立重构模型，并且在线监测过程中需要用所有的重构模型对故障数据依次进行重构。为提高故障分类性能，基于聚类和分类算法的故障工况判别方法正成为最近几年故障诊断领域的研究热点。Li 等人构建了一种基于相似性传播聚类的突发故障诊断方法，其通过相似性传播聚类找到故障库中所有突发故障数据的中心，新采集的数据经过与库中的数据中心进行匹配以判断该采集数据对应的突发故障的类别。Russell 等提出了基于 Fisher 判别分析的故障识别方法，该方法可同时分析正常数据和各种故障情况下的数据，与基于 PCA 的判别方法相比，更有利于提高故障分类性能。张等人提出了一种基于支持向量机的机械故障诊断方法，利用故障数据建立多故障分类器，该方法只需要少量的时域故障数据样本来训练故障分类器，不必进行信号预处理以提取特征量，便可实现多故障的识别和诊断。尹等人构建了一种基于拉普拉斯近似方法的高斯过程分类器，该分类器可自行优化超参数，以概率的形式输出分离结果，便于问题的不确定性分析，从而克服了 SVM 规则化系数、核函数参数确定困难等局限。本节将利用最小二乘回归方法构造一种多类分类器以实现故障分离，并针对其在实际应用中的一些问题进行改进。

最小二乘回归(LSR)是一种常用的数据分类方法，通过将不同类别的数据回归到相应的回归目标值，能够在数据空间优化分离不同的数据类，通过分离不同的数据类，完成对故障的分离。LSR 在进行数据分类的时候，其回归目标是固定的，因此，该方法很难得到最优的分离权值向量。实际工业生产过程往往具有非线性特性，LSR 作为一种分类方法，不宜直接用于过程故障数据的分离。

针对上述问题，首先，为了优化所求的分离权值向量，在满足分离条件的前提下，对回归目标添加修正项，扩大了不同数据类的回归目标之间的差异，使得所求的权值向量得以优化。其次，为解决非线性过程的故障类分离问题，运用了核最小二乘回归(KLSR)方法并给出了权值向量的迭代求解方法。最后，提出了基于数据提取的核最小二乘回归(DS-KLSR)方法，该方法利用权值向量的稀疏性对建模数据进行提取，去除对模型建立作用不大的数据，节约了数据存储空间并保证了所建模型的简洁性。为了验证本节所提出的故障分离方法的有效性，给出了算法推导及求解的详细过程，并将提出的方法运用于电熔镁熔炼过程的故障分离。

5.5.1 核最小二乘回归(KLSR)算法

运用最小二乘回归的方法进行故障分离就是在数据空间中通过线下变换，将不同类型的故障数据投影到其对应的低维目标，从而实现将高维故障数据的分离问题转化为简单的对低维数据的分类问题。本节中，对于每一类型的故障，寻找一个方向向量，使得该类故障数据在方向向量上的投影目标区别于其他类型的故障数据。

对于一组训练数据$\{\boldsymbol{x}_i, \boldsymbol{y}_i\}_{i=1}^{n}$，该数据集中包含了$c(c\geqslant 2)$类故障的故障数据，其中，$\boldsymbol{x}_i$为一类故障的故障数据，$\boldsymbol{y}_i$为该类故障数据相应的故障标识。为便于求解，本节采用单位向量作为不同故障数据的故障标识。即对于第j类故障，其中，$j=1, 2, \cdots, c$，该类故障的故障标识定义为$\boldsymbol{y}_i=[0, \cdots, 0, 1, 0, \cdots, 0]^{\mathrm{T}}\in\mathbf{R}^{c}$，$\boldsymbol{y}_i$是第$j$个元素为 1 的单位向量。设训练样本矩阵$\boldsymbol{X}=[\boldsymbol{x}_1, \boldsymbol{x}_2, \cdots, \boldsymbol{x}_n]^{\mathrm{T}}\in\mathbf{R}^{n\times m}$包含$c$类故障的故障数据，以故障类标识作为回归目标，则$\boldsymbol{Y}=[\boldsymbol{y}_1, \boldsymbol{y}_2, \cdots, \boldsymbol{y}_n]^{\mathrm{T}}\in\mathbf{R}^{n\times c}$为各数据相应的回归目标。最小二乘回归模型可表示为

$$\boldsymbol{XW}+\boldsymbol{e}_n\boldsymbol{t}\approx\boldsymbol{Y} \tag{5.30}$$

在核最小二乘回归模型中，先将训练样本$\boldsymbol{X}$进行中心化处理，再通过非线性映射F：$\boldsymbol{X}\rightarrow\boldsymbol{\Phi}(\boldsymbol{X})$将其映射到高维特征空间中。在高维空间中，最小二乘回归模型表示为

$$\boldsymbol{\Phi}^{\mathrm{T}}(\boldsymbol{X})\boldsymbol{W}+\boldsymbol{e}_n\boldsymbol{t}^{\mathrm{T}}\approx\boldsymbol{Y} \tag{5.31}$$

其中，对于矩阵$\boldsymbol{Y}$的第j列的各元素来说，只有当其对应数据属于第j类故障

数据时，该列中此元素为 1，其余均为 0。

传统最小二乘回归模型的回归目标值是固定的，导致数据回归值分布在回归目标周围，不能直接得到清晰的分离界限。本节通过在模型的回归目标中引入修正因子来扩大不同数据类之间的回归目标的差异，该方法利用非负变量 ε_i 对回归目标进行修正，将原本回归目标为 1 的数据的回归目标修正为 $1+\varepsilon_i$，原本回归目标为 0 的数据的回归目标修正为 $-\varepsilon_i$，以使得不同故障数据类的回归目标向着更大的差异方向移动。

为得到简单的故障分离模型，将所有训练数据的修正因子集中表示为矩阵的形式。令 $\boldsymbol{B}\in\mathbf{R}^{n\times c}$ 为常数矩阵，其矩阵的元素定义为

$$B_{ij}=\begin{cases}+1, & Y_{ij}=1\\ -1, & Y_{ij}=0\end{cases} \tag{5.32}$$

可知，$\boldsymbol{B}$ 中每个元素均可代表一个回归目标的修正方向。即，“+1”表示向正向进行修正，“-1”表示向负向进行修正。将上述所有对回归目标 $\boldsymbol{Y}$ 进行修正的非负 ε 因子表示为矩阵 $\boldsymbol{M}\in\mathbf{R}^{n\times c}$，可得模型中回归目标 $\boldsymbol{Y}$ 的修正矩阵 $\boldsymbol{B}\odot\boldsymbol{M}$，其中，运算$\odot$表示两个矩阵的对应元素相乘。高维特征空间中的误差模型可表示为

$$\left.\begin{aligned}&\min_{\boldsymbol{W},\boldsymbol{t},\boldsymbol{M}}\|\boldsymbol{\Phi}^{\mathrm{T}}(\boldsymbol{X})\boldsymbol{W}+\boldsymbol{e}_n\boldsymbol{t}^{\mathrm{T}}-(\boldsymbol{Y}+\boldsymbol{B}\odot\boldsymbol{M})\|_F^2\\ &\text{s. t.}\quad \boldsymbol{M}\geqslant 0\end{aligned}\right\} \tag{5.33}$$

在实际应用中，为改善所求解的唯一性及稳定性，需要在目标函数中引入解的部分先验信息，称为结构正则化。将目标函数扩展之后，可得故障分离的最优化模型为

$$\left.\begin{aligned}&\min_{\boldsymbol{W},\boldsymbol{t},\boldsymbol{M}}\|\boldsymbol{\Phi}^{\mathrm{T}}(\boldsymbol{X})\boldsymbol{W}+\boldsymbol{e}_n\boldsymbol{t}^{\mathrm{T}}-(\boldsymbol{Y}+\boldsymbol{B}\odot\boldsymbol{M})\|_F^2+\lambda\|\boldsymbol{W}\|_F^2\\ &\text{s. t.}\quad \boldsymbol{M}\geqslant 0\end{aligned}\right\} \tag{5.34}$$

其中，$\|\boldsymbol{W}\|_F^2$ 为结构正则化项，λ 为结构正则化参数。

为方便在高维特征空间中处理训练样本 $\boldsymbol{\Phi}(\boldsymbol{X})$，可将权值矩阵 $\boldsymbol{W}$ 的第 i 列表示为

$$\boldsymbol{w}^{(i)}=\sum_{j=1}^{n}\alpha_j^{(i)}\boldsymbol{\Phi}(\boldsymbol{x}_j)=\boldsymbol{\Phi}(\boldsymbol{X})\boldsymbol{\alpha}^{(i)}\quad(i=1,\ 2,\ \cdots,\ c) \tag{5.35}$$

权值矩阵 $\boldsymbol{W}$ 因此可表示为

$$\boldsymbol{W}=\boldsymbol{\Phi}(\boldsymbol{X})\boldsymbol{A} \tag{5.36}$$

其中，矩阵 $\boldsymbol{A}=[\boldsymbol{\alpha}^{(1)},\ \boldsymbol{\alpha}^{(2)},\ \cdots,\ \boldsymbol{\alpha}^{(c)}]$ 为系数矩阵。将式(5.36)代入式(5.34)中，可得

$$\left.\begin{aligned}&\min_{\boldsymbol{A},\boldsymbol{t},\boldsymbol{M}}\|\boldsymbol{KA}+\boldsymbol{e}_n\boldsymbol{t}^{\mathrm{T}}-(\boldsymbol{Y}+\boldsymbol{B}\odot\boldsymbol{M})\|_F^2+\lambda\|\boldsymbol{\Phi}(\boldsymbol{X})\boldsymbol{A}\|_F^2\\ &\text{s. t.}\quad \boldsymbol{M}\geqslant 0\end{aligned}\right\} \tag{5.37}$$

其中，$\boldsymbol{K}=\boldsymbol{\Phi}^{\mathrm{T}}(\boldsymbol{X})\boldsymbol{\Phi}(\boldsymbol{X})$为核矩阵。

由凸规划理论可知，式(5.37)为凸规划问题，因此其存在全局最优解。该凸规划问题的迭代求解方法如下：

① 设矩阵$\boldsymbol{M}$已知，令修正后的回归目标矩阵$\boldsymbol{R}=\boldsymbol{Y}+\boldsymbol{B}\odot\boldsymbol{M}$，则目标函数可记为

$$f(\boldsymbol{A},\ \boldsymbol{t})=\|\boldsymbol{K}\boldsymbol{A}+\boldsymbol{e}_n\boldsymbol{t}^{\mathrm{T}}-\boldsymbol{R}\|_F^2+\lambda\|\boldsymbol{\Phi}(\boldsymbol{X})\boldsymbol{A}\|_F^2$$

由矩阵理论可知，偏移量$\boldsymbol{t}$和权值矩阵$\boldsymbol{A}$可计算如下：

$$\begin{aligned}
&\frac{\partial f(\boldsymbol{A},\ \boldsymbol{t})}{\partial \boldsymbol{t}}=\boldsymbol{0}\\
&\Rightarrow \boldsymbol{A}^{\mathrm{T}}\boldsymbol{K}^{\mathrm{T}}\boldsymbol{e}_n+\boldsymbol{t}\boldsymbol{e}_n^{\mathrm{T}}\boldsymbol{e}_n-\boldsymbol{R}^{\mathrm{T}}\boldsymbol{e}_n=\boldsymbol{0}\\
&\Rightarrow \boldsymbol{t}=\frac{\boldsymbol{R}^{\mathrm{T}}\boldsymbol{e}_n-\boldsymbol{A}^{\mathrm{T}}\boldsymbol{K}^{\mathrm{T}}\boldsymbol{e}_n}{n}
\end{aligned}\tag{5.38}$$

$$\begin{aligned}
&\frac{\partial f(\boldsymbol{A},\ \boldsymbol{t})}{\partial \boldsymbol{A}}=\boldsymbol{0}\\
&\Rightarrow \boldsymbol{K}^{\mathrm{T}}\left(\boldsymbol{K}\boldsymbol{A}-\frac{1}{n}\boldsymbol{e}_n\boldsymbol{e}_n^{\mathrm{T}}\boldsymbol{K}\boldsymbol{A}-\boldsymbol{R}-\frac{1}{n}\boldsymbol{e}_n\boldsymbol{e}_n^{\mathrm{T}}\boldsymbol{R}\right)+\lambda\boldsymbol{K}\boldsymbol{A}=\boldsymbol{0}\\
&\Rightarrow \boldsymbol{K}^{\mathrm{T}}\left(\boldsymbol{I}_n-\frac{1}{n}\boldsymbol{e}_n\boldsymbol{e}_n^{\mathrm{T}}\right)\boldsymbol{K}\boldsymbol{A}-\boldsymbol{K}^{\mathrm{T}}\left(\boldsymbol{I}_n-\frac{1}{n}\boldsymbol{e}_n\boldsymbol{e}_n^{\mathrm{T}}\right)\boldsymbol{R}+\lambda\boldsymbol{K}\boldsymbol{A}=\boldsymbol{0}\\
&\Rightarrow \boldsymbol{A}=(\boldsymbol{K}^{\mathrm{T}}\boldsymbol{H}\boldsymbol{K}+\lambda\boldsymbol{K})^{-1}\boldsymbol{K}^{\mathrm{T}}\boldsymbol{H}\boldsymbol{R}
\end{aligned}\tag{5.39}$$

其中，矩阵$\boldsymbol{H}$记为

$$\boldsymbol{H}=\boldsymbol{I}-\frac{1}{n}\boldsymbol{e}_n\boldsymbol{e}_n^{\mathrm{T}}$$

② 若权值矩阵$\boldsymbol{A}$和偏移量$\boldsymbol{t}$已知，记矩阵$\boldsymbol{P}=\boldsymbol{K}\boldsymbol{A}+\boldsymbol{e}_n\boldsymbol{t}^{\mathrm{T}}-\boldsymbol{Y}$为$n$个训练样本的回归误差矩阵，则矩阵$\boldsymbol{M}$可由下式求解：

$$\left.\begin{aligned}
&\min_{\boldsymbol{M}}\|(\boldsymbol{P}-\boldsymbol{B}\odot\boldsymbol{M})\|_F^2\\
&\text{s.t.}\quad \boldsymbol{M}\geqslant 0
\end{aligned}\right\}\tag{5.40}$$

其中，运算$\odot$表示两个矩阵的对应元素相乘。由F范数的性质可知，式(5.40)的求解等价于分别求解$M_{ij}\geqslant 0$，使得$(P_{ij}-B_{ij}M_{ij})^2$最小，即

$$\left.\begin{aligned}
&\min_{M_{ij}}(P_{ij}-B_{ij}M_{ij})^2\\
&\text{s.t.}\quad M_{ij}\geqslant 0
\end{aligned}\right\}\tag{5.41}$$

其中，P_{ij}，B_{ij}和M_{ij}分别为矩阵$\boldsymbol{P}$，$\boldsymbol{B}$和$\boldsymbol{M}$的第i行第j列元素。由矩阵$\boldsymbol{B}$的定义可知$B_{ij}^2=1$，因此，式(5.41)中的目标函数等价于$(B_{ij}P_{ij}-M_{ij})^2$。考虑到矩阵$\boldsymbol{M}$元素的非负性，矩阵的元素M_{ij}可计算如下：

$$M_{ij}=\max(B_{ij}P_{ij},\ 0)\tag{5.42}$$

相应的$\boldsymbol{M}$可计算如下：

$$\boldsymbol{M}=\max(\boldsymbol{B}\odot\boldsymbol{P},\ \boldsymbol{0}) \tag{5.43}$$

基于上述求解过程的分析，式(5.37)的最优解可由迭代方法求得，整个迭代求解方法的流程图如图5.10所示。

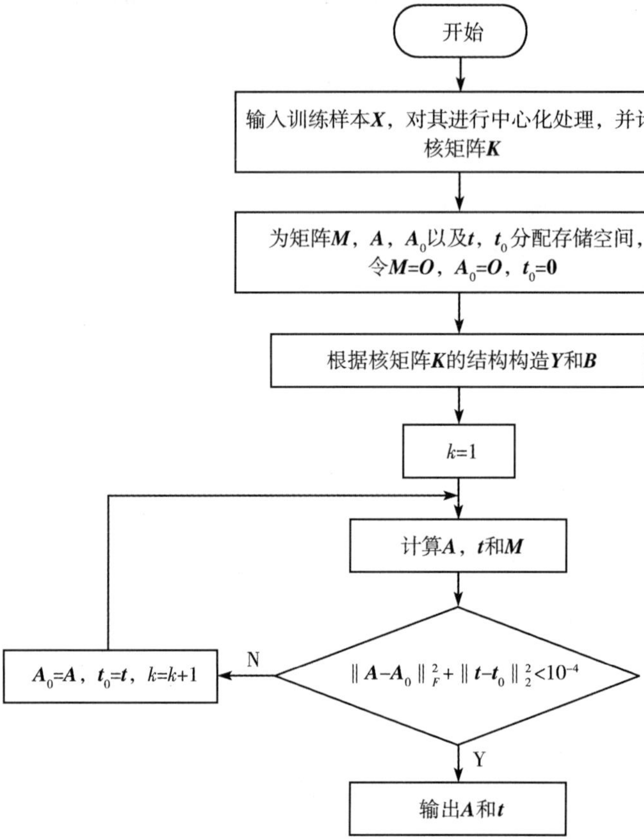

图5.10　核最小二乘回归方法迭代求解流程图

Fig. 5.10　Flow chart of KLSR iterative solution

迭代求解过程中，修正因子对权值向量的优化作用如图5.11所示。在每一次的迭代求解过程中，均会得到一些已满足分离条件的样本点，其回归值大于1或小于0，如图5.11中的黑色点所示。对这些点的回归目标进行修正，使得它们在本次迭代后的回归误差为0，则不同故障类数据的回归目标在经一次迭代之后即向着差异更大的方向变化。

5.5.2　基于KLSR的故障分离

利用KLSR方法进行故障分离的步骤如下：首先，根据历史故障数据得到过程故障的集合$\{F_i,\ i=1,\ 2,\ \cdots,\ c\}$，并确定各故障类数据的回归目标；由

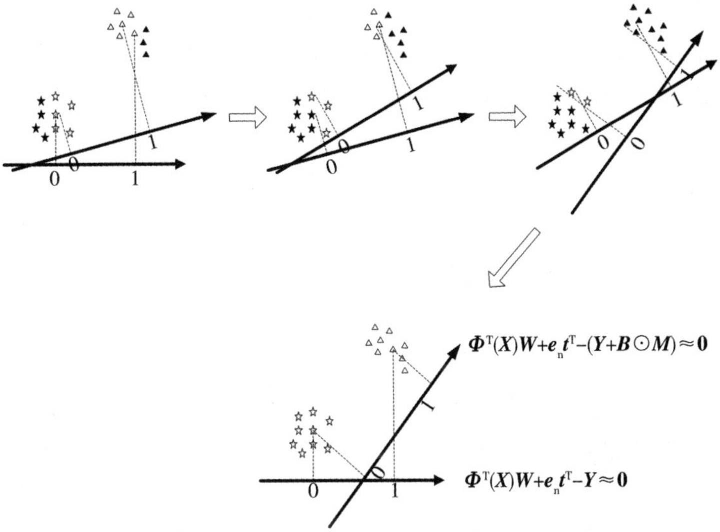

图 5.11 修正因子对模型优化作用示意图

Fig. 5.11 Sketch map of correction factor effect in the model optimization

上述迭代求解过程可求得回归参数，即权值矩阵 $\boldsymbol{A}$ 和偏移量 $\boldsymbol{t}$；利用建立的模型进行故障分离，先对被检测出故障的测试数据 $\boldsymbol{x}_f\in\mathbf{R}^{1\times m}$ 进行中心化处理，并结合建模数据计算其核矩阵 $\boldsymbol{k}_f$，即

$$[\boldsymbol{k}_f]_i=\langle\boldsymbol{\Phi}(\boldsymbol{x}_f),\ \boldsymbol{\Phi}(\boldsymbol{x}_i)\rangle$$

其故障类标识可计算如下：

$$\boldsymbol{y}_f=\boldsymbol{A}^{\mathrm{T}}\boldsymbol{k}_f+\boldsymbol{t} \tag{5.44}$$

其中，$\boldsymbol{y}_f$ 为故障类标识。由上述分析可知，若 $\boldsymbol{y}_f$ 中的第 i 个元素最大，则可判断该故障属于 F_i。

5.6 基于 DS-KLSR 的故障分离方法

5.6.1 基于核最小二乘回归的数据提取算法

在高维特征空间中，核矩阵所需的存储空间以及计算的复杂度都会随着训练样本数的增加而急剧增大。由式(5.35)可知，特征空间中的任意一个权值向量 $\boldsymbol{w}$ 可由训练样本 $\boldsymbol{\Phi}(\boldsymbol{X})$ 线性表示。事实上，在大样本的情况下，容易出现一个训练样本可由与之同类的其他训练样本线性表示或近似线性表示的情形，即此时的系数向量 $\boldsymbol{\alpha}$ 是稀疏向量。为此，本节将构建一种基于核最小二乘回归的数据提取方法，在不影响模型对故障的分离效果的前提下，从训练样本中提取对建模作用较大的数据用以描述特征空间中的权值向量。对于已知的 N 个包含 $c(c\geqslant 2)$ 类故障数据的训练样本 $\{\boldsymbol{x}_i,\ \boldsymbol{y}_i\}_{i=1}^{N}$，该算法的目的是从该训练数据集中提取 $n(n<N)$ 个样本用于特征空间中权值向量的描述。

稀疏性是刻画解的一种方式，权值矩阵 $\boldsymbol{A}$ 的稀疏性可用作衡量训练样本对建模作用大小的依据。为此，本节引入稀疏约束正则化的方法，即选取权值矩阵 $\boldsymbol{A}$ 的 $L_{2,1}$ 范数作为式(5.37)中的结构正则化项，以此求解具有稀疏性的权值矩阵 $\boldsymbol{A}^*$。$L_{2,1}$ 范数的定义如下：

$$\|\boldsymbol{A}^*\|_{2,1}=\sum_{i=1}^{N}\sqrt{\sum_{j=1}^{c}a_{ij}^{*2}} \tag{5.45}$$

以 $\|\boldsymbol{A}^*\|_{2,1}$ 代替式(5.37)中的结构正则化项 $\|\boldsymbol{\Phi}(\boldsymbol{X})\boldsymbol{A}\|_F^2$，可求得具有稀疏性的权值矩阵 $\boldsymbol{A}^*$，即矩阵 $\boldsymbol{A}^*$ 中存在一些近似为零的行，这些行所对应的训练样本对建模的作用很小，在建立故障分离模型时可以排除这些样本，以减小核矩阵的存储空间和计算的复杂度。为了在求解矩阵 $\boldsymbol{A}^*$ 的过程中削弱异常点的影响，在式(5.37)的误差项中也引入 $L_{2,1}$ 范数，即在该项中以所有样本的误差绝对值和代替所有样本的误差平方和。数据提取的最优化模型可表示为

$$\left.\begin{aligned}&\min_{\boldsymbol{A},\boldsymbol{t},\boldsymbol{M}}\|\boldsymbol{K}_N\boldsymbol{A}^*+\boldsymbol{e}_N\boldsymbol{t}^{*\mathrm{T}}-(\boldsymbol{Y}+\boldsymbol{B}\odot\boldsymbol{M})\|_{2,1}+\lambda\|\boldsymbol{A}^*\|_{2,1}\\&\text{s.t.}\quad \boldsymbol{M}\geqslant 0\end{aligned}\right\} \tag{5.46}$$

式中，$\|\cdot\|_{2,1}$ 是凸函数，并且约束条件 $\boldsymbol{M}\geqslant 0$ 为凸集。因此，式(5.46)是一个凸规划问题，该式有唯一的全局最优解。

为求解式(5.46)，首先求解结构正则化项 $\|\boldsymbol{A}^*\|_{2,1}$ 对矩阵元素的偏导数。根据 $L_{2,1}$ 范数的定义可知，$\|\boldsymbol{A}^*\|_{2,1}$ 对矩阵的元素 a_{ij}^* 的偏导数可求解如下：

$$\frac{\partial\|\boldsymbol{A}^*\|_{2,1}}{\partial a_{ij}^*}=a_{ij}^*\left(\sum_{k=1}^{c}a_{ik}^{*2}\right)^{-0.5}=\frac{a_{ij}^*}{\|\boldsymbol{a}^{*i}\|_2} \tag{5.47}$$

其中，$\boldsymbol{a}^{*i}$ 为矩阵 $\boldsymbol{A}^*$ 的第 i 行的行向量。由式(5.47)可得 $\boldsymbol{A}^*\|_{2,1}$ 对矩阵 $\boldsymbol{A}^*$ 的偏导数为

$$\frac{\partial\|\boldsymbol{A}^*\|_{2,1}}{\partial\boldsymbol{A}^*}=\boldsymbol{\Sigma}\boldsymbol{A}^* \tag{5.48}$$

其中，$\boldsymbol{\Sigma}\in\mathbf{R}^{N\times N}$ 为对角矩阵，其第 i 个对角元素 Σ_{ii} 等于 $\dfrac{1}{\|\boldsymbol{a}^{*i}\|_2}$。

为求解具有稀疏性的权值矩阵 $\boldsymbol{A}^*$，给出如式(5.46)所示的迭代求解过程：

① 设矩阵 $\boldsymbol{M}$ 已知，令修正后的回归目标矩阵 $\boldsymbol{T}=\boldsymbol{Y}+\boldsymbol{B}\odot\boldsymbol{M}$，记式(5.46)中的目标函数为

$$f(\boldsymbol{A}^*,\ \boldsymbol{t}^*)=\|\boldsymbol{K}_N\boldsymbol{A}^*+\boldsymbol{e}_N\boldsymbol{t}^{*\mathrm{T}}-\boldsymbol{T}\|_{2,1}+\lambda\|\boldsymbol{A}^*\|_{2,1}$$

由矩阵理论可知，目标函数$f(\boldsymbol{A}^*, \boldsymbol{t}^*)$对权值矩阵$\boldsymbol{A}^*$和偏移量$\boldsymbol{t}^*$的偏导数分别为

$$\frac{\partial f(\boldsymbol{A}^*, \boldsymbol{t}^*)}{\partial \boldsymbol{A}^*}=\boldsymbol{K}_N^{\mathrm{T}}\boldsymbol{D}(\boldsymbol{K}_N\boldsymbol{A}^*+\boldsymbol{e}_N\boldsymbol{t}^{*\mathrm{T}}-\boldsymbol{T})+\lambda\boldsymbol{\Sigma}\boldsymbol{A}^* \tag{5.49}$$

$$\frac{\partial f(\boldsymbol{A}^*, \boldsymbol{t}^*)}{\partial \boldsymbol{t}^*}=[\boldsymbol{D}(\boldsymbol{K}_N\boldsymbol{A}^*+\boldsymbol{e}_N\boldsymbol{t}^{*\mathrm{T}}-\boldsymbol{T})]^{\mathrm{T}}\boldsymbol{e}_N \tag{5.50}$$

其中，$\boldsymbol{D}\in\mathbf{R}^{N\times N}$为对角矩阵，其第$i$个对角元素$D_{ii}$等于$\dfrac{1}{\|\boldsymbol{\Phi}^{\mathrm{T}}(\boldsymbol{x}_i)\boldsymbol{\Phi}(\boldsymbol{X})\boldsymbol{A}^*+\boldsymbol{t}^{*\mathrm{T}}-\boldsymbol{t}_i^{\mathrm{T}}\|_2}$。

由式(5.49)和式(5.50)可知，权值矩阵$\boldsymbol{A}^*$和偏移量$\boldsymbol{t}^*$没有解析解。

② 若权值矩阵$\boldsymbol{A}^*$和偏移量$\boldsymbol{t}^*$已知，记矩阵$\boldsymbol{Q}=\boldsymbol{K}_N\boldsymbol{A}^*+\boldsymbol{e}_N\boldsymbol{t}^{*\mathrm{T}}-\boldsymbol{Y}$为$N$个训练样本的回归误差矩阵，则矩阵$\boldsymbol{M}$可由下式求解：

$$\left.\begin{aligned}&\min_{\boldsymbol{M}}\|\boldsymbol{Q}-\boldsymbol{B}\odot\boldsymbol{M}\|_{2,1}\\&\text{s.t.}\quad \boldsymbol{M}\geqslant 0\end{aligned}\right\} \tag{5.51}$$

由$L_{2,1}$范数的定义可知，式(5.51)的求解等价于

$$\left.\begin{aligned}&\min_{\boldsymbol{m}^i}\sqrt{\sum_{j=1}^{c}(Q_{ij}-B_{ij}M_{ij})^2}\\&\text{s.t.}\quad M_{ij}\geqslant 0\end{aligned}\right\} \tag{5.52}$$

其中，Q_{ij}，B_{ij}和M_{ij}分别为矩阵$\boldsymbol{Q}$，$\boldsymbol{B}$和$\boldsymbol{M}$的第i行第j列的元素；$\boldsymbol{m}^i$为矩阵$\boldsymbol{M}$的第i行。显然，式(5.52)等价于

$$\left.\begin{aligned}&\min_{\boldsymbol{m}^i}\sum_{j=1}^{c}(Q_{ij}-B_{ij}M_{ij})^2\\&\text{s.t.}\quad M_{ij}\geqslant 0\end{aligned}\right\} \tag{5.53}$$

因此，式(5.52)与式(5.53)同解，即

$$\boldsymbol{M}=\max(\boldsymbol{B}\odot\boldsymbol{Q}, \boldsymbol{0}) \tag{5.54}$$

根据上述分析可知，权值矩阵$\boldsymbol{A}^*$和偏移量$\boldsymbol{t}^*$没有解析解。因此，本节采用双重梯度下降法求解一次迭代中矩阵$\boldsymbol{A}^*$和$\boldsymbol{t}^*$的最优解。即，先假设偏移量$\boldsymbol{t}^*$为常值，用梯度下降法求解权值矩阵$\boldsymbol{A}^*$的最优解，再保持矩阵$\boldsymbol{A}^*$不变，用同样的方法求解最优的偏移量$\boldsymbol{t}^*$。权值矩阵$\boldsymbol{A}^*$和偏移量$\boldsymbol{t}^*$的最优解可由梯度下降法求解如下：

$$\boldsymbol{A}^*=\boldsymbol{A}_0^*-\frac{\rho_0}{k}[\boldsymbol{K}_N^{\mathrm{T}}\boldsymbol{D}(\boldsymbol{K}_N\boldsymbol{A}_0^*+\boldsymbol{e}_N\boldsymbol{t}_0^{*\mathrm{T}}-\boldsymbol{T})+\lambda\boldsymbol{\Sigma}\boldsymbol{A}_0^*] \tag{5.55}$$

$$\boldsymbol{t}^*=\boldsymbol{t}_0^*-\frac{\rho_0}{k}[\boldsymbol{D}(\boldsymbol{K}_N\boldsymbol{A}_0^*+\boldsymbol{e}_N\boldsymbol{t}_0^{*\mathrm{T}}-\boldsymbol{T})]^{\mathrm{T}}\boldsymbol{e}_N \tag{5.56}$$

其中，$\boldsymbol{A}_0^*$ 和 $\boldsymbol{t}_0^*$ 为上次迭代中求得的最优解，ρ_0 为初始步长，k 为迭代次数。

记式(5.46)中的目标函数为 obj。为了改善算法的收敛性，每一次运行梯度下降法后，需要计算目标函数 obj 的值，以确定所求解是否向着最优解逼近。若经过一次梯度下降后，目标函数值没有减小，则需要适当减小初始步长 ρ_0，重新计算所求的 $\boldsymbol{A}^*$ 或 $\boldsymbol{t}^*$。

由迭代方法求得式(5.46)中权值矩阵 $\boldsymbol{A}^*$ 的最优解后，可按如下方法从 N 个初始训练样本中提取 n 个数据用以描述特征空间中的权值向量。

计算权值矩阵 $\boldsymbol{A}^*$ 中各行向量的模值。令 $\bar{\boldsymbol{a}}^* = [a_1^*, a_2^*, \cdots, a_N^*] \in \mathbf{R}^{N\times N}$，其各个元素即为矩阵 $\boldsymbol{A}^*$ 对应的行向量的模值。从系数稀疏性的角度出发，矩阵 $\boldsymbol{A}^*$ 中存在一些近似为零的行，其在向量 $\bar{\boldsymbol{a}}^*$ 中对应的模也近似为零，这些行所对应的训练样本对权值向量的描述作用很小，可予以剔除。为方便处理，本节将直接根据向量 $\bar{\boldsymbol{a}}^*$ 的元素值，从 N 个初始训练样本中提取 n 个对权值向量描述作用最大的数据。据此可在初始训练样本中选择对应 $\bar{\boldsymbol{a}}^*$ 中相应元素最大的 n 个样本作为描述数据。运用核最小二乘回归(KLSR)方法进行数据提取的具体流程如图 5.12 所示。

从初始训练样本中所提取的数据集为 $\boldsymbol{\Phi}(\boldsymbol{X}_s)$，特征空间中的权值矩阵可表示为

$$\boldsymbol{W} = \boldsymbol{\Phi}(\boldsymbol{X}_s)\boldsymbol{A} \tag{5.57}$$

将式(5.57)代入式(5.37)可得

$$\left.\begin{aligned} &\min_{\boldsymbol{A},\boldsymbol{t},\boldsymbol{M}} \|\boldsymbol{K}_m\boldsymbol{A}+\boldsymbol{e}_n\boldsymbol{t}^{\mathrm{T}}-(\boldsymbol{Y}+\boldsymbol{B}\odot\boldsymbol{M})\|_F^2+\lambda\|\boldsymbol{\Phi}(\boldsymbol{X}_s)\boldsymbol{A}\|_F^2 \\ &\text{s.t.}\quad \boldsymbol{M}\geqslant 0 \end{aligned}\right\} \tag{5.58}$$

其中，核矩阵 $\boldsymbol{K}_m = \boldsymbol{\Phi}^{\mathrm{T}}(\boldsymbol{X})\boldsymbol{\Phi}(\boldsymbol{X}_s)$。

式(5.58)仍然是一个凸规划问题，其迭代求解方法如下：

① 假设矩阵 $\boldsymbol{M}$ 已知，可得偏移量 $\boldsymbol{t}$ 和权值矩阵 $\boldsymbol{A}$ 为

$$\left.\begin{aligned} &\boldsymbol{t} = \frac{\boldsymbol{R}^{\mathrm{T}}\boldsymbol{e}_N - \boldsymbol{A}^{\mathrm{T}}\boldsymbol{K}_m^{\mathrm{T}}\boldsymbol{e}_N}{N} \\ &\boldsymbol{A} = \left(\boldsymbol{K}_m^{\mathrm{T}}\boldsymbol{K}_m - \frac{1}{N}\boldsymbol{K}_m^{\mathrm{T}}\boldsymbol{e}_N\boldsymbol{e}_N^{\mathrm{T}}\boldsymbol{K}_m + \lambda\boldsymbol{K}_s\right)^{-1}\boldsymbol{K}_m^{\mathrm{T}}\left(\boldsymbol{I}_N + \frac{1}{N}\boldsymbol{e}_N\boldsymbol{e}_N^{\mathrm{T}}\right)\boldsymbol{R} \end{aligned}\right\} \tag{5.59}$$

② 若权值矩阵 $\boldsymbol{A}$ 和偏移量 $\boldsymbol{t}$ 已知，矩阵 $\boldsymbol{M}$ 可通过式(5.43)求解。

权值矩阵 $\boldsymbol{A}^*$ 和偏移量 $\boldsymbol{t}^*$ 在一次迭代中的优化求解过程如图 5.13 所示。

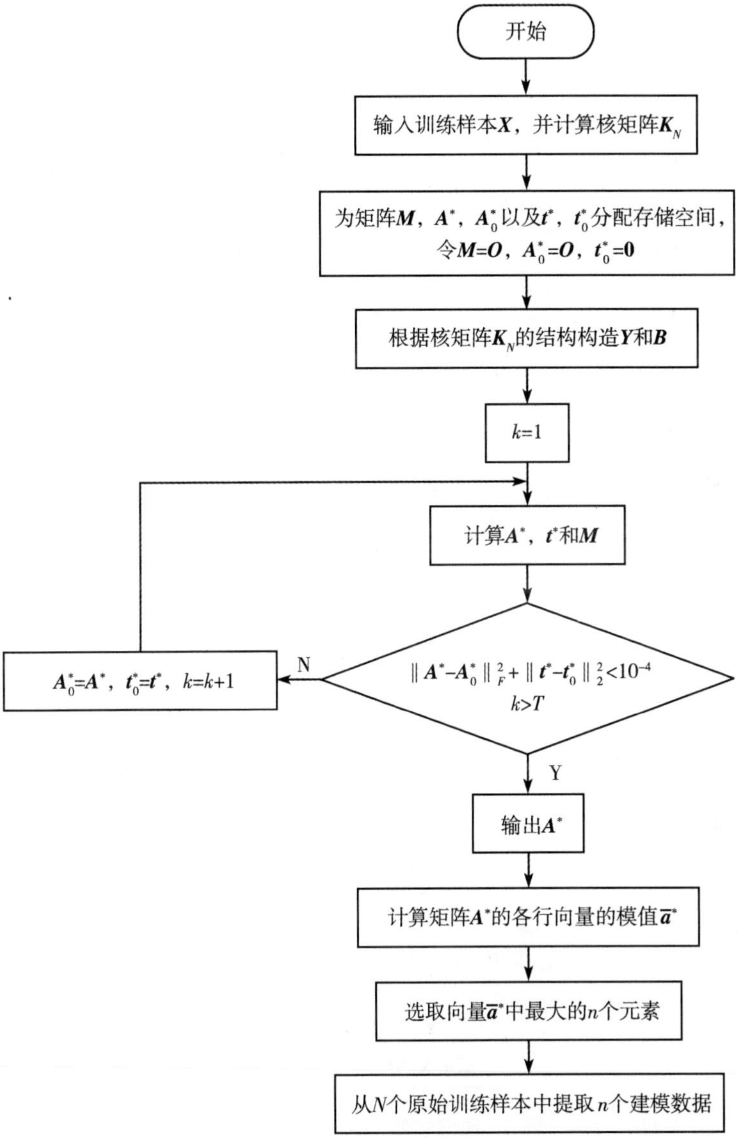

图 5.12 数据提取流程图

Fig. 5.12 Flow chart of data selection

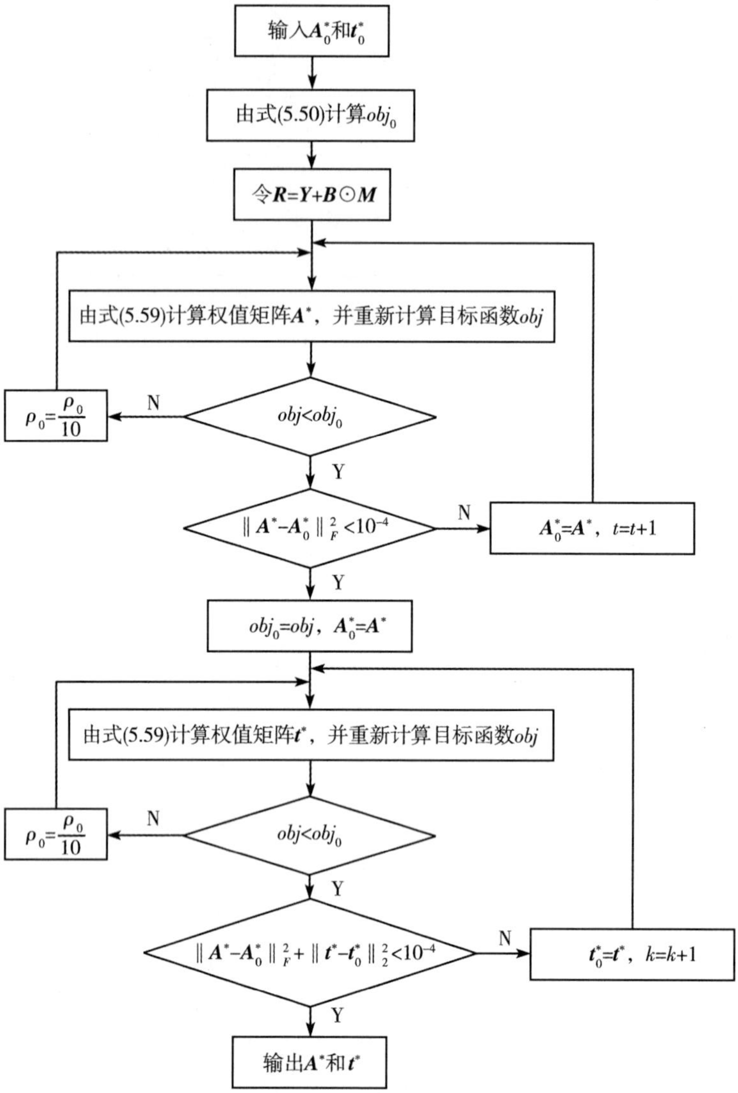

图 5.13 权值矩阵 A^* 和偏移量 t^* 在一次迭代中的优化求解流程图

Fig. 5.13 Flow chart of solution process of weight matrix A^* and offset vector t^* in one time iteration

5.6.2 基于 DS-KLSR 的故障分离

下面首先利用上述数据提取方法，提取建模数据，在此基础之上给出 DS-KLSR 方法的离线建模步骤：

① 对于给出的 N 个包含 c 类故障数据的训练数据$\{\boldsymbol{x}_i, \boldsymbol{y}_i\}_{i=1}^{N}$，运用过程正常状态下的信息进行标准化处理；

② 计算核矩阵 $\boldsymbol{K}_N$，并根据 $\boldsymbol{K}_N$ 的结构确定矩阵 $\boldsymbol{Y}$ 和 $\boldsymbol{B}$；

③ 由式(5.46)求解具有稀疏性的权值矩阵 $\boldsymbol{A}^*$；

④ 计算向量 $\bar{\boldsymbol{a}}^*$，并根据其元素值从 N 个原始训练数据中提取 n 个数据；

⑤ 计算原始训练数据与所提取数据的核矩阵 $\boldsymbol{K}$，并确定相应的矩阵 $\boldsymbol{Y}$ 和 $\boldsymbol{B}$；

⑥ 由式(5.37)求解权值矩阵 $\boldsymbol{A}$ 和偏移量 $\boldsymbol{t}$。

利用 KLSR 方法进行过程故障分离的步骤如下：

① 采集新的测试数据 $\boldsymbol{x}_{\text{new}} \in \mathbf{R}^{1\times m}$，并利用过程正常信息进行标准化处理；

② 计算用于过程检测的核向量 $\boldsymbol{k}_{\text{new}}$；

③ 由 KPCA 过程检测模型计算当前测试数据的检测统计量；

④ 若统计量出现超限报警现象，即当前过程存在异常，则结合建模数据集，计算该测试数据的核向量 $\boldsymbol{k}_f$，通过式(5.44)计算其故障类标识，进而实现故障分离。

整个故障分离过程如图 5.14 所示。KPCA 过程监测方法是广泛应用于非线性过程故障检测的一种多元统计方法，其通过特种空间的主元分析挖掘正常过程数据的潜在信息，并通过过程变量的多元正态分布假设确定过程正常数据的分布范围，可以准确检测出过程存在的异常。相反，在建立故障分离模型时，没有通过训练样本确定该类别故障数据的分布情况，并且考虑到过程大部分时间是在正常工况下运行，所以在进行故障分离模型建模时，并没有将过程的正常数据作为单独的一个类别，即所建立的故障分离模型仅能对故障数据做出正确的判别。因此在进行过程故障分离前，需利用 KPCA 方法检测当前数据，判断当前过程是否发生异常。

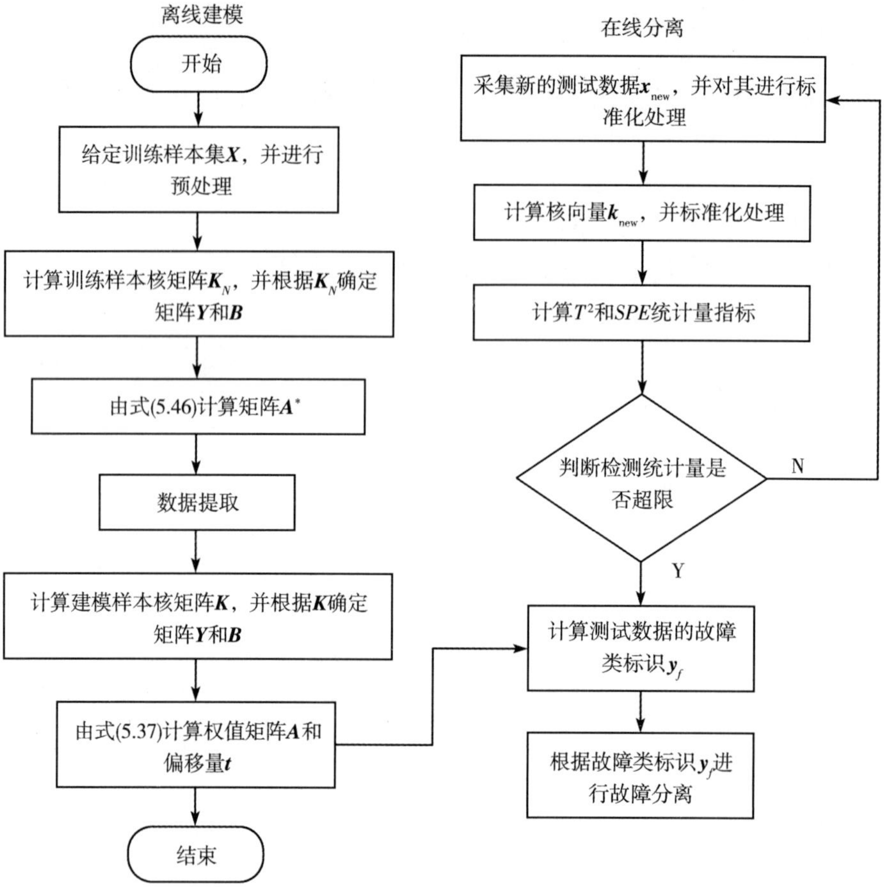

图 5.14 基于 DS-KLSR 的故障分离流程图

Fig. 5.14 Flow chart of fault isolation based on DS-KLSR

5.7 仿真研究

5.7.1 算法分类特性分析

为验证本章所提出的 KLSR 算法在多类判别问题中的有效性，利用 UCI 数据库中的 iris 数据集进行仿真实验。iris 数据集中包含 150 个样本，分为 3 类，每类 50 个样本，每个样本包含 4 个变量。实验中，抽取每一类的前 40 个数据作为训练数据，每一类的后 10 组数据作为测试数据。分别定义 3 类数据的类别标识为[1，0，0]，[0，1，0]和[0，0，1]。定义诊断率=正确分类的样本数/样本总数。对 iris 数据集的实验结果如图 5.15 和表 5.1 所示。由图 5.15 和

表 5.1 可知，KLSR 算法对数据集中的 3 类测试数据具有很好的分类效果。

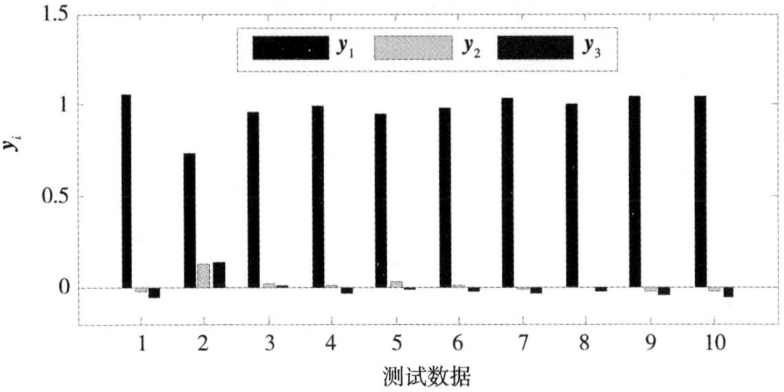

（a） setosa

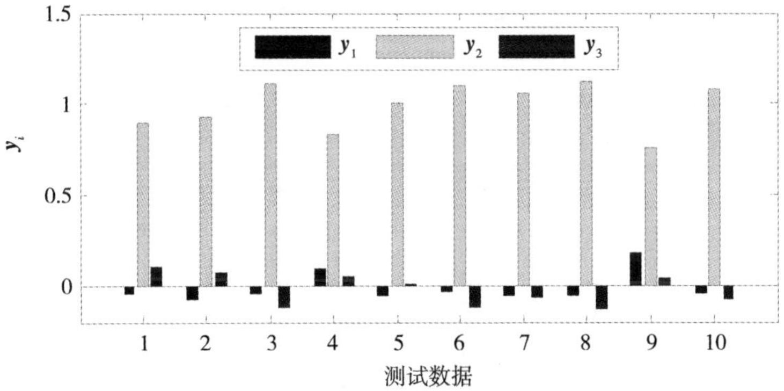

（b） versicolor

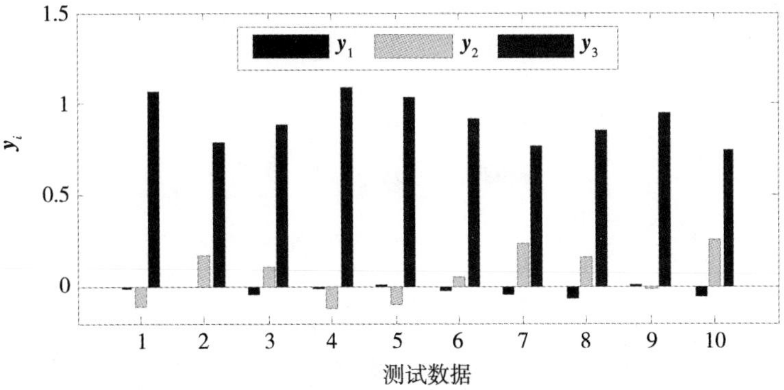

（c） virginica

图 5.15 运用 KLSR 算法对测试数据的实验结果

Fig. 5.15 Experiment results of test samples using KLSR

表 5.1 KLSR 算法对 iris 数据集的实验结果

Table 5.1 Experiment results of iris data set using KLSR

数据集		诊断率/%
setosa	训练数据	100
	测试数据	100
versicolor	训练数据	97.5
	测试数据	100
virginica	训练数据	100
	测试数据	100

为进一步验证本章所提方法对于多类数据判别的有效性，给出传统最小二乘回归(LSR)方法对上述测试数据的判别结果，如图 5.16 所示。通过与图 5.15 所示判别结果的对比可知，本章所提方法相比于传统的最小二乘回归方法具有更好的数据分类效果。

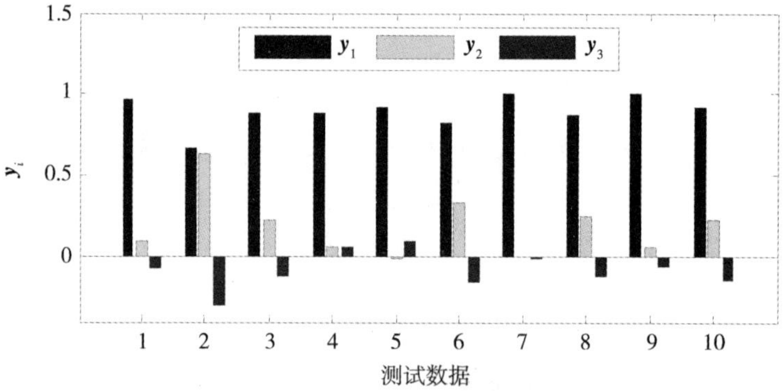

(a) setosa

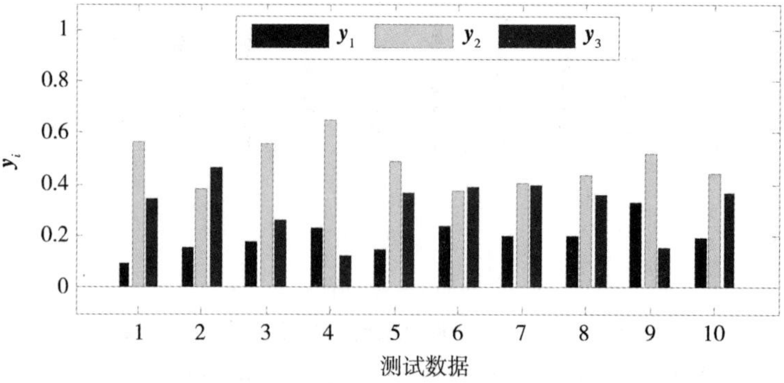

(b) versicolor

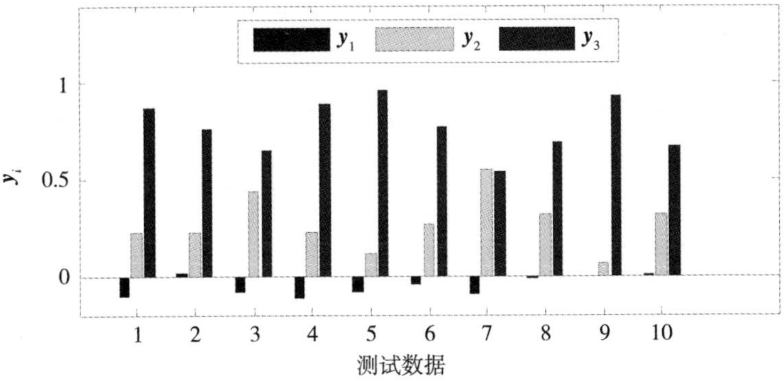

（c） virginica

图 5. 16　运用传统的 LSR 算法对测试数据的实验结果

Fig. 5. 16　Experiment results of test samples using traditional LSR

5. 7. 2　仿真结果分析

将本章提出的基于 KLSR 的过程故障分离方法应用到电熔镁熔炼过程中，测试该算法对过程故障的分离效果。本实验所涉及的故障同第 3 章，均是由执行器异常导致的电极电流大幅度改变，分别记为故障 F_1、F_2 和 F_3。

选取正常工况下的 200 个采样数据作为 KPCA 监测模型的建模数据，同时选取含有 F_1、F_2 和 F_3 故障信息的采样数据各 400 个，以建立过程故障的 KLSR 故障分离模型。所选取的两组测试数据中每组包含 400 个采样，分别包含过程的两种故障。

分别定义 3 类故障数据的故障类别标识为[1, 0, 0]，[0, 1, 0]和[0, 0, 1]，为验证 KLSR 算法对故障分离的有效性，利用正常工况数据建立 KPCA 过程监测模型，检测过程是否有故障发生，利用包含 3 类故障样本的训练数据建立 KLSR 故障分离模型,，以对当前发生的故障进行故障分离。在此基础之上，利用本章提出的数据提取方法，从原有训练数据中提取 50%的建模数据用以建立 DS-KLSR 模型，并给出两种故障分离算法对故障数据的分离效果。

利用本章提出的算法对包含故障的测试数据进行故障分离，其效果如图 5. 17 和图 5. 18 所示。其中，图 5. 17(a)和(b)分别为对该测试数据进行 KPCA 故障检测所得的 T^2和 SPE 统计量检测图，从图中可见，两种统计量都大约从第 100 个采样点开始出现了超限现象，并形成稳定的报警，提示故障发生。由图 5. 18 可知，利用 KLSR 模型和 DS-KLSR 模型分别对前十组故障样本进行故障分离，均显示故障类标识向量中 $\boldsymbol{y}_1$ 远大于其他元素。据此，可判断该组故障样本中含有故障 F_1 的信息，当前发生的故障为故障 F_1。

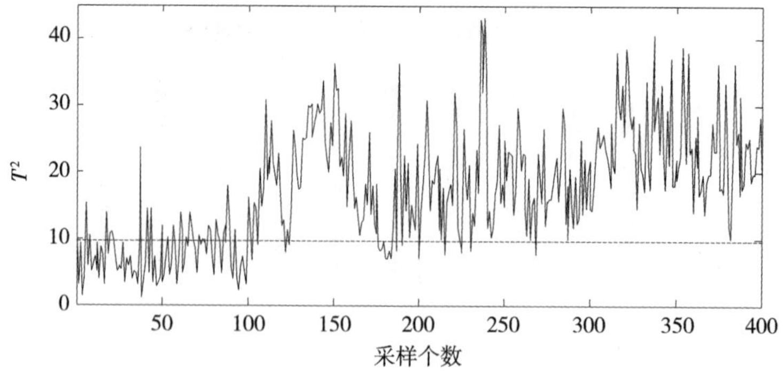

(a)

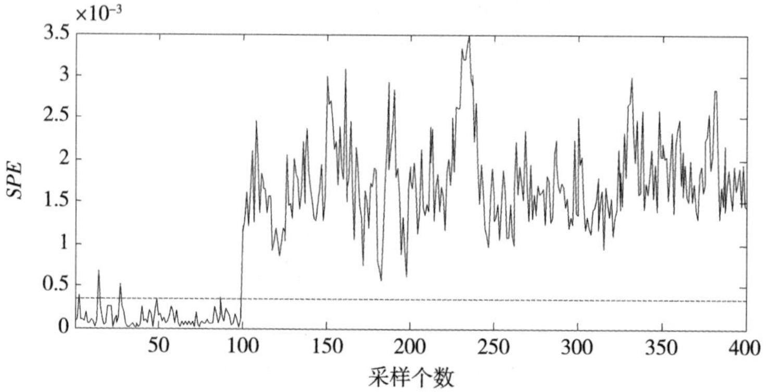

(b)

图 5.17　对测试数据进行 KPCA 检测所得的（a）T^2 统计量检测图；（b）*SPE* 统计量检测图

Fig. 5.17　KPCA based control charts of test samples（a）T^2 statistics;（b）*SPE* statistics

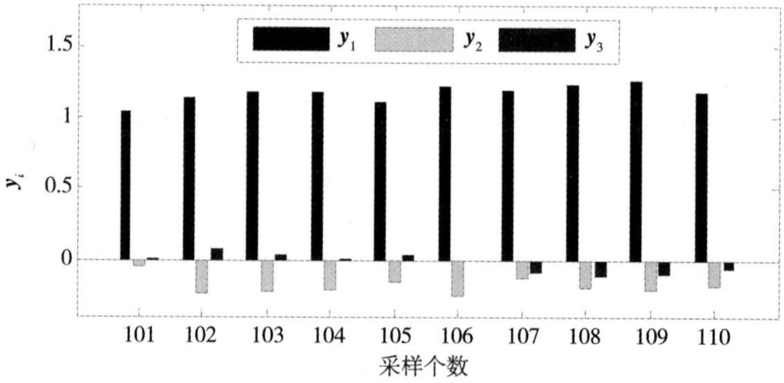

(a)

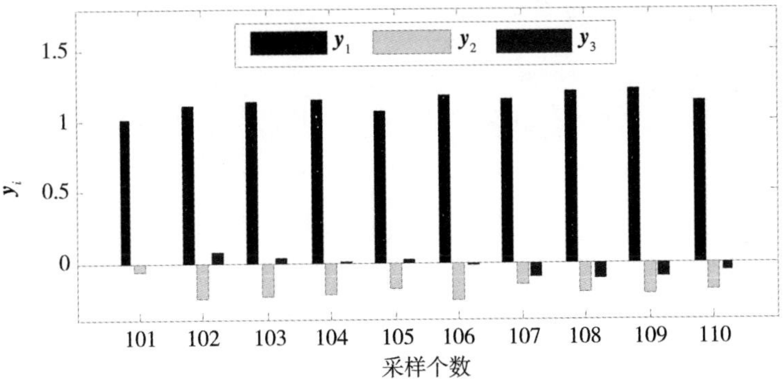

(b)

图 5.18　(a) KLSR 算法；(b) DS-KLSR 算法对故障采样的分离结果

Fig. 5.18　Fault isolation results of faulty samples using (a) KLSR; (b) DS-KLSR

如图 5.19 所示，图(a)和图(b)分别为对测试数据进行 KPCA 故障检测所得的 T^2和 SPE 统计量检测图，从图中可见，两种统计量均从第 171 个采样附近开始出现了超限现象，并形成稳定的报警，提示故障发生。利用 KLSR 模型和 DS-KLSR 模型分别对前十组故障样本进行故障分离，如图 5.20 所示，故障类标识中 $\boldsymbol{y}_3$ 远大于其他元素，由此可判断，故障样本属于故障 F_3，即当前发生的故障为故障 F_3。

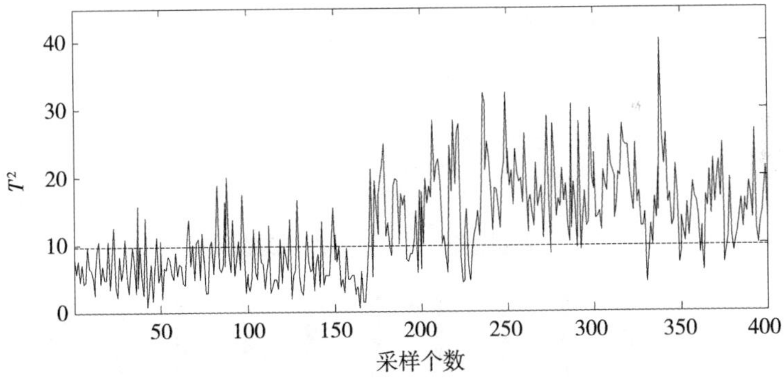

(a)

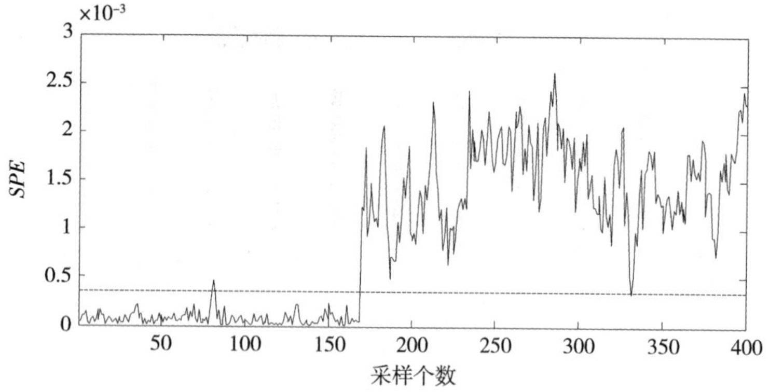

(b)

图 5.19 对测试数据进行 KPCA 检测所得的（a）T^2统计量检测图；（b）*SPE* 统计量检测图

Fig. 5.19 KPCA based control charts of test samples（a）T^2 statistics;（b）*SPE* statistics

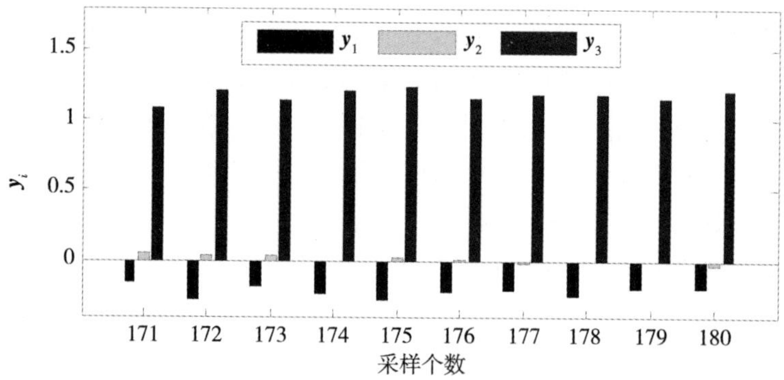

(a)

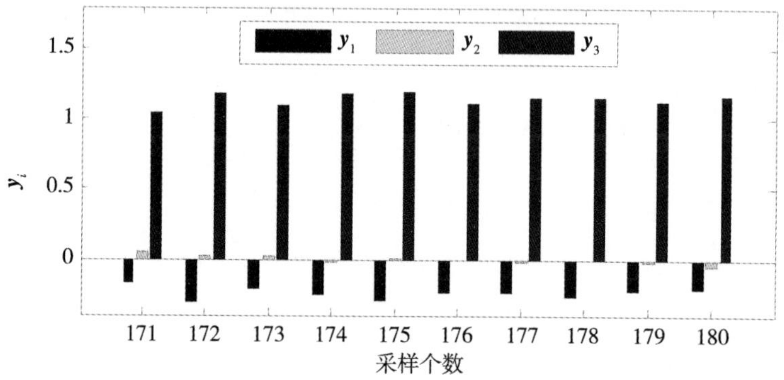

(b)

图 5.20 （a）KLSR 算法；（b）DS-KLSR 算法对故障采样的分离结果

Fig. 5.20 Fault isolation results of faulty samples using（a）KLSR;（b）DS-KLSR

5.8 本章小结

本章提出了一种基于 KPCA 的故障重构方法，解决了非线性过程的故障分离问题。在离线建模阶段，该方法采用 KPCA 方法将故障数据空间分解为主元子空间和残差子空间，利用所得的负载方向对正常数据进行投影。利用 PCA 方法对投影的数据进行分析，通过比较各个方向上故障数据与正常数据的得分提取出引起统计量超限的故障方向，建立故障重构模型。在线监测过程中，利用各故障重构模型依次对检测到的故障数据进行重构，只有当前故障所对应的故障模型能够正确去除数据中的故障信息，消除检测统计量超限报警现象，据此可确定故障类别，达到故障分离的目的。通过对电熔镁过程的数据建模以及其故障的检测和分离，验证了本章所提方法的有效性。

本章又提出了一种基于 KLSR 的故障分离方法。作为对上述故障分离方法的补充，该方法避免了对各类故障分别建模的烦琐过程，通过将不同类别的故障样本集投影到相应的回归目标，以实现故障分离。核函数方法的引入有效地解决了多类分类中不同类别数据线性不可分的问题。此外，考虑到过多的训练样本会导致核矩阵存储空间与计算量的增加，在目标函数结构正则化中引入了 $L_{2,1}$范数，求解具有稀疏性的权值矩阵，并以此提取对建模作用较大的训练样本用以描述特征空间中的权值向量。通过应用于 iris 数据集以及电熔镁过程的仿真实验，可以看出所提方法良好的分离效果。

本章参考文献

[1] 马贺贺. 基于数据驱动的复杂工业过程故障检测方法研究[D]. 上海:华东理工大学,2013.

[2] 葛志强. 复杂工况过程统计监测方法研究[D]. 杭州:浙江大学,2009.

[3] 周东华,叶银忠. 现代故障诊断与容错控制[M]. 北京:清华大学出版社,2000:1-30.

[4] 冯志鹏. 计算智能在机械设备故障诊断中的应用研究[D]. 大连:大连理工大学,2003.

[5] 史慧,王伟,高戈. 智能故障诊断专家系统开发平台[J]. 计算机测量与控制,2005,13(11):1167-1169.

[6] 徐文,王大忠,周泽存. 电气设备故障诊断中模糊性处理方法的探讨[J]. 高电压技术,1995(3):46-48.

[7] 沈惠琴. 印度博帕尔农药厂毒气泄漏事故的教训[J]. 工业安全与环保,

1986(7):34-36.

[8] 周善. 博帕尔悲剧背后的更大悲剧:世界最严重的毒气泄漏事故[J]. 湖南安全与防灾,2008(2):38-41.

[9] 胡国辉,张春彝. 切尔诺贝利核电站事故与广东大亚湾核电站安全[J]. 暨南大学学报,2002(5):42-46.

[10] 陈耀,王文海,孙优贤. 基于动态主元分析的统计过程监测[J]. 化工学报,2000,51(5):666-670.

[11] ZHAO CHUNHUI,ZHANG WEIDONG. Reconstruction based fault diagnosis using concurrent phase partition and analysis of relative changes for multiphase batch processes with limited fault batches[J]. Chemometrics and Intelligent Laboratory Systems,2014,130(2):135-150.

[12] ISERMANN R, BALLE P. Trends in the application of model-based fault detection and diagnosis of technical process [J]. Control Engineering Practice,1997,5(5):709-719.

[13] 叶银忠,潘日芳,蒋慰孙. 动态系统的故障检测与诊断方法[J]. 信息与控制,1985,15(6):27-34.

[14] FRANK P M,DING X. Survey of robust residual generation and evaluation methods in observer-based fault detection system [J]. Journal of Process Control,1997,7(6):403-424.

[15] 周东华,王桂增. 故障诊断技术综述[J]. 化工自动化及仪表,1998,25(1):58-62.

[16] GIOVANNI B, AUTONIO P. Instrument fault detection and new research trends [J]. IEEE Transactions on Instrumentation and Measurement,2000,49(11):100-107.

[17] 胡友强. 数据驱动的多元统计故障诊断及应用[D]. 重庆:重庆大学,2010.

[18] VENKATASUBRAMANIAN V, RENGASWAMY R, YIN K. A review of process fault detection and diagnosis: part Ⅱ: quantitative models and search strategies [J]. Computers and Chemical Engineering, 2003, 27(3): 313-326.

[19] VENKATASUBRAMANIAN V, RENGASWAMY R, YIN K. A review of process fault detection and diagnosis: part Ⅲ: process history based methods [J]. Computers and Chemical Engineering,2003,27(3):327-346.

[20] PATTON R,FRANK P M,CLARK R. Fault diagnosis in dynamic systems [M]. Englewood Cliffs:Prentice-Hall,1989:166-189.

[21] DING X, GUO L. An approach to time domain optimization of observer-based fault detection systems [J]. International Journal of Control, 1998, 9(3): 419-442.

[22] GERTLER J. Fault Detection and diagnosis in Engineering System [M]. New York: Marcel Dekker, 1998.

[23] YU D. Fault diagnosis for a hydraulic drive system using a parameter-estimation method [J]. Control Engineering Practice, 1997, 5(9): 1283-1291.

[24] RICH S J, VENKATASUBRAMANIAN V. Model based reasoning in diagnosis expert systems for chemical process plant [J]. Computer and Chemical Engineering, 1987, 11(2): 111-122.

[25] YU D L, GOMM J, WILLIAMS D. Sensor fault detection in a chemical process via RBF neural networks [J]. Control Engineering Practice, 1999, 7(1): 49-55.

[26] 王占山,李平,任正云,等. 非线性系统的故障诊断技术[J]. 自动化与仪器仪表,2001(5):10-12.

[27] 闻新,张洪钺,周露. 控制系统的故障诊断和容错控制[M]. 北京:机械工业出版社,1998.

[28] 张学工. 模式识别[M]. 北京:清华大学出版社,2010.

[29] BALLÉ P. Fuzzy-model-based parity equations for fault isolation [J]. Control Engineering Practice, 1999, 7(2): 261-270.

[30] YIANNIS P. Model-based system monitoring and diagnosis of failures using state charts and fault trees [J]. Reliability Engineering and System Safety, 2003, 81(3): 325-341.

[31] 刘世成. 面向间歇发酵过程中的多元统计监测方法研究[D]. 杭州:浙江大学,2008.

[32] WOLD S, ESBENSEN K, GELAD P. Principal component analysis [J]. Chemometrics and Intelligent Laboratory Systems, 1987(2): 37-52.

[33] GERTLER J, CAO J. PCA-based fault diagnosis in the presence of control and dynamics [J]. AIChE Journal, 2004, 50(2): 388-402.

[34] RUSSELL E L, CHIANG L H, BRAATZ R D. Fault detection in industrial processes using canonical variate analysis and dynamic principal component analysis [J]. Chemometrics and Intelligent Laboratory Systems, 2000, 51(1): 81-93.

[35] QIN S J. Recursive PLS algorithms for adaptive data modeling [J].

Computers & Chemical Engineering,1998,22(4/5):503-514.

[36] ZHANG Y W,ZHANG Y. Complex process monitoring using modified partial least squares method of independent component regression [J]. Chemometrics and Intelligent Laboratory Systems,2009,98(2):143-148.

[37] RUSSELL E L,CHIANG L H,BRAATZ R D. Data-driven method for fault detection and diagnosis in chemical process [M]. London:Springer,2002:12-15.

[38] LEE J M,YOO C K,LEE I B. Statistical process monitoring with independent component analysis [J]. Journal of Process Control,2004,14(5):467-485.

[39] ALBAZZAZ H, WANG X Z. Statistical process control charts for batch operations based on independent component analysis [J]. Industrial & Engineering Chemistry Research,2004,43(21):6731-6741.

[40] 王海清. 工业过程监控:基于小波和统计学的方法[D]. 杭州:浙江大学,2000.

[41] XIE X, SHI H, YANG W. Review of multivariate statistical process monitoring [C]//Proceedings of IEEE 8th World Congress on Intelligent Control and Automation(WCICA). Jinan,2010:4201-4208.

[42] MACGREGOR J F, KOURTI T. Statistical process control of multivariate processes [J]. Control Engineering Practice,1995,3(3):403-416.

[43] 郭明. 基于数据驱动的流程工业性能监控与故障诊断研究[D]. 杭州:浙江大学,2004.

[44] MALHI A,GAO R. PCA-based feature selection scheme for machine defect classification [J]. IEEE Transactions on Instrumentation and Measurement,2005,53(6):1517-1525.

[45] YOON S Y,MAEGREGOR J F. Fault diagnosis with multivariate statistical models [J]. Journal of Process Control,2001,11(4):387-400.

[46] ZHU Z B, SONG Z H. Fault isolation: an FDA-SVDD based pattern classification algorithm [J]. Journal of Chemical Industry and Engineering,2009,60(8):2010-2016.

[47] HASTIE T, STUETZLE W. Principal curves [J]. Journal of the America Statistical Association,1989,84(406):502-516.

[48] KRAMER M A. Nonlinear principal component analysis using autoassociative neural networks [J]. AIChE Journal,1991,37(2):233-243.

[49] DONG D,MCAVOY T J. Nonlinear principal component analysis: based on principal curves and neural networks [J]. Computers and Chemical

Engineering,1996,20(1):65-78.

[50] SCHOLKOPF B,SMOLA A,MULLER K. Nonlinear component analysis as a kernel eigenvalue problem [J]. Neural Computation,1998,10(5):1299-1319.

[51] PEARSON K. On lines and planes of closest fit to systems of points in space [J]. Philosophical Magazine,1901,2(11):559-572.

[52] HOTELLING H. Analysis of a complex of statistical variables into principal components [J]. Journal of Educational Psychology,1933,24(6):417-441.

[53] JACKSON J E, MUDHOLKAR G S. Control procedures for residuals associated with principal component analysis [J]. Technometrics,1979,21(3):341-349.

[54] ALCALA C, QIN S J. Reconstruction-based contribution for process monitoring [J]. Automatica,2009,45(7):1593-1600.

[55] CHOI S W, LEE I B. Nonlinear dynamic process monitoring based on dynamic kernel PCA [J]. Chemical Engineering Science,2004,59(24):5897-5908.

[56] LI L M,WANG Z S,JIANG H K. Abrupt fault diagnosis of aero-engine based on affinity propagation clustering [J]. Journal of Vibration and Shock,2014,33(1):51-55.

[57] 张周锁,李凌均,何正嘉. 基于支持向量机的机械故障诊断方法研究[J]. 西安交通大学学报,2002,36(12):1303-1306.

[58] 尹金良,朱永利,俞国勤,等. 基于高斯过程分类器的变压器故障诊断[J]. 电工技术学报,2013,28(1):158-164.